雅克拉深层凝析气田
高效开发技术与管理

李柏林　陈叔阳　编著

中国石化出版社
·北京·

内 容 提 要

本书首先对雅克拉气田的发现及其基本情况进行了介绍，详细阐述了基于旋回结构法的小层划分对比、韵律层沉积微相刻画、砂体内部结构刻画、隔夹层结构刻画及封堵性判别，以及流动单元与剩余气分布等内容构成的气藏精细描述技术；基于均衡采气理念，探讨了气藏多相流体的相态特征及渗流机理，并论述了产能评价、雾状反凝析控制、水侵预测与控制以及开发趋势和动态监测等凝析气藏采气理论与技术。此外，还简要介绍了凝析气藏完井技术、储层保护措施、排液采气方法等采气工艺技术，以及高压凝析油气集输处理技术，包括凝析油气处理工艺、集输流程及配套设备、水合物防治策略和集输信息与自动化集成技术。最后，总结了在精细开发管理、安全质量保障、经营管理、预知检维修方面的经验和气田开发成果。

本书可供凝析气藏开发及气藏工程行业的科研设计人员、技术管理人员参考阅读，同时可作为石油高等院校相关专业师生的参考书。

图书在版编目(CIP)数据

雅克拉深层凝析气田高效开发技术与管理 / 李柏林，陈叔阳编著. —北京 ：中国石化出版社，2024. 12.
ISBN 978-7-5114-7779-8

Ⅰ. TE372

中国国家版本馆 CIP 数据核字第 2025J1G902 号

中国石化出版社出版发行

地址：北京市东城区安定门外大街 58 号
邮编：100011 电话：(010)57512500
发行部电话：(010)57512575
http://www. sinopec-press. com
E-mail：press@ sinopec. com
北京艾普海德印刷有限公司印刷
全国各地新华书店经销

*

787 毫米×1092 毫米 16 开本 13. 75 印张 347 千字
2024 年 12 月第 1 版　2024 年 12 月第 1 次印刷
定价：168. 00 元

前言

凝析气藏是介于油藏和干气藏之间的一种复杂、特殊的气藏，除含有大量甲烷外，戊烷（C_5H_{12}）和戊烷以上的烃类含量也较一般气藏高，这些组分在地层条件下以气态形式存在，当压力降低时又反凝析为液体凝析油。因为凝析油质轻而纯净，采出后甚至不需炼制加工就可直接利用，所以，凝析气是一种很宝贵的资源。

凝析气藏的开发普遍面临反凝析污染、水侵水锁、井筒流态复杂3个主要难点。

（1）反凝析污染：随着压力下降，凝析油析出，储层中凝析油饱和度增加，气相相对渗透率下降，导致气井产能下降、气油比上升，凝析油损失在储层，降低凝析油最终采收率。

（2）水侵水锁：具有边底水的气藏，随着压力下降，水侵加剧、气相相对渗透率降低，导致气井产能下降，同时水相容易堵塞气相渗流通道形成水封气，导致天然气无法采出，降低凝析气采收率。

（3）井筒流态复杂：随着压力降低，受反凝析油及产水影响，井筒流态由单相转为两相或三相，井筒流态逐渐由雾流向环膜流、段塞流、气泡流转变，油压、产量快速下降，废弃压力升高，且在废弃压力前随时可能积液停喷。

凝析气藏开发难度大、工艺技术要求复杂，在如何提高凝析油的采收率方面，相对干气藏开发而言具有更大的难度和更强的挑战性，如果开发技术不适应气田实际，生产参数不尽合理，将会显著降低油气采收率和开发效果，从而降低气田开发经济效益。

雅克拉白垩系凝析气田发现于1989年，是中国石化规模最大的整装凝析气田，具有以下6个特点：①储量规模大，是中国石化第一、全国第六的凝析气田；②为边水、断背斜构造、中低孔中渗凝析气藏，气柱高度大(75m)，有利于边底水能量的利用；③地露压差小(6.36MPa)，易发生反凝析；④凝析油含量中等、反凝析液量低、最大反凝析液量对应压力低，压力下降后反凝析污染相对较轻；⑤深层、常温、常压气藏，气藏埋深5300m，原始地层压力58.72MPa，地层温度134℃；⑥CO_2含量4.27%，井筒及管柱易受腐蚀。

全书共分七章：第一章介绍了雅克拉气田的发现及气田的基本情况。第二章阐述了由旋回结构法的小层划分对比，韵律层沉积微相、砂体内部结构刻画，隔夹层结构刻画及封挡性判别，流动单元及剩余气分布等内容构成的气藏精细描述技术。第三章基于均衡采气理念，探讨了气藏多相流体相态特征及渗流机理，论述了产能评价、雾状反凝析控制、水侵预测与控制、开发趋势及动态监测等技术，较系统地反映了近年来雅克拉气田凝析气藏采气理论与技术的研究成果和进展。第四章介绍了凝析气藏射孔及防腐完井工艺、开发生产中的储层保护和排液采气技术。第五章介绍了高压凝析油气的集输处理技术，包括凝析油气处理工艺、集输工艺及配套设备、水合物防治和集输信息化系统技术。第六章主要从气田精细开发管理、安全质量、经营和检修方面介绍了气田生产经营管理的经验。第七章总结了雅克拉凝析气藏开发模式。参加本书编写的人员主要为该气田组织者、研究者及生产者。第一章由李柏林、陈叔阳编写；第二章由王铭伟编写；第三章由陈叔阳、王铭伟编写；第四章由陈彪、王铭伟、虢中春、李微、劳胜华编写；第五章由李柏林、江玉发、庞强强、时腾编写；第六章由李柏林、袁锦亮、江玉发、刘朋编写；第七章由李柏林、陈叔阳编写。全书由李柏林、陈叔阳统筹审定。

在本书编写过程中，西南石油大学、中国地质大学(武汉)和长江大学的专家、学者给予了无私的帮助和精心指导，在此表示衷心感谢。由于凝析气田开发技术的复杂性及编者水平有限，书中理论及技术内容难免存在不足之处，作者希望能够抛砖引玉，恳请读者不吝赐教和批评指正。

编　者

2024年12月

目　录

第一章　雅克拉气田概况 …… 001

第一节　雅克拉气田发现及滚动扩边历程 …… 001

第二节　气田基本概况 …… 002

第三节　开发生产状况 …… 008

参考文献 …… 012

第二章　雅克拉深层凝析气田气藏精细描述 …… 013

第一节　沉积背景及沉积相 …… 013

第二节　旋回结构法小层划分对比和沉积微相刻画 …… 021

第三节　砂体内部结构精细刻画技术 …… 033

第四节　流动单元划分 …… 044

第五节　水淹模式及剩余气类型划分 …… 048

参考文献 …… 049

第三章　衰竭式开发关键技术 …… 051

第一节　均衡采气理念 …… 051

第二节　雾状反凝析控制技术 …… 053

第三节　水侵预测及均衡水侵控制技术 …… 075

第四节　差异化配产技术 …… 090

第五节　开发趋势预测技术 …… 101

参考文献 …… 108

第四章　采气工艺技术 …… 110

第一节　凝析气井射孔完井工艺技术 …… 110

第二节　凝析气井防腐完井工艺技术 …… 119

第三节　凝析气田储层保护工艺技术 …… 124
第四节　凝析气井排液采气工艺技术 …… 126
参考文献 …… 142
第五章　高压凝析油气集输处理技术 …… 143
第一节　高压集输工艺技术 …… 143
第二节　高标准的设备设施选择 …… 146
第三节　高压凝析气处理工艺 …… 148
第四节　凝析油处理工艺 …… 154
第五节　凝析气集输系统水合物防治 …… 159
第六节　信息与自动化集成技术 …… 169
参考文献 …… 178
第六章　气田生产经营管理 …… 179
第一节　精细开发管理 …… 179
第二节　安全质量管理 …… 182
第三节　经营管理 …… 188
第四节　预知检维修 …… 209
参考文献 …… 211
第七章　气田开发成果 …… 212

第一章 雅克拉气田概况

雅克拉气田位于塔里木盆地北部、新疆维吾尔自治区阿克苏地区境内，库车县东南部约 50km、轮台县城西南约 60km 处。构造位置位于塔里木盆地东北坳陷区沙雅隆起雅克拉断凸中段，北接库车坳陷，西部、南部与沙西凸起、哈拉哈塘坳陷、阿克库勒凸起及草湖坳陷相邻（图 1-1）。

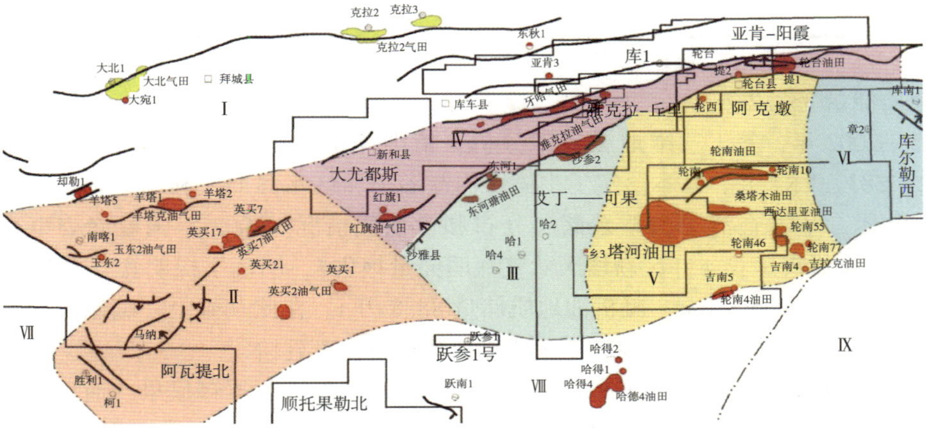

图 1-1 雅克拉白垩系亚格列木组上气层顶面构造图

Ⅰ—库车坳陷；Ⅱ—沙西凸起；Ⅲ—哈拉哈塘坳陷；Ⅳ—雅克拉断凸；Ⅴ—阿克库勒凸起；Ⅵ—草湖坳陷；Ⅶ—阿瓦提坳陷；Ⅷ—顺托果勒隆起；Ⅸ—满加尔坳陷

第一节 雅克拉气田发现及滚动扩边历程

雅克拉气田是中国石化规模最大的凝析气田，也是西北油田分公司投入开发的第一个凝析气田[1]。1984 年沙参 2 井获得重大勘探突破，1985 年依据二维地震资料在轮台断裂上开展油气普查和评价工作，两批次部署了 5 口井，基本落实了雅克拉古生界构造格局和含油气性。1989 年 6 月，S5 井测试白垩系卡普沙良群第一段（即亚格列木组）获高产工业油气流，日产凝析油 105.6t，日产天然气 50.1 万 m^3，标志着雅克拉白垩系凝析气田的发现，拉开了雅克拉深层凝析气田开发的序幕（图 1-2）。

气田发现后，通过气田内部 4 口井试采评价，积累了较全面的资料，精细研究了油气地质条件及油气成藏特征。1992 年 10 月，国家储委审查通过了《新疆塔里木盆地雅克拉凝析气田白垩系凝析气藏储量报告》，提出了探明含气面积 28km^2，天然气地质储量 196.22 亿 m^3，

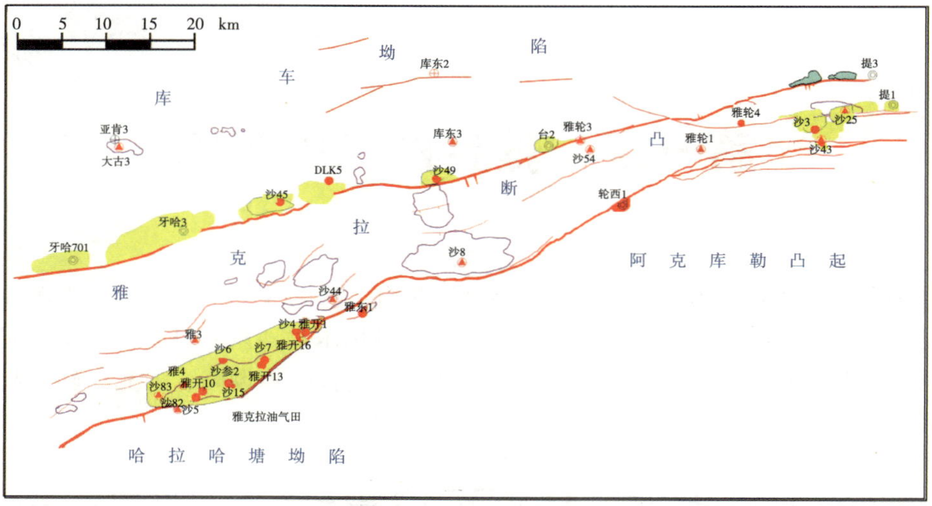

图 1-2 塔里木盆地北部主要凝析气藏分布图

凝析油地质储量 353.2 万 t。

1995—2002 年，基于三维地震数据分析，精细评价了白垩系气藏特征，部署了 Y3、Y4、S82、S83、YK1 井，基本落实了主体区构造形态和气水界面，利用振幅提取、反演等地震解释技术，基本查清了白垩系储层分布和含油气情况。2002 年国家储委审查通过了《新疆雅克拉凝析气田雅 4 井区新增天然气探明储量报告》，明确了探明含气面积 10.6km^2，天然气地质储量 49.35 亿 m^3，凝析油地质储量 88.8 万 t。在此基础上，编制了白垩系气藏整体开发方案，雅克拉气田于 2005 年正式进入整体开发产建阶段。

2005 年雅克拉气田投入开发后，基于三维资料精细处理、解释成果，通过部署滚动评价井实现了两次滚动评价外扩，为气田持续稳产奠定了资源基础：2011 年在雅克拉东部部署了滚动评价井 YK16 井，成功实现东扩，新增面积 6.3km^2、天然气储量 18.8 亿 m^3、凝析油 65.2 万 t；2016 年在雅克拉北部部署滚动评价井 YK25 井，实现北扩，新增面积 3.8km^2、天然气储量 14.17 亿 m^3、凝析油 95.65 万 t。至此，整个白垩系气藏合计含气面积 51.1km^2、天然气地质储量 289.27 亿 m^3、凝析油地质储量 611.92 万 t。

第二节 气田基本概况

一、构造特征

雅克拉气藏属于断背斜构造，受轮台断裂和亚南断裂控制，呈东窄西宽长条形展布，如图 1-3 所示。构造东西长约 22km，南北最宽处约 5km，最高点埋深-4290m，圈闭面积 65km^2，储层厚度 40~50m，闭合高度 120m，气柱高度 90m。

断层发育主要在构造东南翼，为继承性断层，断层基本上是北东向或北东东向，断层的走向与对应的构造轴线平行或呈一定微小角度。

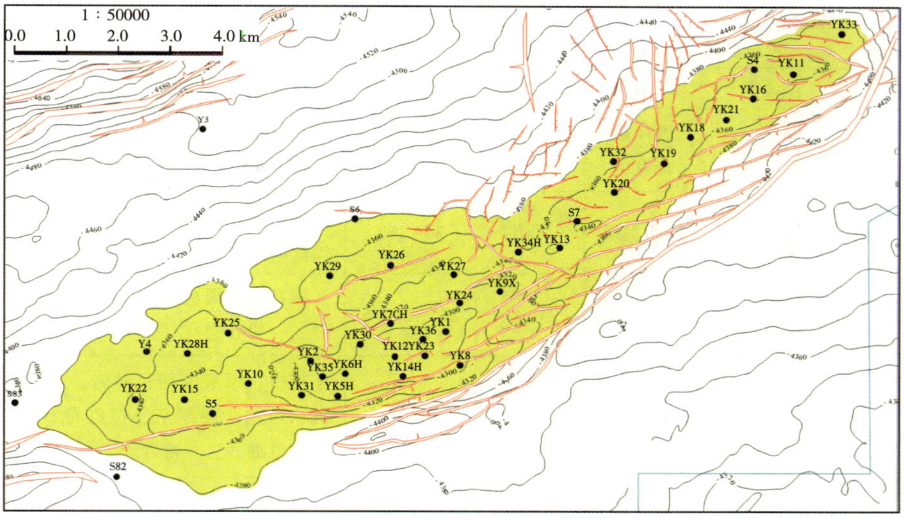

图 1-3　雅克拉白垩系亚格列木组上气层顶面构造图

二、地层发育及含油层系

雅克拉地区地层自上而下为第四系、上第三系、下第三系、白垩系下统、侏罗系下统、三叠系上统、石炭系下统、泥盆系上统、奥陶系下统、寒武系上统、震旦系上统、前震旦系。其中，石炭系下统、奥陶系下统、寒武系上统及震旦系上统分别以角度不整合与上覆的三叠系上统地层接触(表 1-1)[2,3]。

表 1-1　雅克拉地区地层及岩性简表

地层系统						厚度/m（钻井揭示）	岩性简述
界	系	统	群	组	代号		
新生界	第四系				Q	26.3~105	土黄色表土层、灰黄色细砂岩、土黄色粉砂质黏土层
	上第三系	上新统		库车组	N_2k	2698~3001	黄棕、浅黄色泥岩，粉砂质泥岩，膏泥岩与浅灰、棕灰色泥质粉砂岩，粉砂岩、细砂岩、膏质粉砂岩呈不等厚互层
		中新统		康村组	N_1k	669~931.5	黄褐、棕褐色泥岩、粉砂质泥岩与黄灰、灰色泥质粉砂岩、灰质粉砂岩、细砂岩互层
				吉迪克组	N_1j	523~726	棕褐色泥岩与棕褐色粉砂岩、细砂岩，夹蓝灰色泥岩、深灰色泥晶灰岩
	下第三系	渐新统		苏维依组	E_3s	20~42	棕褐、褐棕色泥岩，粉砂质泥岩，膏质泥岩与浅棕、浅红棕色泥质粉砂岩、粉砂岩、细砂岩互层
		古-始新统	库姆格列木群		$E_{1-2}km$	107~159	红棕色泥岩、粉砂质泥岩与灰白、黄褐色粉-细砂岩呈略等厚互层

续表

地层系统						厚度/m（钻井揭示）	岩性简述
界	系	统	群	组	代号		
中生界	白垩系	下统	卡普沙良群	巴什基奇克组	K_1bs	422～504	红棕色细粒长石岩屑砂岩、岩屑长石砂岩、长石石英砂岩与棕红色泥岩呈略等厚-不等厚互层
				巴西盖组	K_1b	34～102	棕灰色、绿灰色细粒长石岩屑砂岩与棕红色泥岩呈略等厚-不等厚互层
				舒善河组	K_1s	285～360.5	棕灰、棕褐色泥岩夹绿灰色细粒长石岩屑砂岩、粉砂岩
				亚格列木组	K_1y	34～93	灰白、绿灰色细粒砂岩，浅灰色砂质砾岩沉积为主。夹绿灰、棕红色泥岩，浅绿灰、灰白色细砂岩、粉砂岩
	侏罗系	下统			J_1	29～43	黑、红褐色泥岩、粉砂质泥岩，夹绿灰、灰、灰白色粉砂岩、细砂岩及煤层
	三叠系	上统		哈拉哈塘组	T_3	10～50	灰色泥质粉砂岩、灰褐色菱铁矿质泥岩，夹复成分砾岩，灰、灰白色含砾中-粗砂岩夹灰色微量灰岩
古生界	石炭系	下统			C_1	0～111	上部浅灰色含沥青砾岩，灰色含沥青砂岩，浅绿灰、浅灰色微晶白云岩，浅灰色砂砾岩，绿灰色砂屑灰岩；下部灰白、浅灰色细砂岩、浅灰色砂砾岩，灰、黄色砾岩
	泥盆系	上统		东河塘组	D_3d	0～206	灰白色细粒石英砂岩夹褐色泥岩
	奥陶系	下统	上丘里塔格群		O_1q	0～305.5	浅黄灰、灰色细晶、粉晶白云岩，黄灰色灰质白云岩，灰色硅化细粒白云岩
	寒武系	上统	下丘里塔格群		$\in_3q$	>103	浅绿灰、浅灰色鲕粒、粒屑硅质岩和灰白色硅质鲕粒灰岩，灰白、浅灰色细晶、中晶白云岩，泥-粉晶白云岩
	震旦系	上统		奇格布拉克组	Z_2q		浅灰、灰色亮晶砾屑白云岩，棕灰色粉晶砂屑白云岩，灰白色藻白云岩、灰色泥云岩，灰色粉-细晶白云岩
	前震旦系				AnZ		蓝灰、灰色绿泥石石英千枚岩，灰绿色泥质板岩，灰白色变质细粒长石砂岩，深灰色晶粒灰岩

气田产层白垩系亚格列木组气层厚度40～50m，分上、中、下三套气层。上气层厚度为11～25m，岩性以灰白、浅绿灰色中-细粒砂岩，浅灰色砂质砾岩沉积为主，夹灰白、棕红色粉砂岩；中气层厚度为8～25m，岩性为绿灰、棕红色泥岩夹浅绿灰、灰白色粉砂岩泥岩；下气层厚度为7～22m，岩性为灰白、浅绿灰色细砂岩、浅灰色砂质砂砾夹棕红色泥岩。

三、储层特征

白垩系亚格列木组储层为孔隙型储层，孔隙类型主要为粒间孔，其次为粒内溶孔、晶间孔、石英加大后残余粒间孔，另有少量微裂缝和压溶缝。孔隙式胶结，胶结物以高岭石为主[4]。上气层孔隙度分布于 2%～21.2%之间，主要集中在 10%～18%区间，均值为 12.9%。渗透率介于 0.01～629.43mD 之间，均值为 62.27mD，如图 1-4 所示。

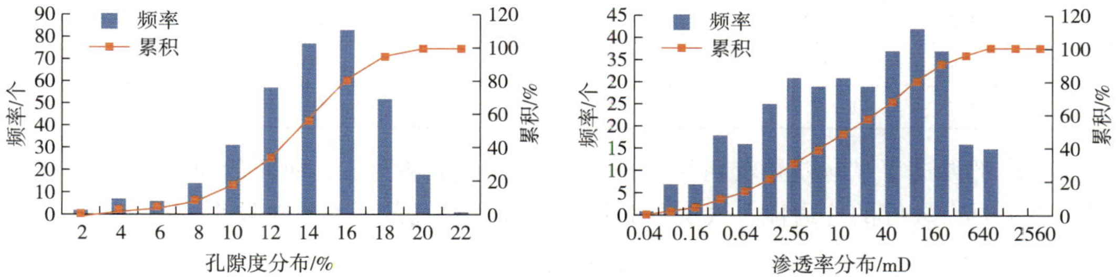

(a)上气层孔隙度 (b)上气层渗透率

图 1-4 上气层储层孔隙度、渗透率直方图

中气层孔隙度分布于 2%～22.6%之间，主要集中在 10%～16%区间，均值为 10.3%，渗透率介于 0.04～2560.43mD 之间，均值为 65.36mD，如图 1-5 所示。

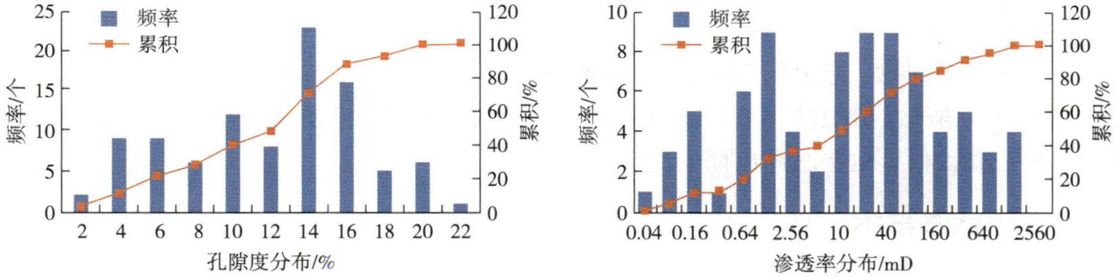

(a)中气层孔隙度 (b)中气层渗透率

图 1-5 中气层储层孔隙度、渗透率直方图

下气层孔隙度分布于 2%～22.13%之间，主要集中在 12%～16%区间，均值 11.3%，渗透率介于 0.04～2560.43mD 之间，均值为 76.36mD，如图 1-6 所示。

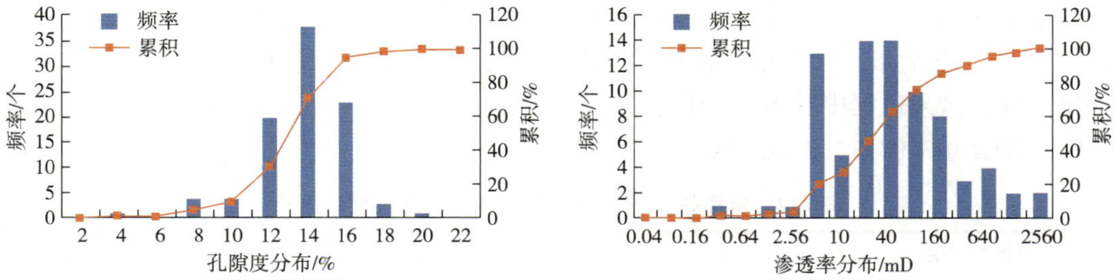

(a)下气层孔隙度 (b)下气层渗透率

图 1-6 下气层储层孔隙度、渗透率直方图

分析取心井压汞数据得到气田储层排驱压力为0.43~5.43MPa，平均值为1.72MPa；中值压力为1.25~17.52MPa，平均值为4.93MPa(表1-2)。白垩系亚格列木组的储集空间具有较低排驱压力、较低中值压力、较高最大进汞饱和度等储层孔隙结构特征，储渗性能较好。

表1-2 压汞物性统计表

参数	孔隙度 Φ/%	渗透率 K/mD	排驱压力 P_{cd}/MPa	中值压力 P_{c50}/MPa	最大进汞饱和度 S_{max}/%	未饱和汞饱和度 S_{min}/%
均值	13.33	58.69	1.72	4.93	89.62	10.28
最小值	2.94	0.51	0.43	1.25	80.24	6.46
最大值	22.48	902.73	5.43	17.52	95.54	19.76

储层内部渗透率纵向差异较明显，且纵向非均质性略强于平面非均质性(表1-3)，但气层总体上具有较好的连通性，气层的非均质性程度对气藏开发影响较小。

表1-3 雅克拉白垩系凝析气藏非均质数据表

层位	变异系数	突进系数	渗透率极差	评价结果
亚格列木组	1.54	8.44	2665.36	强
上气层	0.87	4.69	1147.92	强
中气层	0.72	3.20	476.33	中等偏强
下气层	0.67	2.86	399.35	中等

储层具有弱速敏(速敏伤害率为8.04%~9.28%)、中等水敏(水敏伤害率为51.7%~56.2%)、中等酸敏(酸敏伤害率为36%~52.9%)、弱-中等盐敏(盐敏伤害率为26%)等特征，气井见水后利于地层水产出而不利于油气流动。

四、流体及相态特征

(一)上、中、下气层属同一温压系统——正常温压系统

上、中、下气层的原始地层压力分别为58.85MPa、58.65MPa、58.34MPa，地层压力系数为1.10；地层温度为135℃，温度梯度为2.49℃/100m。

(二)原油轻组分含量高，典型凝析油特征

地面原油均为淡黄-浅茶色、透明液体，具有“四低”(密度、黏度、凝固点和初馏点低)、“四少”(含盐量、含硫量、含蜡量及沥青质含量少)的典型凝析油特点，层间、井间有一定差异，试采过程中基本无变化；凝析油密度0.795g/cm^3，黏度2.1mPa·s，含硫量0.15%，含蜡量3.93%，见表1-4。

表1-4 雅克拉白垩系凝析气藏地面原油性质数据表

性质	凝析油密度/(g/cm^3)	黏度/(mPa·s)	凝固点/℃	含盐量/%	含硫量/%	含蜡量/%	初馏点/℃	终馏点/℃
数据	0.795	2.1	3.33	4.38	0.15	3.93	91.9	305.4

（三）地露压差小，易发生反凝析，最大反凝析液量低

凝析油含量 189.7~234.5g/m^3，最大反凝析液量为 4.10%~7.08%，地露压差为 1.72~2.44MPa，最大反凝析压力为 15~22MPa。受重力分异影响，下气层的凝析油含量和露点压力略高于上气层。总体而言，雅克拉气藏具有中低凝析油含量、最大反凝析液量低的特点[5]。

（四）气油比中等，生产过程中变化较小

生产气油比在 4800~5000m^3/m^3 左右，上、下气层井间差异较小，试采过程中气油比无明显变化，即使到露点压力后，因反凝析液量低，雾状凝析油随高速气流被采出，气油比也无明显变化。

（五）天然气性质为凝析气，CO_2 含量较高

天然气甲烷含量在 81.47%~90.35%之间，干燥系数[C_1/(C_2+C_3)]一般大于 10，重烃含量(C_2 以上烃类含量)小于 12%，CO_2 含量较高，一般为 1.56%~2.68%，平均为 2.07%，不含或只含极微量 H_2S。上、下气层天然气成分相似，均具有凝析气藏天然气的特点(见表 1-5、图1-7)。

表 1-5 雅克拉部分单井地层流体分析数据表

井号	气层	地层压力/MPa	地层温度/℃	露点压力/MPa	地露压差/MPa	体积系数/(m^3/m^3)	偏差系数	凝析油含量/(g/m^3)	地面凝析油密度/(g/cm^3)	最大反凝析液量/%
YK1	上下合	56.46	133.7	54.02	2.44	0.00313	1.256	227.9	0.7860	5.66
YK5H	上气层	55.69	130.1	53.66	2.03	0.00316	1.320	189.7	0.7973	3.49
YK2	下气层	56.48	134.7	54.76	1.72	0.00339	1.357	234.5	0.7895	7.08

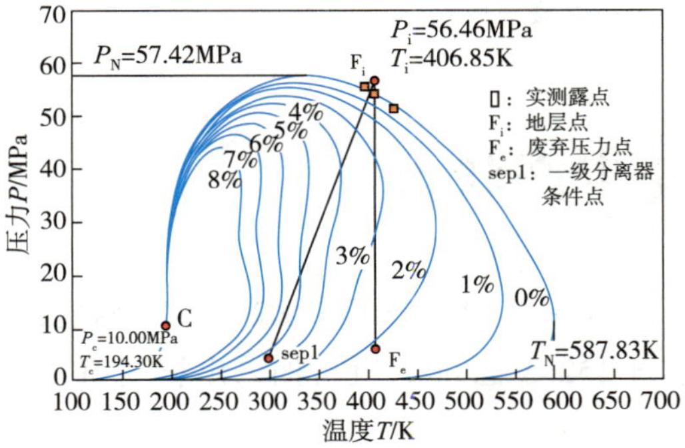

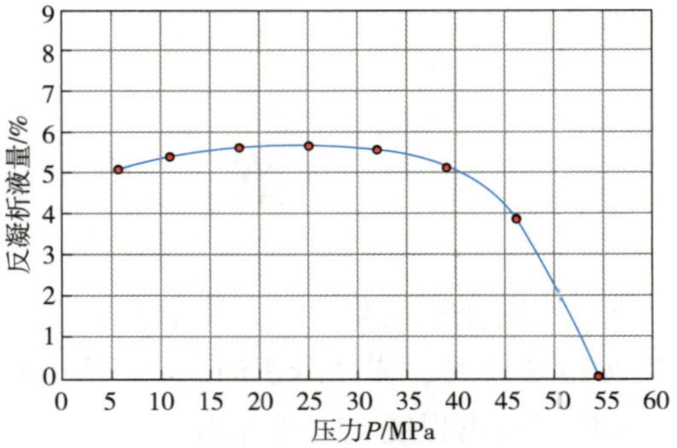

图 1-7 YK1 井气层流体相态图及衰竭期间反凝析液量与压力关系曲线

（六）气藏亲水特征明显，水侵后渗流阻力大增

气水两相渗流饱和度平均为 42.33%，等渗点对应的含气饱和度(S_g)介于 15.23%~23.17%，残余气饱和度下水相相对渗透率仅为 0.71~0.83，束缚水饱和度下的气相相对渗透率为 0.19~0.42，如图 1-8 所示。这是由于该气藏为亲水气藏，地层水侵后会对气体渗流产生很强的渗流阻力。

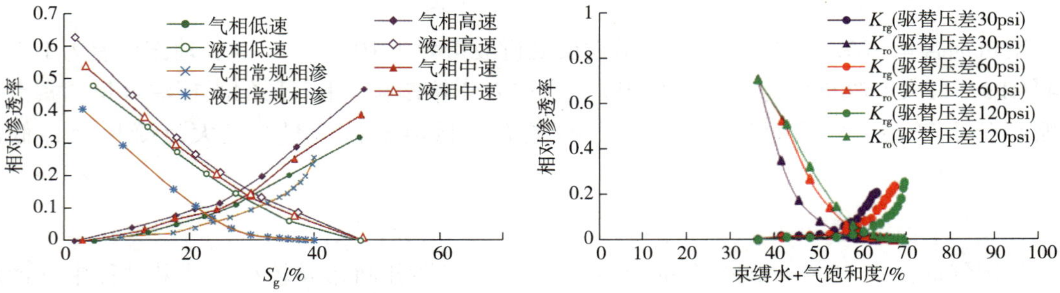

图 1-8　雅克拉地层凝析气采出程度(左)和地面凝析油采出程度(右)

五、气藏类型

雅克拉白垩系气藏综合评价为具边水、弱弹性水驱、背斜层状、中低孔中渗、常温常压、中等凝析油含量不带油环的凝析气藏，其剖面图如图 1-9 所示。

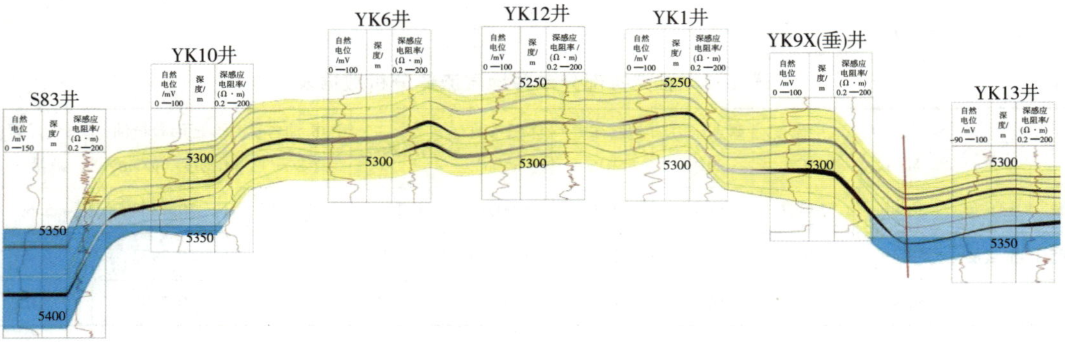

图 1-9　雅克拉白垩系凝析气藏剖面图

第三节　开发生产状况

雅克拉白垩系气藏自 S15 井于 1991 年 5 月开始试采，S7、YK1、YK2 三口井相继试采，截至 2023 年 7 月，累产凝析油 306.5 万 t，天然气 152.5 亿 m^3，凝析油采出程度 50.1%左右，天然气采出程度 52.8%左右。

一、开发阶段划分

根据气藏的开采特征及不同阶段的任务、目标和需要解决的问题，分为四个开发阶段：试采阶段、开发方案实施阶段、开发方案完善阶段、开发方案调整阶段(图 1-10)。

(一) 试采阶段(1991.5—2005.3)

自 1989 年 S5 井白垩系试油获得突破后，1991 年 5 月 5 日在白垩系亚格列木组投产，雅克拉白垩系凝析气藏正式进入试采阶段，为开发方式的选择提供了依据，奠定了开发方案编制基础。截至 2005 年 3 月，试采期间累计生产天然气 14.30 亿 m^3，累计生产凝析油 33.30 万 t。

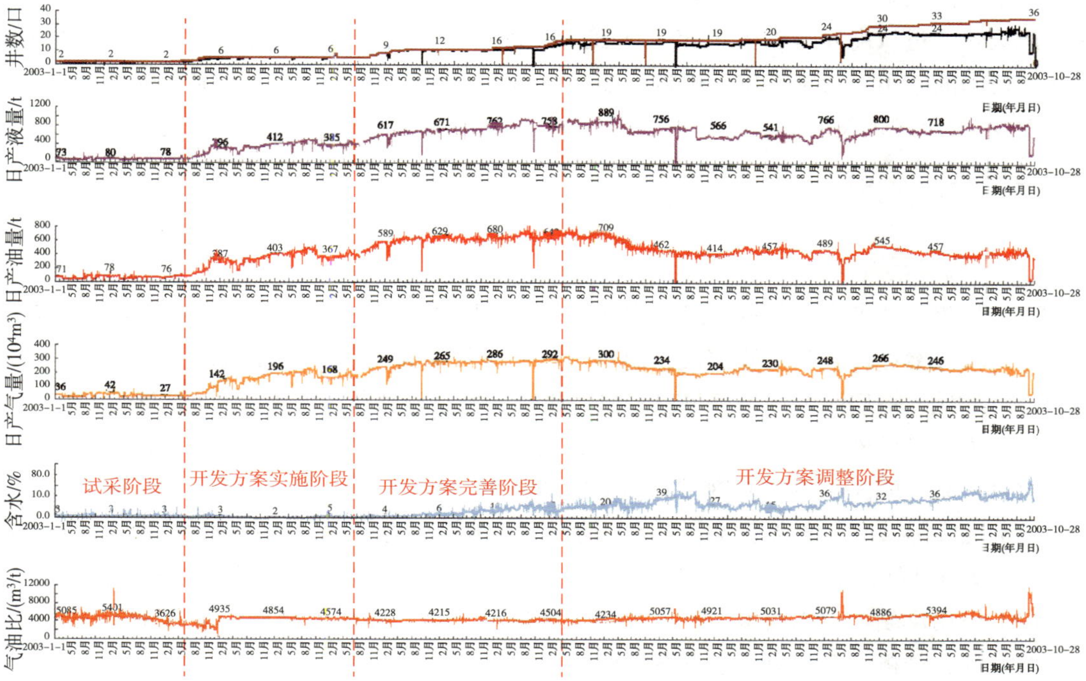

图 1-10　雅克拉白垩系凝析气藏不同开发阶段的单元日度生产曲线

（二）开发方案实施阶段（2005.4—2008.8）

气藏于 2005 年正式投入开发，根据塔河油田凝析气藏的开发经验及雅克拉凝析气田的地质特征，井网沿构造长轴高部位不规则布井，以“高部位水平井+边部直井组合井网”达到“高部位水平井立体引流高速高产，边部直井横向分层引流控制边水”，实现气藏大井距布井、稀井高产、高速高效开发，基础井网共设计 8 口井（利用老井 2 口），部署直井 4 口、水平井 4 口，一套井网分层衰竭式开发。至 2008 年方案实施后，气藏日产油量 450t、日产气量 199 万 m^3。

（三）开发方案完善阶段（2008.9—2011.4）

2008 年，雅克拉凝析气田进入快速高效开发阶段后，根据构造、储层新认识及剩余油气分布特征，先后部署 2 口水平井（YK14H 和 YK7CH），同时前期试采评价古生界、侏罗系的 4 口井（YK11、YK13、YK15、YK8）上返到白垩系气藏生产，气藏油、气日产量分别上升并稳定在 670t、280 万 m^3 左右。

（四）开发方案调整阶段（2011.5—现在）

在主体区井网合理布局的基础上，2011 年后，为防止气藏压力不均衡降低导致反凝析污染，经过差异化提速生产后，基本实现了雾状反凝析控制，由于采气速度高、采出程度大，导致下气层边水推进较快。2011 年雅克拉东扩成功，2016 年北扩成功，进一步拓展了雅克拉产建阵地，随着新增产建阵地单井逐步投产实现部分产能接替，对雅克拉凝析气田进行了整体优化调整，“四个均衡”理念逐步深化，重点是控制下气层采速延缓水侵，主体区日产天然气量从高峰时 310 万 m^3 下调到 260 万 m^3。雅克拉东扩和北扩的成功以及系列高效开发技术的应用，为雅克拉气田进一步优化调整提供了保障，支撑了雅克拉凝析气田高效开发及 15 年产量稳定。

二、气藏开发效果

（一）整体开发效果优于方案设计

雅克拉集气处理站、外输管线、雅末装车站等按计划于 2005 年 11 月 30 日顺利投产运行，井网按方案设计顺利实施完成，通过对比储量控制程度、单井及区块日产能力、年产能力、气油比、地层压力等指标可以看出，实际开发指标略优于方案设计的指标。

（1）方案设计储量控制程度 74.3%，部署过程中边部署、边认识、边调整，实际形成井网储量控制程度 83.8%，井网控制程度提高 9.5%。

（2）在实际采出程度高于方案设计的情况下，地层压力略高于方案设计，地层压力保持程度较方案设计好，采用平面均衡开发理念，边水均匀推进，地层能量补充好于方案设计。

（3）采用反凝析控制技术，有效控制了反凝析污染，提高了凝析油采收率，气油比低于方案设计，凝析油日产量高于方案设计。

（4）自 2013 年开始，雅东区块白垩系并入主力开发区块，储量基数增大，因此计算的天然气采出程度稍低于方案设计。

对比分析指标变化情况，既反映出水体能量充足、地层压力保持程度好的特征，又表明气藏反凝析控制较好，气油比相对稳定且远低于方案设计(图 1-11)。总体上讲，目前开发指标好于方案设计(表 1-6)。

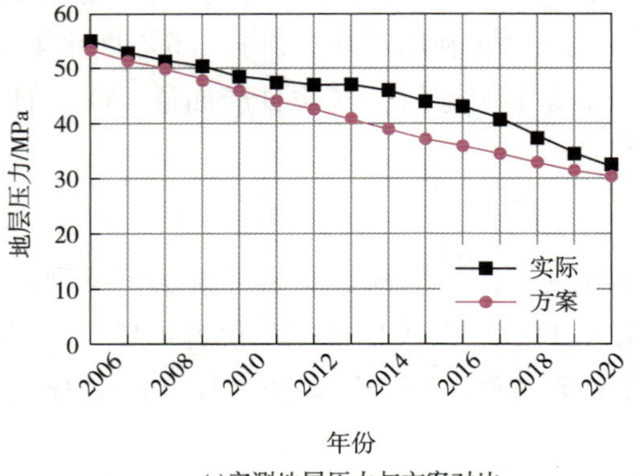

(a)实测地层压力与方案对比

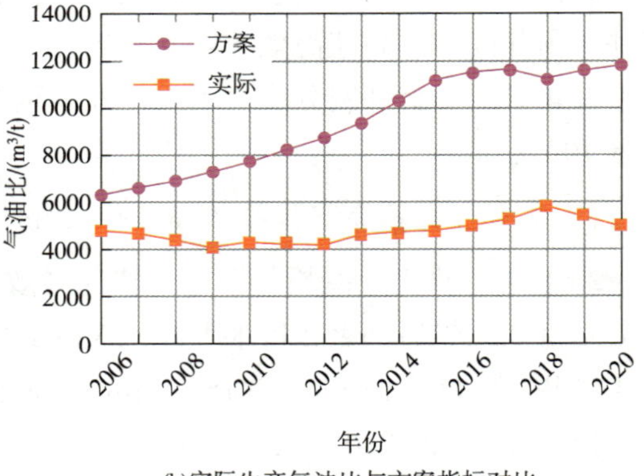

(b)实际生产气油比与方案指标对比

图 1-11　实测地层压力、生产气油比与开发方案对比

表 1-6 雅克拉白垩系凝析气田开发指标对比表

项目	区日产量				采气速度/%		采油速度/%		气采出程度/%		油采出程度/%	
	气/(10^4m^3/d)		油/(t/d)									
	方案	实际	方案	实际	方案	实际	方案	实际	方案	实际	方案	实际
2006 年	260	154	408	320	3.48	2.91	3.04	3.33	9.07	8.88	9.31	11.09
2007 年	260	195	391	415	3.48	2.9	2.92	3.43	12.54	11.77	12.09	14.52
2008 年	260	199	373	450	3.48	3.62	2.79	4.76	16.02	14.7	14.75	18.17
2009 年	260	259	356	613	3.48	4.13	2.66	5.28	19.5	18.47	17.28	20.8
2010 年	260	282	337	643	3.48	4.1	2.66	5.02	22.97	21.51	19.68	24.2
2011 年	260	280	318	646	3.48	3.88	2.56	4.86	26.45	26.27	21.95	28.8
2012 年	260	292	299	686	3.48	3.75	2.46	4.62	29.92	30.01	24.08	32.9
2013 年	260	259	281	562	3.48	3.44	2.10	4.02	33.4	31.34	26.08	33.3
2014 年	260	187	256	392	3.48	2.71	1.91	3.03	36.88	33.82	27.9	35.3
2015 年	260	224	234	455	3.48	2.98	1.67	3.27	40.35	35.61	29.57	38.7
2016 年	237	228	207	450	3.17	3.04	1.47	3.24	43.52	40.11	31.04	41.1
2017 年	209	227	180	425	2.80	3.01	1.34	3.00	46.31	43.13	32.32	43.7
2018 年	174	255	155	440	2.34	3.38	1.16	3.11	48.64	46.51	33.43	46.4
2019 年	146	226	127	423	1.96	2.03	0.95	2.63	50.59	48.54	34.33	48.7
2020 年	118	209	100	418	1.58	2.47	0.74	1.64	52.16	51.01	35.04	49.6

（二）与同类型气藏对比

雅克拉凝析气藏采用衰竭式开发的方式开采，截至 2023 年 7 月，天然气采出程度 52.8%，凝析油采出程度 50.1%，预计凝析油采收率 61%。据现有资料查询，与国内外同类型气藏对比，雅克拉凝析气藏开发技术已达到国内外领先水平，见表 1-7。

表 1-7 雅克拉气田与同类型气藏对比凝析油采出情况对比表

地区		气储量/%	凝析油储量/%	平均凝析油含量/(g/m^3)	气田	凝析油含量/(g/m^3)	开发方式	凝析油采收率/%
西北地区	塔里木	36.3	62.4	347.9	牙哈	573	循环注气	59.30
					雅克拉	234.5	衰竭式	61.00
	吐哈	4.8	5.6	236.9	丘东	293	衰竭式	19.30
	……	……	……	……	……	……	……	……
	小计	46.1	69.3	301.9				
东中部地区	大港	5.1	8.2	329.8	板中板二	353	衰竭式	41.40
					大张坨	630	循环注气	60.20
	辽河	7	3	85.9	双台子	234	衰竭式	18.50
	……	……	……	……	……	……	……	……
	小计	27.2	15.6	116.8				

续表

地区		气储量/%	凝析油储量/%	平均凝析油含量/(g/m^3)	气田	凝析油含量/(g/m^3)	开发方式	凝析油采收率/%
海上	东海	5.4	6.1	225.4	平湖	169	衰竭式	53.40
	……	……	……	……	……	……	……	……
	小计	26.4	15.1	116.4				
国外	俄罗斯				卡拉达格	180	衰竭式	43.00
					哈西鲁迈尔		衰竭+注气	63.20

参 考 文 献

[1] 孙柏林，王永忠，张磊，等．雅克拉凝析气田措施挖潜对策及应用[J]．石油实验地质，2015，37(S1)：63-65.

[2] 李宗宇，任宏，刘芳，等．雅克拉气藏白垩系旋回结构法小层划分对比[J]．新疆石油地质，2017，38(6)：637-642.

[3] 张钰，朱传玲．塔里木盆地雅克拉断凸构造演化与油气成藏特点[J]．内蒙古石油化工，2014，40(13)：128-132.

[4] 黄崇春．雅克拉气田亚格列木组储层特征研究[D]．成都：成都理工大学，2011.

[5] 何云峰，姚田万，王利刚，等．凝析气藏开发中后期反凝析治理技术[J]．石油实验地质，2015，37(S1)：29-33.

第二章　雅克拉深层凝析气田气藏精细描述

经过长期科研生产实践，形成了以旋回结构法小层划分对比、砂体内部结构刻画、隔夹层封挡性定量描述3项关键技术为核心的雅克拉深层凝析气藏描述方法。旋回结构法小层划分对比技术建立了4大类、18亚类岩电关系图版，解决了小层对比中"穿时性""砂对砂泥对泥""等厚劈分"等问题。砂体内部结构刻画技术确定了4种沉积微相、6类砂体接触关系、3种叠加方式，建立了构型刻画方法。隔夹层封挡性定量描述技术首创了隔夹层封气、封水性定量判断方法。

第一节　沉积背景及沉积相

沉积环境对沉积岩特征的形成起到决定性作用，沉积环境根据自然地理及地貌等特征，可分为环境组、环境、亚环境及微环境四级，分别对应沉积相的相组、相、亚相和微相。沉积相通常依照主导地位的沉积环境进行类型划分，结合沉积动力、沉积特征和其他沉积条件差异，进一步细分出"亚相"和"微相"[1,2]。

一、沉积背景

下白垩统亚格列木组整体为大陆环境的扇三角洲沉积体系，从下向上由水上扇三角洲平原到水下扇三角洲前缘构成一个完整的旋回，总体表现为湖盆强烈推进扩张的水进型扇三角洲沉积体系(图2-1)。雅克拉地区发育的沉积微相主要有分流河道、水下分流河道、河口砂坝、支流间湾等，其中以水下分流河道微相为主，这些组合构成扇三角洲平原亚相和扇三角洲前缘亚相。扇三角洲平原亚相主体分布于S44、S6、YK16井北部区域，扇三角洲前缘亚相主体分布于S44、S6、YK16井南部区域。

二、岩心相

扇三角洲平原相特征：微相上以泥石流、辫状河道、河道间、辫状河沉积为主，常包含泥石流沉积。沉积物常为砂砾岩夹杂色泥岩结构，成熟度低。构造上有较大型板、槽状交错层理，平行、块状层理，成层性差。

扇三角洲前缘亚相是扇三角洲的水下部分，是扇三角洲沉积最活跃的部分。微相包含了重力水道、重力砂坝、远砂坝、席状砂、泥石流、间湾等。沉积物常常以砂砾岩、含砾砂岩、砂岩、粉砂岩、暗色泥岩为主。构造上表现为波状交错层理、板状交错层理和平行层理、块状递变层理的特征。

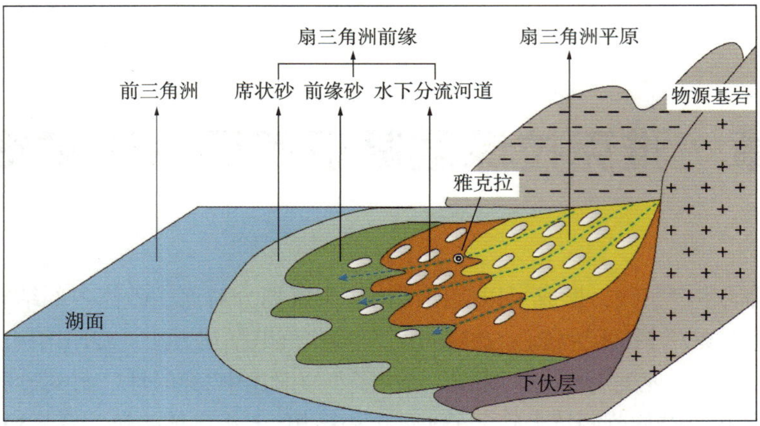

图 2-1　亚格列木组沉积相分布图

水下分流河道是三角洲前缘亚相最重要的微相类型及油气优质储层之一，为陆上分支河道的水下延伸部分，也称水下分支河道。陆上辫状河道的水下延伸，与水上水道沉积相似，水下水道与暗色泥岩互层，水上水道则与杂色泥岩互层，向前变浅、消失，是最主要的微相类型。沉积物以砂砾岩、砂岩为主。结构较陆上分选好，粒度曲线表现为洪水急流型—正常水流型。构造有板状、槽状交错层理，平行、粒序、块状层理，无暴露构造。垂向上表现为多层叠置的正韵律。

河口砂坝是河流带来的砂泥物质在河口处因流速降低而堆积形成，其岩性主要由砂和粉砂组成，一般分选较好、质较纯净。砂层呈中层至厚层状，发育有楔形交错层理或 S 形前积纹理和水平纹理。河流入湖在河口处形成河口坝是一个前积的过程，其呈现下细上粗的反韵律特征，其测井曲线具有漏斗形特征。

支流间湾是水下分支河道之间相对凹陷与海相通的海湾地区。当三角洲向前推进时，在分支河道间形成一系列尖端，指向陆地的楔形泥质沉积体，称为“泥楔”，故支流间湾以黏土沉积为主，含少量粉砂和细砂。砂质沉积多是洪水季节河流漫溢沉积的结果，常为黏土夹层或呈薄透镜体，具有水平层理和透镜状层理，可见浪成波痕及生物介壳和植物残体等，虫孔及生物搅动构造发育；在层序上，下部为前三角洲黏土沉积，向上变为富含有机质的沼泽沉积。

远砂坝特征：分布和成因与河口坝相同，但单层厚度明显减薄，粒度变细，前缘背景沉积比例增加。

席状砂特征：分布在扇三角洲的最前沿，呈面状分布，单层厚度薄，粒度细，以粉砂岩、泥质粉砂岩为主。

岩心相又称为岩石相或岩相，是一定沉积环境中形成的岩石或岩石组合，是沉积相的主要组成部分，由 Miall 首先引入研究河流沉积物。在划分岩心相类型时考虑：①岩石的粒度；②沉积构造；③颜色；④生物扰动的程度及内部所夹团块和条带（主要是泥岩）；⑤一个岩石相单位是一个具有单一粒度的岩性段，有时为单一层系，有时为数个层系组成的层系组[3]。

单井岩心相是识别区分扇三角洲的平原亚相和前缘亚相的重要依据，同时还指示地层的突变、连续等接触关系，对沉积相的识别与划分至关重要。雅克拉构造亚格列木组主要岩性为砾岩、中砂岩、细砂岩、粉砂质泥岩和泥岩(图 2-2)。

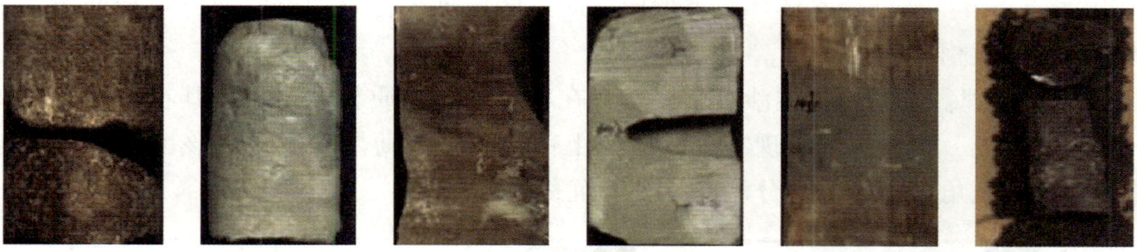

灰色细砾岩　浅灰绿色砂砾岩　灰色中砂岩　灰白色细砂岩　灰色粉砂质泥岩　褐棕色泥岩

图 2-2　雅克拉构造亚格列木组主要岩性

(1) 中、细砾岩：中、细砾岩一般位于该区距离物源较近的井的下气层旋回，分选差，多呈杂粒沉积，磨圆、呈棱角-次棱角状。发育递变层理、大型斜层理、块状构造和冲刷-充填构造。

(2) 中、粗砂岩：中、粗砂岩主要位于该区中气层旋回的中上部，颜色以浅灰色为主，分选磨圆中等，发育小型槽状交错层理、板状交错层理，含油性好。

(3) 细砂岩：细砂岩主要位于该区上气层旋回的中部或中上部，颜色以浅灰色为主，分选磨圆好，发育小型流沙沙纹层理、水平层理、爬升纹层，含油性一般。

(4) 粉砂质泥岩和泥岩：粉砂质泥岩和泥岩往往位于该区中气层旋回以及相变界面，颜色以灰色和深灰色为主，分选磨圆较好，发育小型流沙沙纹层理、水平层理、爬升纹层、炭质纹层、变形层理和负载构造等，局部断面可见植物茎秆，在粉砂质泥岩发育菱铁矿条带，氧化后变为棕红色条带。

S82 井亚格列木组岩心观察要识别 7 种物理沉积构造：板状交错层理、平行层理、构造缝、槽模构造、泥质条带、沙纹层理、石英脉(图 2-3)。图 2-4 为 YK22 井层理构造。

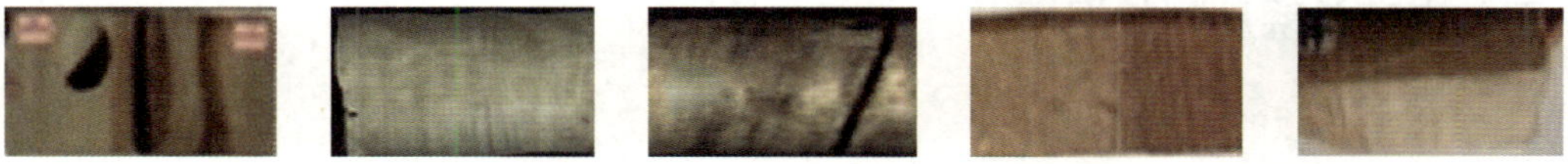

板状交错层理　平行层理　泥质条带　沙纹层理　石英脉

图 2-3　岩心观察识别层理构造

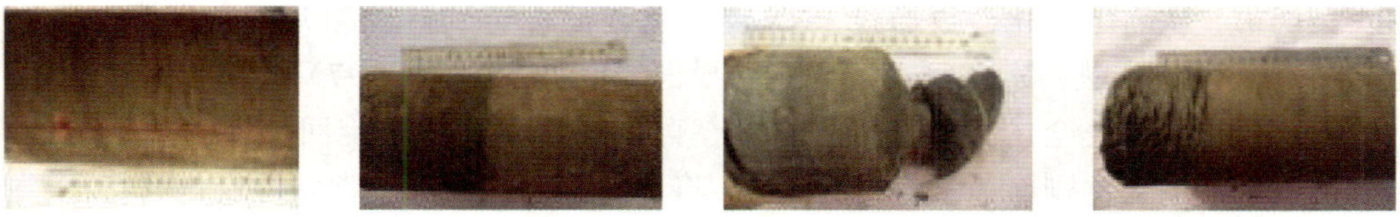

斜交错层理　灰绿色泥质条带　平行层理　泥质条带

图 2-4　YK22 井层理构造

① 板状交错层理：该区板状交错层理以单组低角度下切型板状交错层理为主，多出现在中、细砂岩中，单组下切型板状交错层理为典型的侧积沉积，可推断河道摆动频繁。

② 平行层理：该区内多为平行层理，发育在粉砂质泥岩、细砂岩中，单层厚度变化较

大，横向延伸很远，具有较好的水平纹层。水平层理是在弱并且稳定的水动力条件下，悬浮物沉积形成的，是低能或静水环境的标志之一。在该区内水平层理，多为三角洲前缘水下分流河道、河道侧缘沉积环境下形成。

③ 泥质条带：在低能水体环境下形成，研究区域沉积背景为辫状河三角洲前缘，多为水下分流间湾微相环境下形成。

④ 沙纹层理：该区内小型沙纹主要发育在粉砂岩或泥质粉砂岩中，其在水动力较弱的浅水环境下形成，沙纹一般出现在细砂岩的上部或单独以薄层状出现，该区小型沙纹层理比较多，多为三角洲前缘水下分流间或侧缘沉积(图 2-5)。

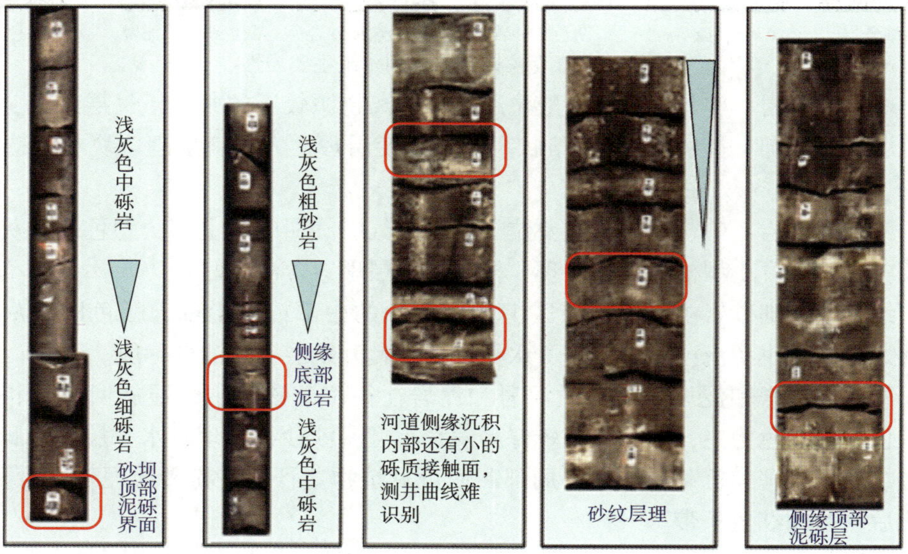

图 2-5 YK10 井岩心相

三、岩电关系及测井相

(一) 岩电图版的建立

选取灵敏度更高、饱和度俘获截面曲线及含气饱和度曲线对渗透性(岩性细微变化)十分敏感的 PNN 测井作为过渡，其他测井特征和地质研究为辅，采用岩心界面标定到 PNN 测井曲线实现第一次岩电转化，再通过 PNN 测井将界面标定到常规测井，实现第二次电-电转化的“三步两转”方法(图 2-6)，建立旋回界面岩电关系图(图 2-7)。

第一步，选取取心全、有代表性井的岩心直接观察识别超微旋回界面，包括岩相转换面、泥质条带界面、冲刷面等[图 2-6(a)]，将不属于旋回内部正常岩性变化的特征，作为超微旋回内部岩性结构界面的识别标志。

第二步，岩性突变界面与 PNN 测井曲线对比，建立岩心-PNN 测井关系图[图 2-6(b)]，实现岩性界面第一次岩电关系转化(即岩-电转化)。其中泥岩与各种岩性界面最容易识别，细、中砂岩与砾岩等界面最难识别。

第三步，将 PNN 测井曲线的岩电特征拓展至常规测井曲线，识别出二者间相关性，实现岩电关系第二次转化(即电-电转化)，形成超微旋回界面岩电关系图[图 2-6(c)]。

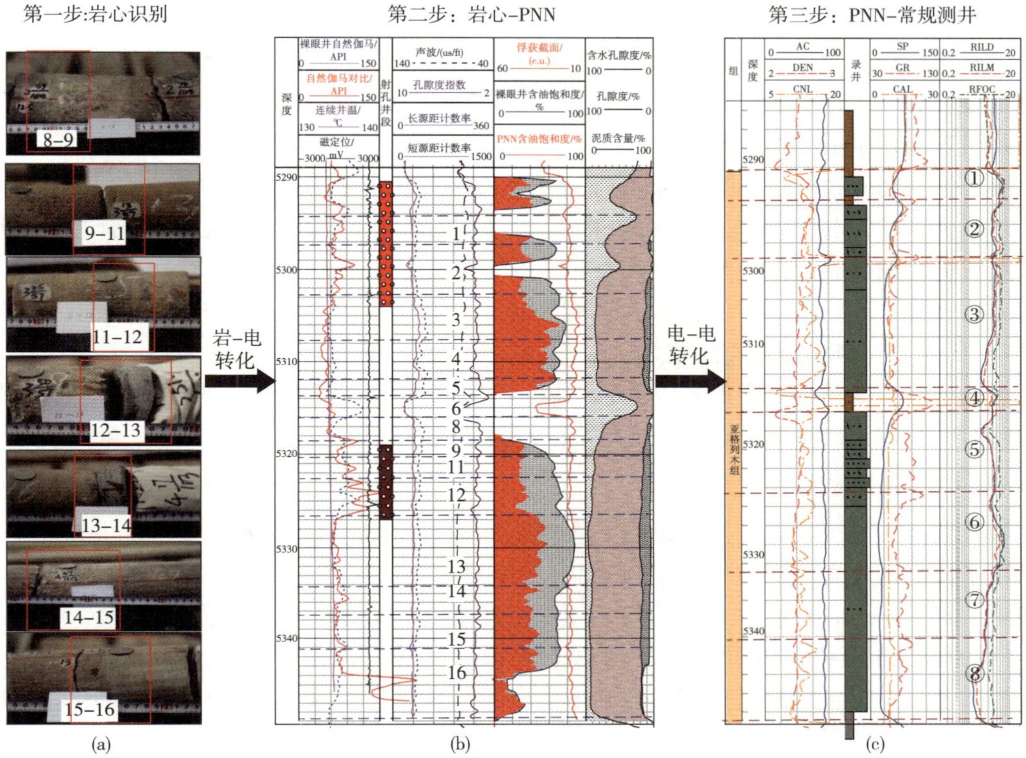

1-2岩相转换面：粉砂岩→泥岩；2-3岩相转换面：粉砂岩→泥质粉砂岩；3-4岩相转换面：粉砂岩→泥质粉沙岩；4-5 岩相转换面：细砂→泥质粉砂；5-6泥质条带界面；6-8岩相转换面：细砂岩→泥岩；8-9冲刷面；9-11岩相转换面：砾岩→粗砂岩；11-12冲刷面；12-13 泥质条带界面；13-14泥质条带界面；14-15冲刷面；15-16岩相转换面：砾岩→中砂岩

图 2-6 雅克拉白垩系亚格列木组旋回结构法“三步两转”研究方法

接触类型	饱和度测井曲线 0—100	自然伽马/API 0—150	自然电位/mV 0—100	密度/(g/cm³) 2—3	深感应电阻率/浅感应电阻率(Ω·m) 0.2—200	岩性	旋回	位置	微相
泥-粗砂								扇中	水下分流河道
泥-中砂								扇中	支流间湾
粉砂-砾								扇根	水下分流河道
粉砂-粗砂								扇根	砂坝
细砂-泥砾								扇中	水下分流河道
中砂-砾								扇中	水下分流河道
粗砂-泥								扇中	水下分流河道
冲刷面								扇中	水下分流河道

图 2-7 雅克拉白垩系亚格列木组超微旋回界面岩电关系图

利用“三步两转”方法，最终建立了包括9种参数，4大类18小类的超微旋回界面岩电关系图版(图2-7)。

第一类：泥岩与各种砂岩界面的岩电关系图版。泥岩上下界面清晰，自然伽马(GR)、自然电位(SP)、RT等曲线呈高值指状尖峰形特征，代表旋回前缘与另一旋回的组合叠置关系，是最容易识别的一类界面，一般会形成隔层或夹层，具有封挡作用。

第二类：粉砂岩与各种砂岩界面的岩电关系图版。发育在正韵律层顶部，GR、RT半尖峰状，SP半圆形状，电性特征较明显而易识别，代表旋回前缘-中部与另一旋回的组合叠置关系。

第三类：细砂岩及以上与各种砂岩界面的岩电关系图版。多表现为正常沉积层序，韵律层方法多视为同一韵律层，正常砂岩测井特征，电性特征不明显，岩电关系图版更多依赖PNN及中子、密度等曲线建立。

第四类：其他类型界面的岩电关系图版，包括冲刷面、不整合面等。测井特征主要表现为低GR、SP、RT，旋回界面的测井特征不明显，一般需通过岩心资料佐证识别。

(二)测井相模式

基于取心井段沉积微相精细研究，总结了沉积微相的典型特征，建立了测井微相模式，这种用于恢复地层岩性剖面和沉积环境的一组测井曲线组合称为测井相，这一概念是由法国地质学家O. Serra在1979年提出的，测井相是沉积相识别与划分的重要依据[4]。

借助不同类型测井曲线的形状、幅度、光滑程度及组合特征，综合反映地层岩性、粒度、泥质含量变化、垂向沉积序列、流体性质等信息[5]，如自然电位测井曲线形态，钟形表示水动力渐次减弱条件下下粗上细的正粒序沉积；漏斗形反映水动力渐次增强条件下下细上粗的反粒序沉积；箱形反映物源丰富、水动力稳定条件下加积沉积[6,7]。

依据测井曲线形态、幅度、接触关系以及组合特征等四大基本原则，确定了雅克拉构造亚格列木组的测井相模板(图2-8)，主要发育扇三角洲前缘和平原亚相，主要沉积微相为水下分流河道、分支河道、砂坝、支流间湾。

① 分支河道：下粗上细正粒序，主要表现为低幅钟形、箱形、组合形，反映水动力条件向上逐渐增强；

② 水上砂坝：呈反韵律，主要表现为微齿或齿化漏斗形，反映水动力条件向上逐渐减弱；

③ 水上河道侧缘：厚度薄，呈泥砂互层，主要表现为高幅齿化箱形，反映水动力较弱；

④ 水上支流间湾：多以泥为主，含砾，部分含薄砂层，主要表现为中高幅指形，反映水动力弱；

⑤ 水下分流河道：呈正韵律，主要表现为低幅箱形、钟形、组合形；

⑥ 水下砂坝：呈反韵律，主要表现为低幅或齿化漏斗形；

⑦ 水下河道侧缘：主要表现为厚度薄，GR曲线中高幅漏斗形，反映水动力弱，呈砂泥互层；

⑧ 水下支流间湾：以泥为主，可见砂质条带，主要表现为高幅指形，反映水动力条件弱。

对比分析测井曲线：测井曲线的幅度受地层岩性、厚度、流体性质等控制，反映了沉积物的粒度、分选性及泥质含量等沉积特征的变化[8]。高能环境中沉积物颗粒粗、渗透性好，具有高的电阻率、高的自然电位负异常和低的自然伽马等曲线特征[8,9]。顶、底接触关系反映砂体沉积初期、末期水动力能量及物源供应的变化速度，有渐变和突变两类，渐变分加速、直线、减速三种，反映在曲线形态上呈凹形、直线和凸形[9]；突变往往表示冲刷(底部突变)或物源中断(顶部突变)。曲线光滑程度可以分为光滑、微齿和齿化三级，光滑代表物源丰富水动力作用强，齿化则代表间歇性沉积的叠积，如辫状河道沉积。

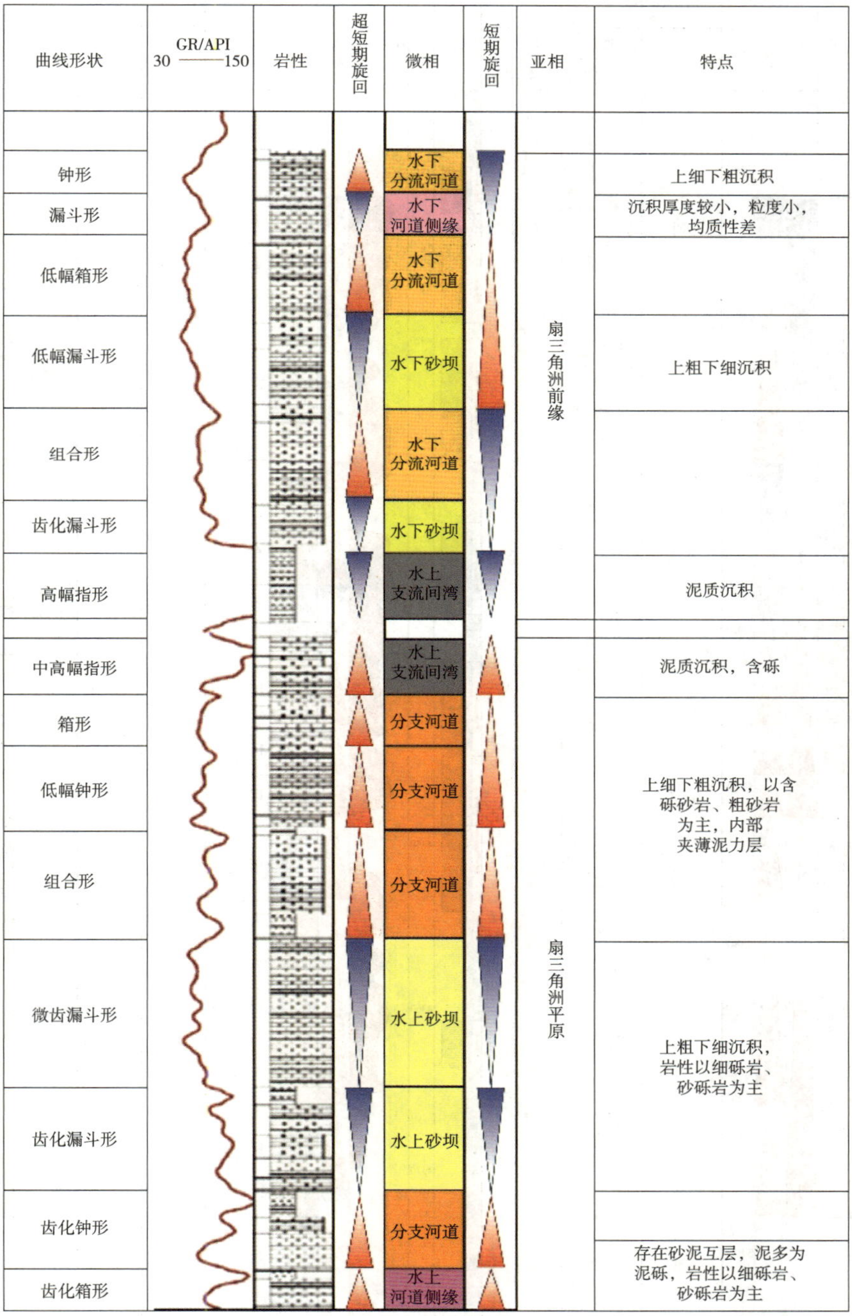

图 2-8　雅克拉测井相模板

四、单井相

基于以上分析研究，开展了单井相划分，并以 YK9X 井为例进行沉积微相特征分析研究(图 2-9)。

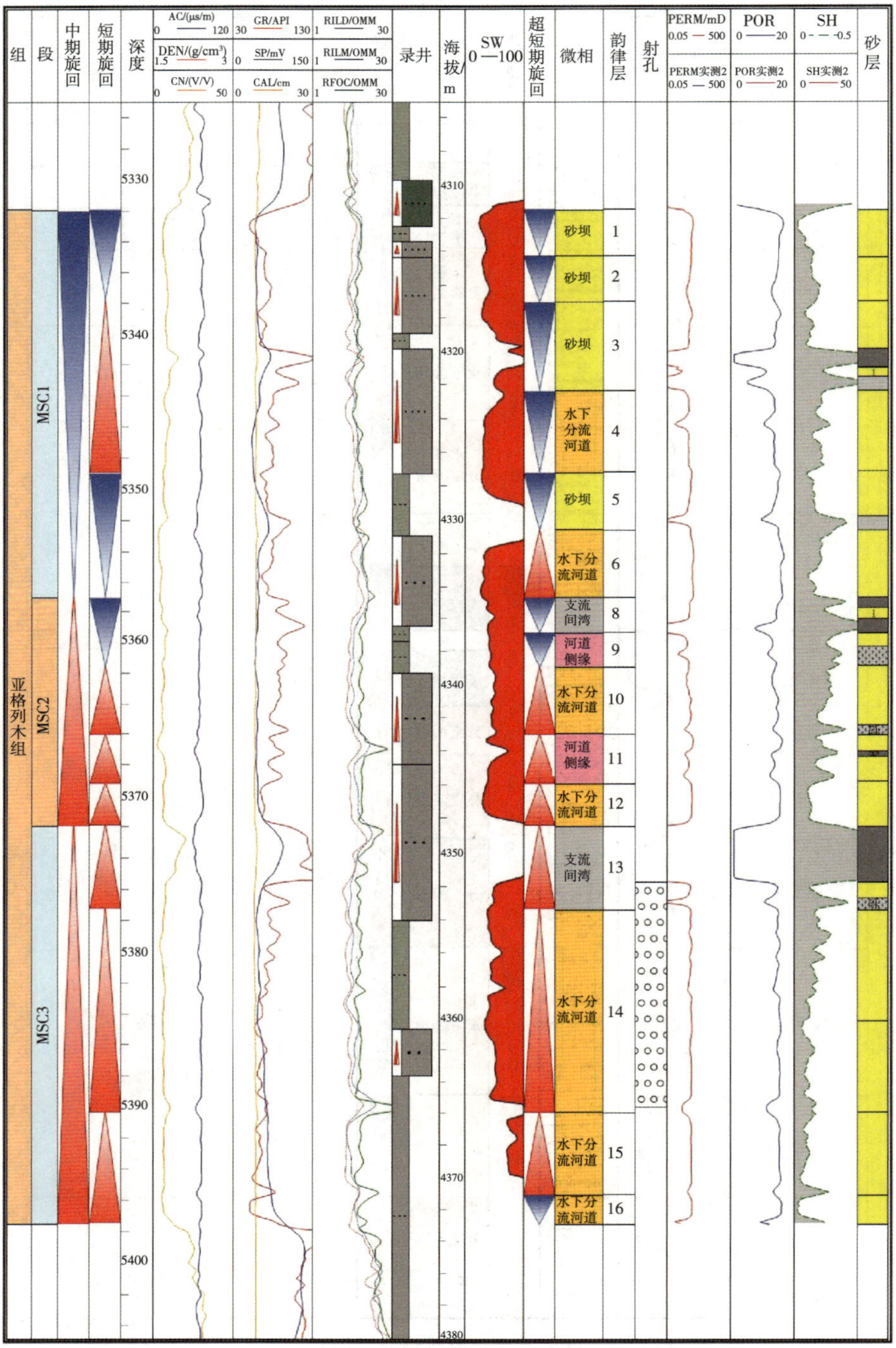

图 2-9　YK9X 井沉积微相综合柱状图

YK9X 井为雅东区标准井，亚格列木组下气层主要为扇三角洲前缘亚相：

（1）水下河道微相：GR 曲线表现为钟形，岩性以中砂岩、粗砂岩为主。

（2）河口砂坝微相：GR 曲线表现为中高幅箱形，微齿状，岩性主要为中砂岩。

（3）河道侧缘：GR 曲线表现为指形，岩性主要为细砂岩、粉砂岩、泥岩。

（4）支流间湾：GR 曲线表现为高幅指形，岩性主要为泥岩。

第二节　旋回结构法小层划分对比和沉积微相刻画

“旋回结构法”小层划分对比方法是一套系统的地层精细划分研究方法，由四部分构成，首先根据沉积背景建立旋回模式，其次基于静态和动态资料建立岩电关系图版，再次以沉积微相研究辅助对比，最后遵循点（超微旋回界面）-线（超微旋回）-面（沉积微相）一体化旋回结构研究方法进行超微旋回级别的小层划分对比。该方法把砂体成因和层序地层学的等时对比与沉积学中的沉积相（成因研究）有机结合在一起，较好地解决了“穿时性”“砂对砂泥对泥”“等厚劈分”等问题，有效规避了取心少、井距大等实际难题。

以旋回界面为基础，以沉积微相为抓手，以旋回结构为约束，在新建立的岩电关系图版和旋回模式基础上进行小层划分对比。首先在气田内选取具有代表性的井组进行小层划分，主要考虑顺物源方向、垂直物源方向、取心资料丰富、具有推广性的井组，开展第一批次小层划分；其次遵循先易后难、先单一后深入、先局部后整体的原则拓展至整个气田；最后根据生产动态、开发特征、地球物理特殊处理等动态资料进行修正。

一、旋回模式的建立

综合野外露头考察、岩心描述、岩性组合、沉积特征研究，运用地球物理技术，应用层序地层学理论，建立了研究区的旋回发育模式。

建立超微旋回与超微韵律层对应关系，韵律层主要是从点（单井）表征岩性纵向组合、叠置关系，旋回主要反映岩性体（剖面及平面）成因、接触关系。旋回结构与韵律层既有区别又有联系，从模式图（图 2-10）中可以看出，旋回的中部与韵律层是一一对应关系；旋回的前缘和根部与韵律层并非一一对应关系。不同组合叠置时一个韵律层可能包括 2 个或多个旋回，在超微旋回前缘泥岩重叠处韵律层难以分开，韵律层表现为一层泥岩，在较前缘位置，出现薄层粉砂或细砂岩，一般认为泥岩中砂岩夹层或砂岩透镜体，在超微韵律层中视为一个韵律层；在超微旋回根部，超微旋回内部岩性粒度很粗，与另一旋回底部岩性粒度等差异很小，依据单一岩性组合很容易划分为一个韵律层。

二、地层对比单元分级

在地层剖面上成因有联系的岩性或岩石组合有规律地叠覆的现象称为沉积旋回。沉积旋回的形成受多种因素影响，如构造运动、海平面升降、气候变化、沉积物来源等（表 2-1），最主要的因素是地壳的周期性升降运动。一般情况下，地壳下降，发生水进，导致水体由浅变深，在剖面上形成自下而上由粗变细的水进序列，称为正旋回；地壳上升，发生水退，水体由深变浅，在剖面上形成自下而上由细变粗的水退序列，称为反旋回；若地壳下降后又上升，在剖面上形成自下而上由粗变细再变粗的水进水退序列，称为一个完整沉积旋回。

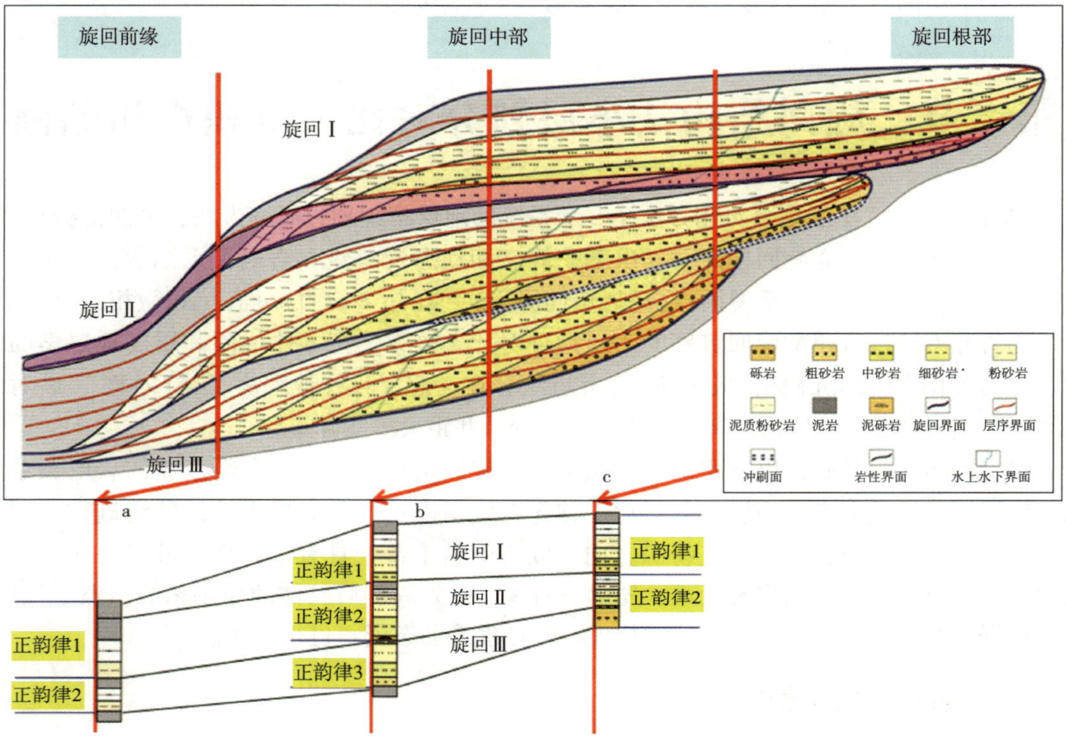

图 2-10 水进体系超微旋回发育模式及与韵律层关系图

表 2-1 油层对比单元分级表

构型界面	基准面旋回分级	油层对比单元分级	旋回分级
盆地充填体	长期	含油层系	一级
扇三角洲沉积体	中期	砂组	二级
前缘沉积体	短期	韵律层	三级
分流河道沉积体	超短期	超微韵律层	四级

地壳升降运动是区域性的，同一次升降运动所表现出的沉积旋回特征是相同或相似的，这是利用沉积旋回划分、对比地层的理论依据。利用旋回对比油层时，可从大到小分级次进行对比，即“旋回对比、分级控制”。沉积旋回一般从大到小按四级划分，沉积旋回与油层划分的等级是对应一致的。

（1）一级沉积旋回：在沉积盆地区域性的升降运动控制下的一个复合沉积旋回，反映一个完整的水进—稳定—水退序列。旋回中岩性较粗的部分相当于一个含油层系，每套含油层系一般都有古生物或微体古生物标准层用来控制旋回界线。

（2）二级沉积旋回：在一级旋回内由不同沉积的岩相段组成的旋回性沉积，可以是水进序列的正旋回或水退序列的反旋回。一般都有标准层或辅助标准层来控制旋回界线。它包含若干个油层组，上下有适当厚度(10m左右)的泥岩与相邻油层组完全分隔。油层分布状况、油层特性基本相近，是一套可以组成开发单元的油层组合。

（3）三级沉积旋回：同一岩相段内几种不同类型的单层或者小旋回组成的旋回性沉积。它与砂岩组大体相当，集中发育的含油砂岩有一定的连通性，上下泥岩隔层分布比较稳定。根据岩性组合类型、演变规律、厚度变化及电测曲线的形态组合特征，可将上、下泥岩层作为对比时确定旋回界线的依据。

（4）四级沉积旋回：不同粒度序列岩石组合的一个旋回。旋回中粒度较粗的部分相当于单油层，它的厚度、结构及层理随沉积相带的变化而有所不同。

三、标志层、关键井及划分依据

（一）标志层和关键井

标志层是指一层或一组具有明显特征可作为地层对比标志的岩层。标志层一般是岩性特殊，在测井曲线上特征明显，易于识别，层厚，分布较广泛的层段。一般标志层具有等时特征，在小层划分对比中，标志层越多，特征越明显，小层划分对比的结果越可靠。

雅克拉亚格列木组之上发育有一套完整、厚度稳定的泥岩，作为划分亚格列木组的标志层。亚格列木组内储层电性、岩性及沉积相特征明显，具三分性，总体表现为上、中、下三个砂岩层组，以泥岩层相隔，两个泥岩隔层相对比较稳定，在全区范围内广泛分布，测井响应等特征明显，易于识别，因此选取其作为小层对比标志层。隔层指形测井曲线形态为一层泥岩，W形为两泥夹一砂。

标准井的选择原则如下：

① 位于有利构造部位的垂直井，没有断层通过，避免出现地层的缺失和重复；

② 钻遇地层最全的井，否则地层层序不完整而不具代表性；

③ 井眼条件好、泥浆正常，并具备高质量的测井数据；

④ 有钻杆和电缆测试资料；

⑤ 有一定的取心进尺，分析、化验资料齐全。

雅克拉区块划分为东、西两部分，根据标准井选井原则及动态资料情况选取四口井作为对比标准井，选取完整的全地层取心井作为地层对比划分及验证的关键井。

（二）划分依据

“小层”从沉积上来讲，大致相当于一个“成因相”或“微相”，是一次沉积事件中所沉积的全部岩系，包括渗透性和非渗透性岩层[10,11]。其划分必须建立在不同旋回的划分与对比基础上，主体可分为中期旋回和短期旋回。

中期旋回：层序由一系列短期基准面旋回按一定样式叠加而成，以较大规模的冲刷面或洪泛面为界限[12]，以岩性界面为主。根据短期旋回其进积、加积和退积叠加样式不同来识别中长期基准面旋回。不同叠置方式的中期旋回，其测井曲线不仅在垂向上具明显特征，在横向上从陆地向盆地也具不同的变化趋势特点[13]。

短期旋回：小型冲刷面及其上覆的滞留沉积物是相组合和岩相类型垂向上的转换位置、水动力变化形成的，反映水深、水介质性质及沉积环境的砂泥岩原生色也可作为识别短期基准面的依据[14]。

1. 冲刷面及其上覆的滞留沉积物

河床滞留沉积是留在河床底部、集中堆积成不连续透镜体的砾石等粗粒碎屑物质，这些粗碎屑物质被河流由上游搬来或近侧向侵蚀海岸而形成，而细粒物质被选择性搬运走，河床滞留沉积的底部常具有明显的冲刷界面，是层序边界的标志[15]。

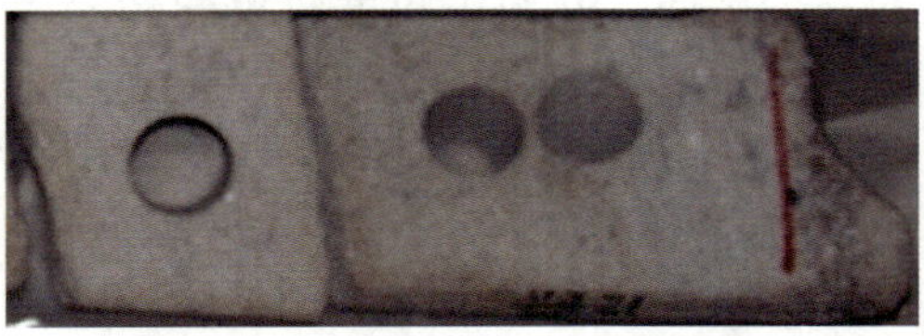

图 2-11　S15 井冲刷面及砾石

亚格列木组小型冲刷面及上覆的滞留沉积物有两种类型：①砾石滞留物，冲刷面滞留物为砾石，向上岩性逐渐变细(图 2-11)；②泥砾滞留物，泥砾滞留物为早期水下分流河道对支流间湾的冲刷(图 2-12)。S15 井底部为砂砾岩、含砾粗-细砂岩，冲刷面滞留物为砾石，向上岩性逐渐变细，冲刷面为旋回界面。

冲刷面痕迹，泥岩砾石、石英砾石等富集　　泥质砂岩中泥质富集呈条带状　　泥岩顶底界面发育黄铁矿晶簇

图 2-12　S15 井泥砾滞留沉积物

2. 相组合和岩相类型垂向上的转换位置

由水体向上变深的相序或相组合向水体逐渐变浅的相序或相组合的转换处，形成粒度向上变细转为粒度向上变粗的岩相组合(图 2-13)。

3. 砂、泥岩原生色突变位置

砂、泥岩原生色较深反映沉积水深较浅，砂、泥岩原生色较浅反映沉积水深较深，砂、泥岩原生色突变界面可反映沉积水体水进或水退，原生色突变界面可作为短期基准面识别标志。

四、旋回结构韵律层对比

随着雅克拉气田精细描述程度的深入，目前采用动静结合的方法验证小层划分的正确性，不断修正细化地质分层，进一步修正地质模型。静态验证是利用小层划分结果绘制构造图和厚度分布图，在构造不协调或厚度不协调的地方再次对该处及其相邻区域进行分层复查。动态验证是利用生产动态反映、测试资料，对分层的正确性进行验证，如同时射开相邻的、同层位的气井，产能区别大；同层位的相邻砂体，油水关系复杂等，对分层再次进行核查。在小层对比与划分中将层序地层学和传统的小层划分方法有机结合。

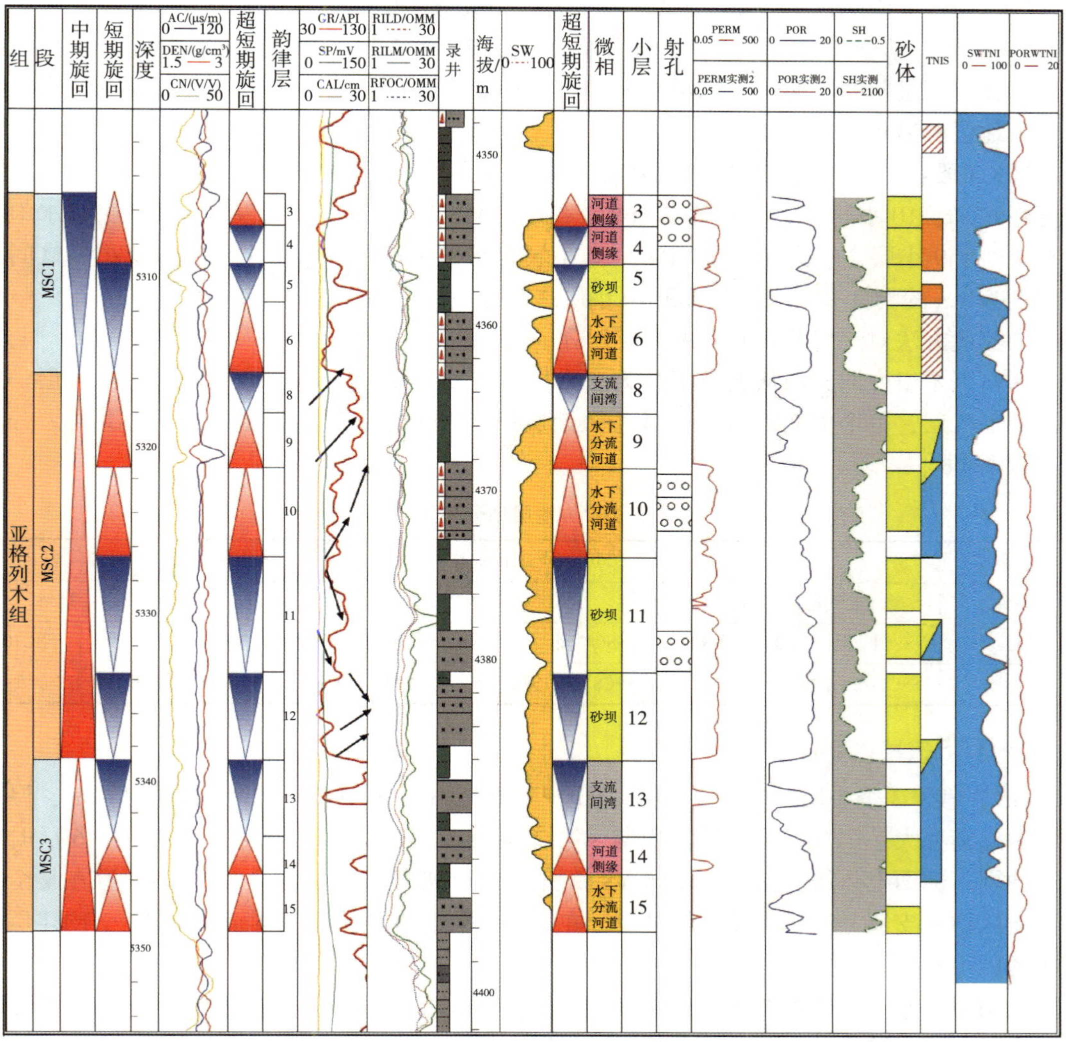

图 2-13 YK21 井亚格列木组沉积微相组合与层序柱状图

在标准井、标志层的控制之下，结合气田储层岩性、沉积旋回、沉积相序组合特征、电性等特征综合考虑，得到小层划分。但在划分中、短期旋回的基础上，应该结合气田生产过程中的动态资料和饱和度测井资料开展动态法辅助旋回划分，以 YK1 井为例。

YK1 井泥岩标志层厚度大且稳定，以 GR 相对峰值(泥岩或泥质)为小层划分界线，感应曲线对于纯泥岩有较好的识别。在测井地质研究的基础上，结合 TNIS 和 PNN 测试资料，根据水淹程度所表征的地层韵律进行精细小层划分。

MSC1 段：在 TNIS 和 PNN 测试之前，MSC1 段 1 小层段含水在 60%左右，认为是次主力产层，2、3 小层含水均在 75%左右，属于差气层；结合 TNIS、PNN 资料和地质资料发现 1 小层含水饱和度高达 80%，无产气能力，2、3 小层含水饱和度均在 50%左右，储层含气，而且 1、2 小层与 3 小层之间有一个小夹层，含水达到 100%，是二者的分界线。

MSC2 段：在 TNIS 和 PNN 测试之前认为 6 小层与 7 小层是射孔层段，气井产量主要来自 6、7 小层。结合 TNIS 和 PNN 资料后发现：6、7 小层属于一套含气砂岩储层，但是二者之间存在沉积旋回的转换，产气量主要来自 7 小层，且二者的含水饱和度在 60%左右，产出水为地层游离水。

MSC3 段：在 TNIS 和 PNN 测试之前认为 8 小层含水饱和度在 56%左右，9 小层含水饱和度在 63%，10 小层含水饱和度在 66%。结合 TNIS 和 PNN 资料后发现：8 小层含水饱和度在 40%，9 小层含水饱和度在 74%，10 小层含水饱和度在 58%。8 小层和 9 小层之间存在厚度为 1m 的物性夹层，9 小层和 10 小层之间存在厚度为 0.5m 的夹层。

依照此方法对气田所有井开展小层划分。

亚格列木组中期旋回从上至下分为三个中期旋回(见表 2-2)，分别命名为上气层、中气层、下气层，每个中期旋回由 3~4 个短期旋回(SSC)组成[16]，各短期旋回总共可划分出 16 个韵律段。

表 2-2 地层划分单元

长期旋回	LSC1(亚格列木组)									
中期旋回	上气层(MSC1)			中气层(MSC2)				下气层(MSC3)		
短期旋回	SSC1	SSC2	SSC3	SSC4	SSC5	SSC6	SSC7	SSC8	SSC9	SSC10
韵律段	SSSC1~2	SSSC3~4	SSSC5~7	SSSC8~9	SSSC10	SSSC11	SSSC12	SSSC13	SSSC14	SSSC15~16

(一) 上气层(MSC1)

MSC1 段：3 个小层，7 个韵律层，整段厚 11~25m，单韵律层厚度范围在 1~6m，厚度顺物源逐渐变大。第 8 层为泥质沉积期，第 7 层时期河道层薄、宽度小，又受第 6 层时期河道冲刷，剖面上只留下由北东东向 YK12 井的地层展布，第 3、4、5、6 期河道在整个雅克拉地区均有支流分布，水动力较平稳，在岩心上可观察到小型分界面，而 1、2 韵律层在雅东地区不发育。

从韵律层厚度等值线图来看，第 7 层小层河道只沿物源方向向 YK12、YK6H 井沉积；第 6 小层河道呈辫状向东移动，在雅东地区沉积较厚；第 5 层层厚呈中间厚两边略薄格架，沉积主要集中在 YK1、YK9X 方向河道；第 4 层河道呈辫状向西移动，在主构造地区沉积较厚，比雅东区平均厚 2m；第 3 层河道主要在主构造区沉积，比雅东区平均厚 3m；第 1、2 层河道在 YK20 井以西发育，雅东区基本没有砂体沉积(图 2-14)。

(二) 中气层(MSC2)

MSC2 段：4 个小层，5 个韵律层，第 8 层为泥岩标志层，2 段厚度范围在 8~25m，最薄在 YK18 井，最厚在 YK13 井，单韵律层厚度范围在 1~10m，厚度顺物源逐渐变大。第 8 层泥岩沉积在 YK10 井以东发育，泥岩层连续，厚度在 1~4m，在 YK10 井以西到 YK15 井、YK22 井，从测井和岩心上均可看到，泥岩层变薄不到 1m。第 12 层时期分支河道多，沉积厚度大，在 S83 井已不发育；第 11 层在工区普遍发育，在 YK13 井韵律叠加；第 10 层在 YK12 井以东发育，东部厚度较大，厚度相近；第 9 层只在主构造以及 YK18-YK16 井间发育，厚度薄。从动态资料看，中部气层含油性较好，YK1、YK2、YK7CH、YK14、YK18、

YK19、YK20 及 YK21 井在中部射孔开采，储层条件好，采出程度大。

(a)雅克拉亚格列木组SSSC1小层厚度图

(b)雅克拉亚格列木组SSSC2小层厚度图

(c)雅克拉亚格列木组SSSC3小层厚度图

(d)雅克拉亚格列木组SSSC4小层厚度图

(e)雅克拉亚格列木组SSSC5小层厚度图

(f)雅克拉亚格列木组SSSC6小层厚度图

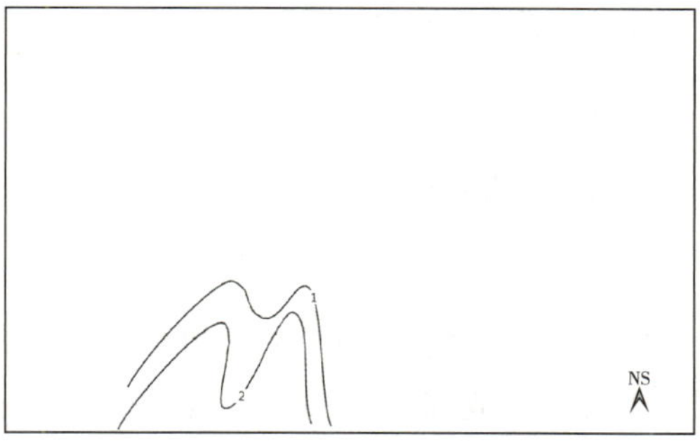

(g)雅克拉亚格列木组SSSC7小层厚度图

图 2-14　雅克拉亚格列木组韵律层厚度图(SSSC1～SSSC7)

分析韵律层厚度等值线图得到第 12 层小层河道顺物源方向 4 个支流方向沉积，在 S4、S7、YK7CH 及 S6 方向地层较厚；第 11 小层河道在 S4、YK17 及 S6 井方向沉积较厚；第 10 层在 YK12 井以东沉积较厚，以西部分被第 9 期河道冲刷填充沉积，第 9 层在 YK17 井方向基本没有砂体沉积(图 2-15)。

(a)雅克拉亚格列木组SSSC8小层厚度图

(b)雅克拉亚格列木组SSSC9小层厚度图

(c)雅克拉亚格列木组SSSC10小层厚度图

(d)雅克拉亚格列木组SSSC11小层厚度图

(e)雅克拉亚格列木组SSSC12小层厚度图

图 2-15　雅克拉亚格列木组韵律层厚度图(SSSC8～SSSC12)

(三) 下气层(MSC3)

MSC3 段：3 个小层，4 个韵律层，粒度以粗砂、含砾砂岩、砾岩为主，水动力条件强。第 13 层上部为泥岩标志层，3 段厚度范围在 7～22m，最薄在 YK16 井，最厚在 S83 井，单韵律层厚度范围在 2～13m，厚度顺物源逐渐变大。第二标志层泥岩段在主构造连片发育，在雅东区较零碎，多分叉，厚度在 1～4m。第 16 层时期分支河道只在 S83、YK9X、YK13

井方向沉积，厚度大，其他方向不发育；第 14、15 层在工区普遍发育，厚度在 2~6m。如图 2-16 所示。

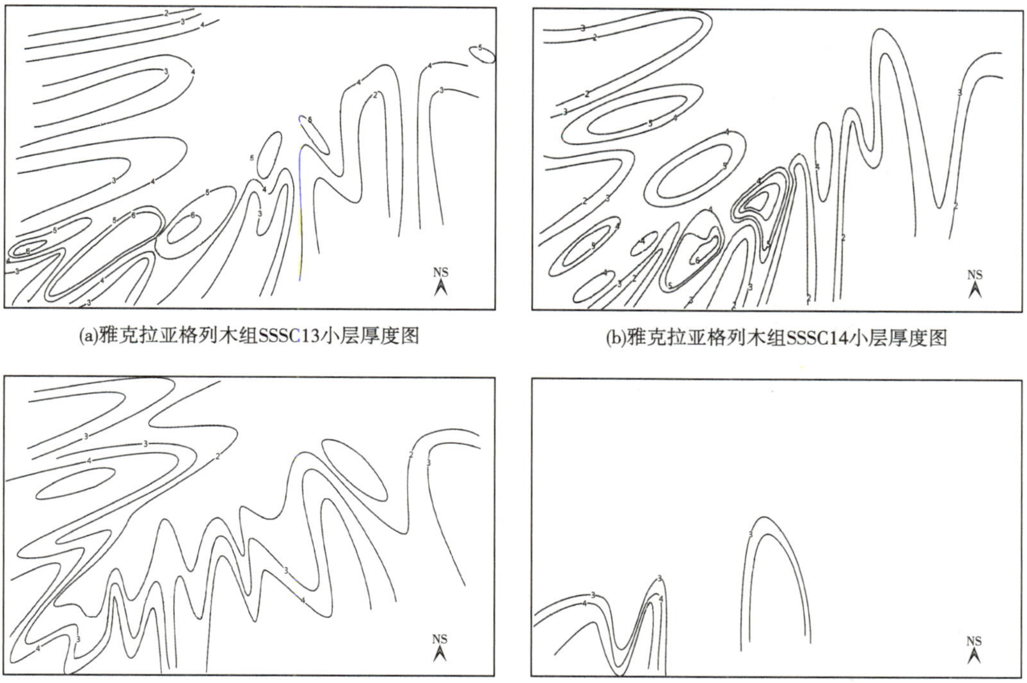

(a)雅克拉亚格列木组SSSC13小层厚度图　(b)雅克拉亚格列木组SSSC14小层厚度图

(c)雅克拉亚格列木组SSSC15小层厚度图　(d)雅克拉亚格列木组SSSC16小层厚度图

图 2-16　雅克拉亚格列木组韵律层厚度图(SSSC13~SSSC16)

五、基于超微韵律层的沉积微相刻画

微相识别是气藏描述的基础，小层对比、砂体内部刻画、隔夹层展布形态确定均基于沉积微相识别的基础上。

根据旋回结构法，结合沉积背景和其他资料得到了雅克拉区块亚格列木组 16 个韵律层沉积微相(优势相)平面图，进而确定砂体的展布特征。

沉积微相平面分布特征为：①雅克拉白垩系扇三角洲平原和前缘沉积亚相界限主要以含细-中粗砾岩的 S44 井划分开，S44 井距物源最近，含砾级别为中-粗砾岩；②物源方向来自北北东，向南南西方向延展；③主河道及分流河道经历多期摆动，造成纵向和平面上相拼接及复杂的砂泥拼接关系。

根据亚格列木组三段砂地比图可以看到(图 2-17)，MSC3：13~16 韵律段，砂地比图显示砂地比范围在 0.4~0.9，河道水动力强，顺主河道方向，砂体逐渐变厚。沉积微相图显示 3 段由物源处扇三角洲平原亚相，随湖盆水体上升转为前缘亚相，辫状分流河道呈爪形分布，侧缘分布其两侧，砂坝一般为心滩或边滩。河道宽而稳定，砂-砾岩较为发育，沉积时水体相对较浅，在 3 段后期湖盆水体加深，末期形成一层泥质沉积。

MSC2：8~12 韵律段，砂地比范围在 0.6~0.8，湖盆进一步扩张，扇三角洲平原和前缘的界线继续向北推移，岩性以中、细砂岩为主，在2段末期进入休水期，形成一套泥质隔层。分支河道细且摆动频繁。

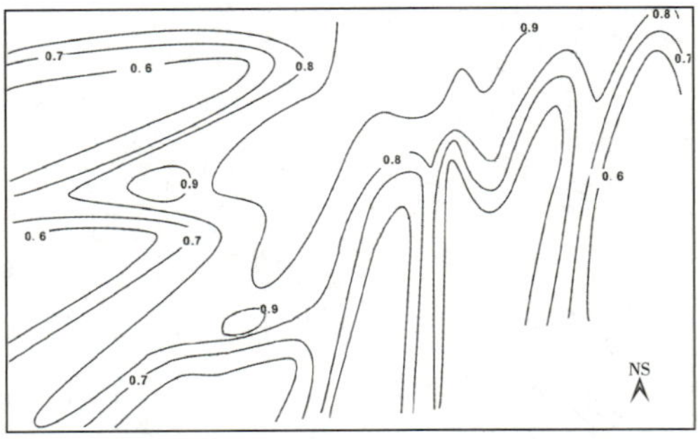

(a)雅克拉亚格列木组MSC3段砂地比图

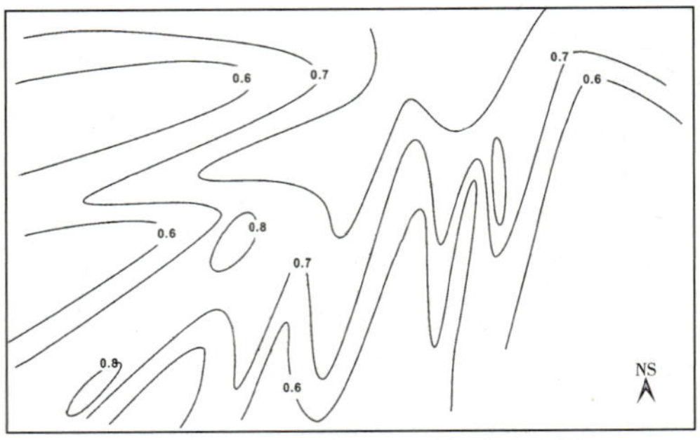

(b)雅克拉亚格列木组MSC2段砂地比图

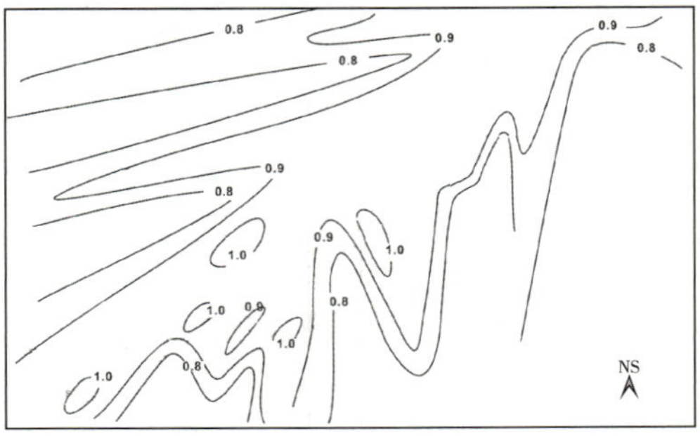

(c)雅克拉亚格列木组MSC1段砂地比图

图2-17 雅克拉亚格列木组中期旋回砂地比

MSC1：1~7韵律段，由于7韵律段只在局部发育，将其划入6韵律段。砂地比范围在0.75~1，1段河道窄，摆动频繁，岩性以粉、细-中砂岩为主，砂坝相发育。

平面上发育扇三角洲平原和前缘，在亚格列木组MSC3段底部，亚相界线主要以含细-中粗砾岩的S44，S6，S15，YK16井划分开。从物源方向及平面分布特征分析，S44井距离物源最近，含砾级别为中-粗砾岩；YK16井距物源相对略远，以细砾岩及砂泥岩为主；S6井处于物源方向主河道较远位置，岩性以中砾岩为主，为水上分流河道微相；S15井距物源相对最远，岩性为细砾岩，为扇三角洲平原到扇三角洲前缘的过渡水下分流河道微相。扇三角洲前缘亚相主要以水下河道、砂坝沉积为主，由于雅克拉井区井位分布较密，平面河口砂坝成片分布，但整体形态基本与砂体平面形态符合。MSC3段砂-砾岩较为发育，沉积时水体相对较浅，主要砂体类型为砂坝沉积，侧缘微相发育少，间湾微相在MSC3顶部大规模发育，如图2-18所示。

MSC2段沉积相类型主要为水下分流河道、砂坝微相。水体范围进一步扩大，扇三角洲平原和前缘的界线继续向北推移，以S44、S4井划分开。扇三角洲前缘亚相主要以水下分流河道和砂坝沉积为主。平面砂体分布形态基本与砂体平面形态符合。该小层岩性以细砂-中砂岩为主，沉积水体加深，主要砂体类型为河道、砂坝沉积，侧缘、间湾微相增多，如图2-19所示。

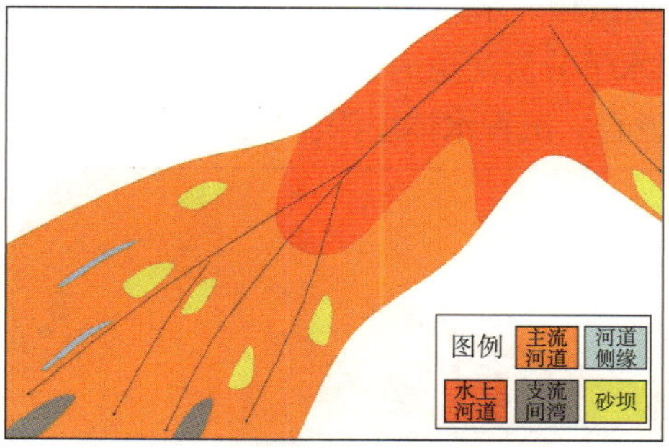

(a)雅克拉亚格列木组SSSC16沉积微相图

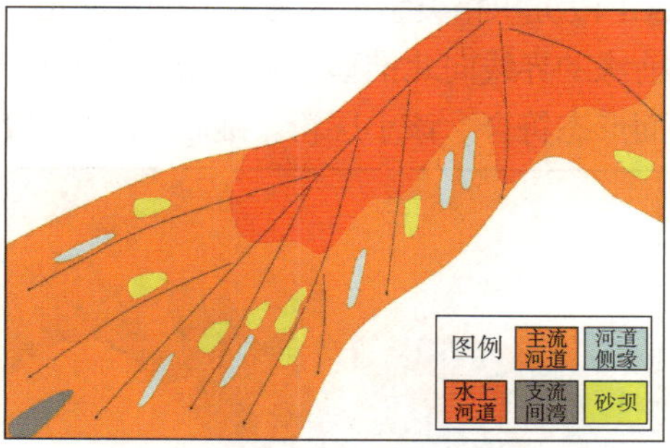

(b)雅克拉亚格列木组SSSC15沉积微相图

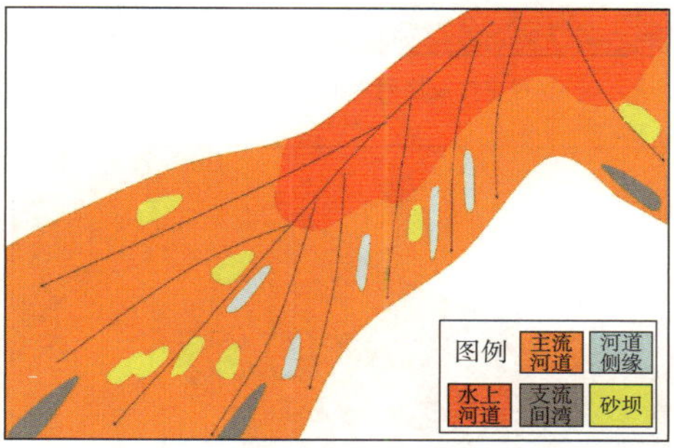

(c)雅克拉亚格列木组SSSC14沉积微相图

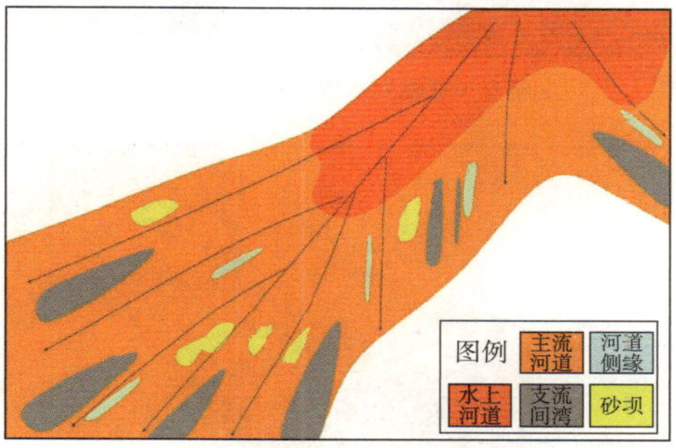

(d)雅克拉亚格列木组SSSC13沉积微相图

图 2-18 亚格列木组 MSC3 段韵律层沉积微相图

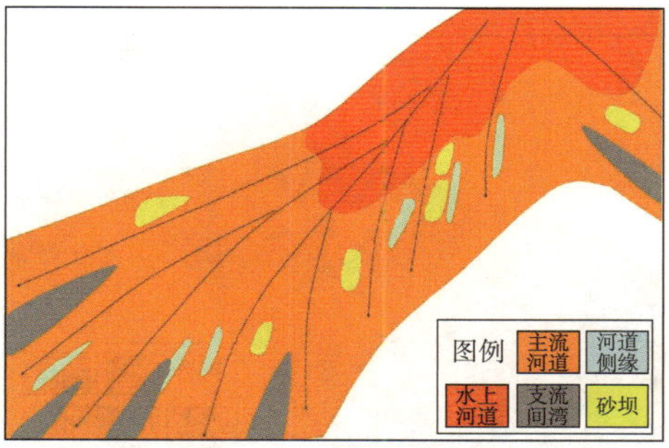

(a)雅克拉亚格列木组SSSC12沉积微相图

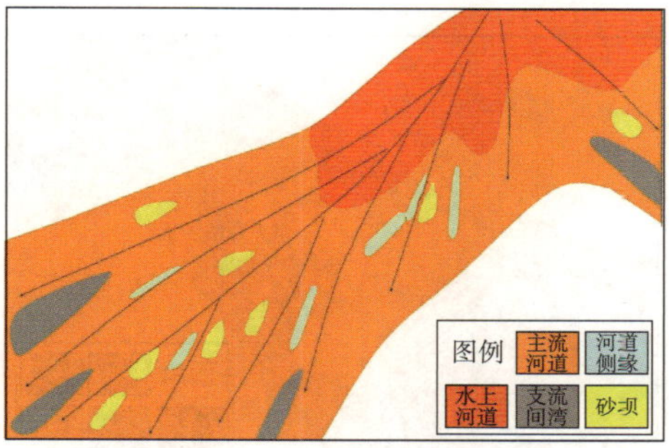

(b)雅克拉亚格列木组SSSC11沉积微相图

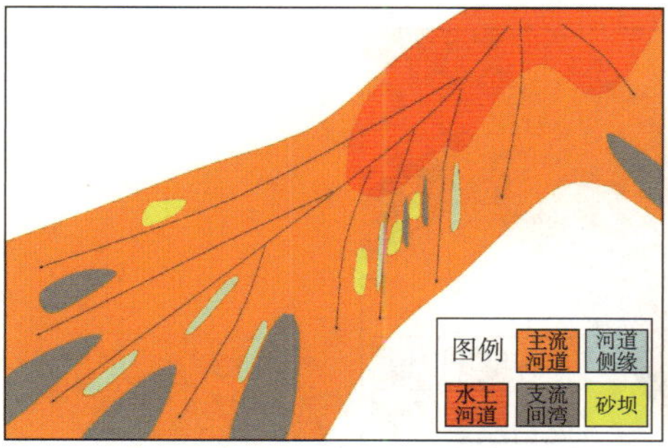

(c)雅克拉亚格列木组SSSC10沉积微相图

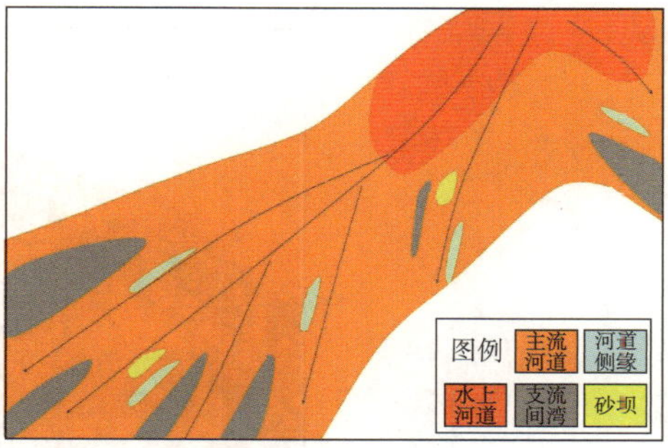

(d)雅克拉亚格列木组SSSC9沉积微相图

图 2-19 亚格列木组 MSC2 段韵律层沉积微相图

MSC1 段沉积相类型主要为水下分流河道、砂坝微相。水体加深范围进一步扩大，扇三角洲平原和前缘的界线向北推移。扇三角洲前缘亚相以水下分流河道为主。平面砂体分布形态基本与砂体平面形态符合。该小层粉、细砂-中砂岩较为发育，沉积水体加深，如图 2-20 所示。

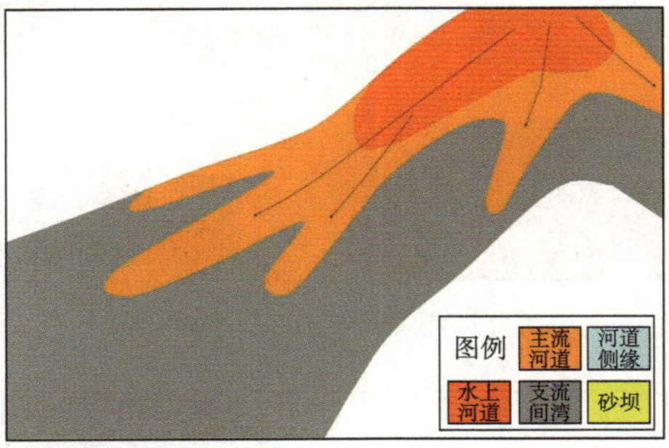

(a)雅克拉亚格列木组SSSC8沉积微相图

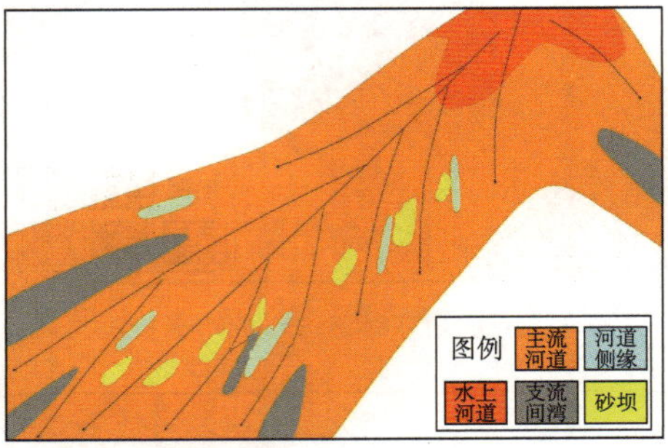

(b)雅克拉亚格列木组SSSC6沉积微相图

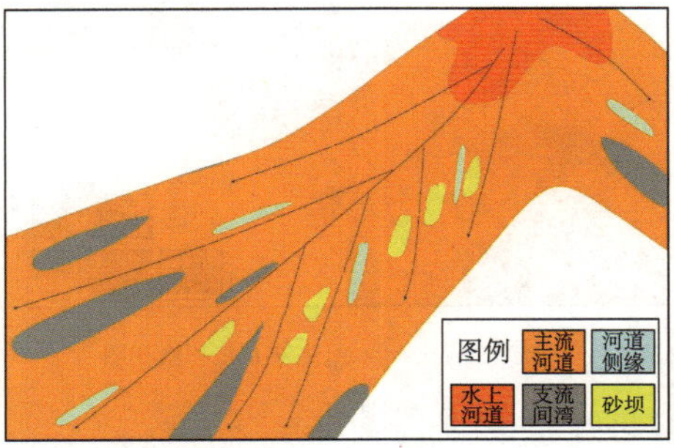

(c)雅克拉亚格列木组SSSC5沉积微相图

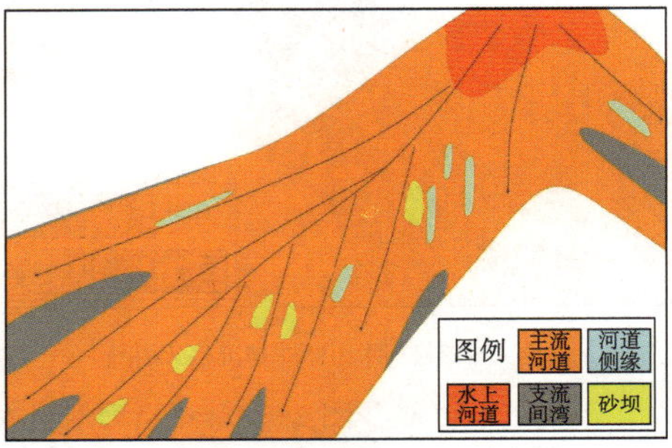

(d)雅克拉亚格列木组SSSC4沉积微相图

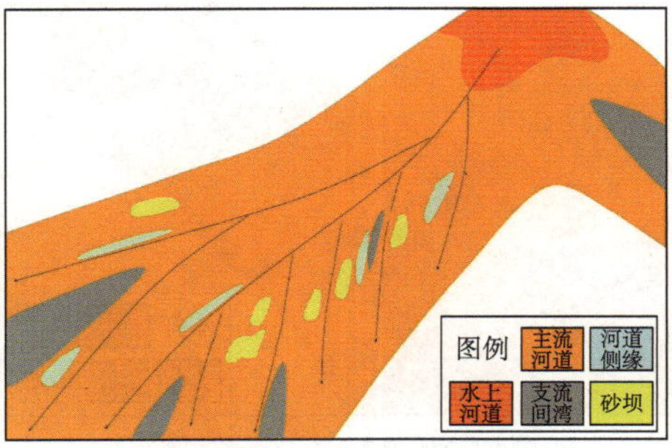

(e)雅拉亚格列木组SSSC3沉积微相图

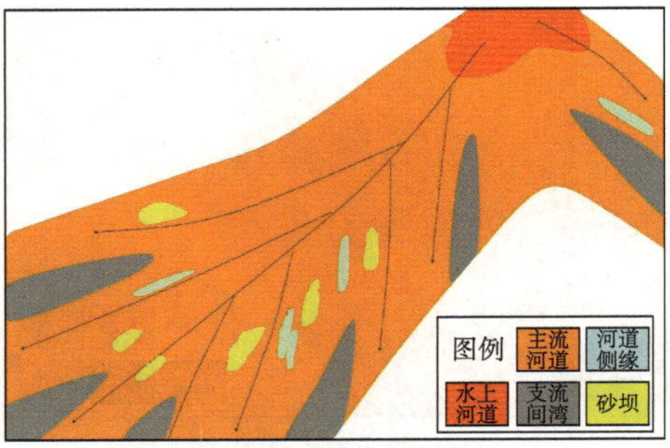

(f)雅克拉亚格列木组SSSC2沉积微相图

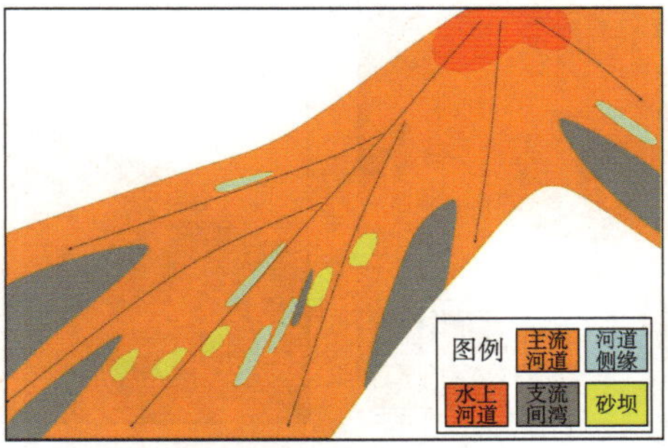

(g)雅克拉亚格列木组SSSC1沉积微相图

图 2-20　亚格列木组 MSC1 段韵律层沉积微相图

第三节 砂体内部结构精细刻画技术

一、砂体内部结构刻画

砂体内部结构是指沉积砂体内部由各级次沉积界面所限定的砂质单元和不连续“薄夹层”的几何形态、规模大小、相互排列方式与接触关系等结构特征，属储层非均质体系较深层次的研究范畴[17]。“薄夹层”是指夹持在单一河道砂或席状砂体内部、主要起层内非均质作用、不连续分布的非渗透或低渗透薄层；“薄隔层”则是指分布于单一河道砂或席状砂体之间、主要起分层作用、相对连续分布的非渗透或低渗透薄层。二者皆有岩性(非渗透)与物性(低渗透)之分[18]。

利用岩心、测井、分析化验、生产动态等资料，精细解剖砂体内部结构，探索扇三角洲前缘砂体韵律性和增生体叠置关系等对剩余油的控制作用，并建立了砂体内部结构控制剩余油气分布模式，指导下步油气分布预测和挖潜工作。

（一）砂体内部构型边界的划分依据

地层层序精细划分不仅刻画出了各种沉积单元的等时性，也明确了各种类型砂体在纵向上的叠置关系和组合关系。

1. 纵向上的砂体叠置关系

对于陆相三角洲前缘亚相的沉积而言，最常见的是纵向上的砂体叠置关系，主要有以下三种。

(1) 连续叠置：多期次沉积的砂体在垂向上连续分布，无泥岩分隔，在测井曲线上往往表现为厚度较大，甚至为巨厚块状，但在岩心观察中可看到岩石颗粒的韵律细微变化和颜色变化，指示具有不尽相同的沉积母质。物性分析、含油性分析、动态测试资料也能反映出连续叠加的砂体内部的非均质性，反映出水动力条件强而稳定，这样的叠置关系中泥质夹层不发育，夹层类型多为物性夹层和钙质夹层。

(2) 间歇叠置：河道沉积保持完整层序，不同期次的砂体间由泥岩或泥砾岩隔开，河流的侵蚀作用弱，反映出较弱的水动力条件和多期次母质供给。

(3) 侵蚀叠置：晚期河道下切早期河道，从而造成上下砂体叠置、上下砂体之间被冲刷面隔开。冲刷面的性质比较复杂，有时成为岩石物性的突变界线，有时则毫无影响，反映出强烈的水动力条件，这种沉积作用稳定持续发展的结果就是造成砂体接触模式由层状转变为拼合式，甚至是迷宫式。

2. 纵向上的砂体组合关系

砂体组合关系即相接触关系，共有 6 种类型(图 2-21)：①河道-河道叠置型；②河道-河道拼接型；③河道-砂坝拼接型；④河道-间湾拼接型；⑤河道-砂坝叠置型；⑥砂坝-砂坝叠置型。砂体的接触关系反映砂体的空间展布特征和隔夹层位置与分布特征，其中河道与砂坝、砂坝与砂坝、河道与河道是主要砂体接触类型[19]。

河道与砂坝：辫流砂坝多与辫状水道相互叠置，有时被辫状水道切割，该区分为以下两小类：横向相接，纵向切割叠置。

砂坝与砂坝：辫流砂坝沉积微相主要由大型床沙底迁移形成，洪泛期多表现为顺流加积的特征，平流期多被辫状水道改造，平面上多呈菱形或近菱形，其二者多表现为纵向切割叠置[20]。

河道与河道：辫状河道在横向上频繁摆动严重，并受洪流影响，纵向上多期叠置，表现为宽浅的特征，反映水道频繁迁移和下切[20]。

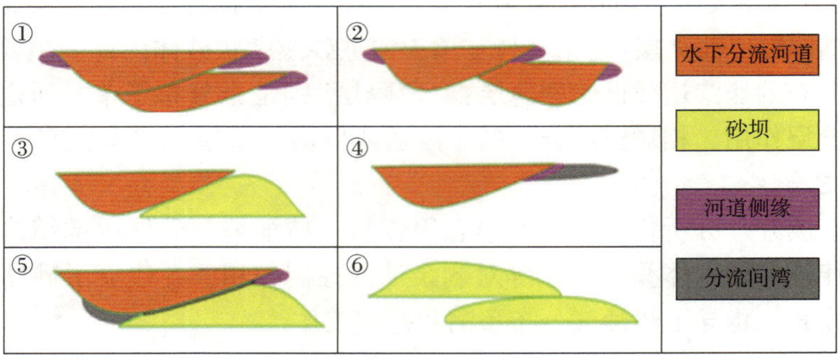

图 2-21　砂体接触类型示意图

一般河道与河道或砂坝微相交替叠置是由同期或多期的辫状河分流河道拼接或叠置造成，砂体通常是连通的；而河道与侧缘、间湾，侧缘与间湾交替叠置，由于侧缘及间湾物性差或是后期河道对其挖掘和冲刷作用，导致泥质较高或含泥质团块，而造成具有封挡作用的夹层。

雅克拉气藏刻画出 6 类砂体接触关系，具体见表 2-3。

表 2-3　雅克拉气藏 6 类砂体接触关系

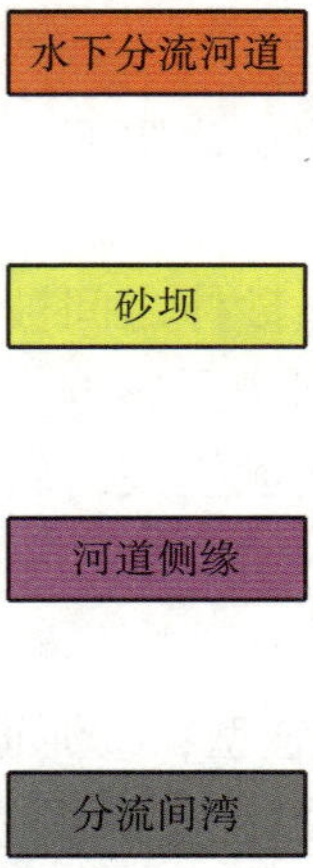		河道–河道叠置	多期河道叠加，可分为间歇叠加(泥质夹层)、连续叠加(无夹层)、侵蚀叠加(冲刷面)
	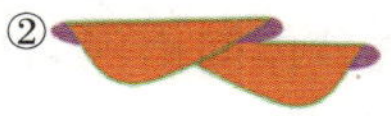	河道–河道拼接	同期分支河道拼接
	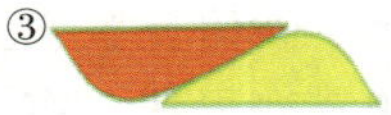	河道–砂坝拼接	在河道内部或两侧形成砂坝
	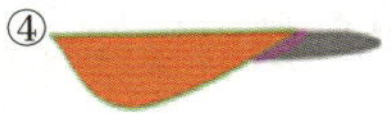	河道–间湾拼接	河道之间间湾沉积
	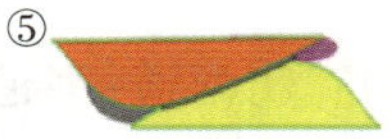	河道–砂坝叠置	晚期河道沉积于早期砂坝之上，可分为间歇叠加、连续叠加、侵蚀叠加(下切作用)
	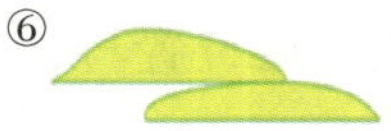	砂坝–砂坝叠置	晚期砂坝沉积于早期砂坝之上

（二）连井相划分

基于叠置关系研究，开展了连井相的划分，以 S82-YK22-YK15-Y4-S6 井剖面为例（图 2-22），MSC3 段水下分流河道在两个方向上发育较厚，分流间湾沉积范围较小，以水下分流河道、砂坝微相为主，在 13 韵律层水下分流河道萎缩，主要为分流间湾沉积；MSC2 段湖盆范围继续扩大，发育条带状、剖面为透镜体的砂坝沉积，间湾和侧缘微相在河道两侧发育；MSC1 段水体能量减弱但较为稳定，以细粒的河道、砂坝及侧缘微相为主。

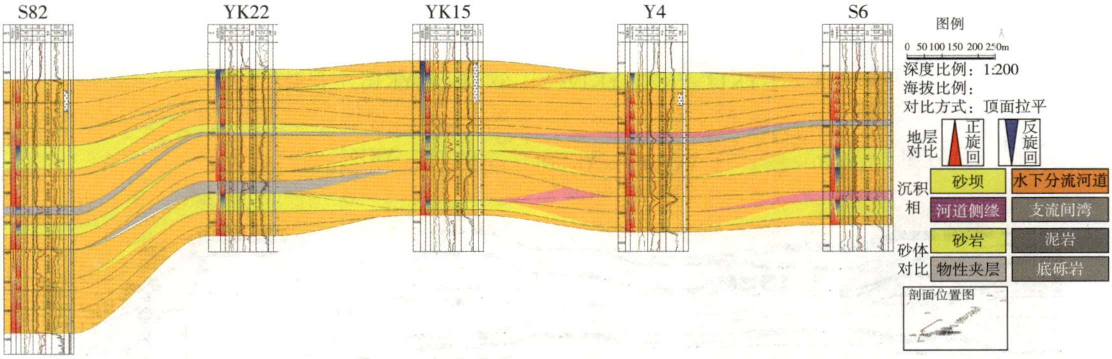

图 2-22 过 S82-YK22-YK15-Y4-S6 井沉积微相剖面

总体而言，雅克拉亚格列木组地层发育水下部分扇三角洲前缘水下分流河道，砂坝、侧缘及分流间湾微相，说明沉积水体环境变化快，体现了湖盆水体扩张的过程。砂坝和水下分流河道微相储层为优势储层，表明雅克拉区块亚格列木组储层物性较好。

（三）砂体构型量化

1. 砂体界面划分与对比

根据单井沉积微相的量化分析结果，结合瓦尔特相律，将沉积微相的纵向分布推导至侧向上微相的分布，指导微相的横向展布，建立了雅克拉地区 8 条连井相剖面。研究区内沉积相变快，井间连通性复杂；纵向上砂泥互层非均质性强，对油气水的运动起到遮挡作用。北部河道窄而薄，间湾较为发育；西部河道宽而厚，砂体连片分布。

在叠置关系和沉积微相研究成果基础上，通过连井剖面建立起不同沉积微相砂体的三维立体结构。主体区和雅东具有相同特征，从雅东连井剖面（图 2-23）可以看出：下气层段水下分流河道在全区发育较厚，分流间湾沉积范围较小，在上气层顶部 SSSC13 层水下分流河道萎缩，分流间湾沉积增加；中气层段湖盆范围继续扩大，砂坝沉积发育，间湾和侧缘微相在河道两侧发育；上气层段水体能量减弱，以河道、砂坝及侧缘微相为主，岩性粒度相对较细。

砂体的几何形态主要受沉积微相控制，不同韵律层砂体的发育程度不同，砂体的几何形态亦不同，在砂体构型进行砂体对比，建立了两条砂体对比剖面，其中一条剖面如图 2-24 所示。

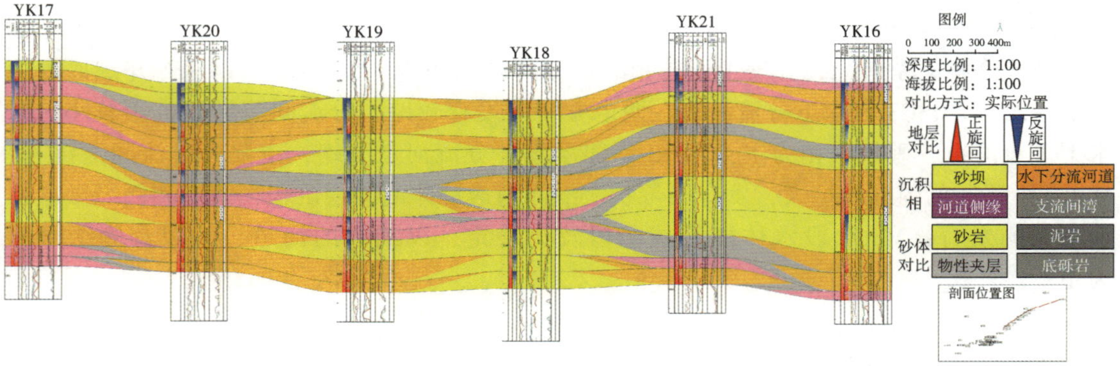

图 2-23　过 YK17-YK20-YK19-YK18-YK21-YK16 沉积微相剖面

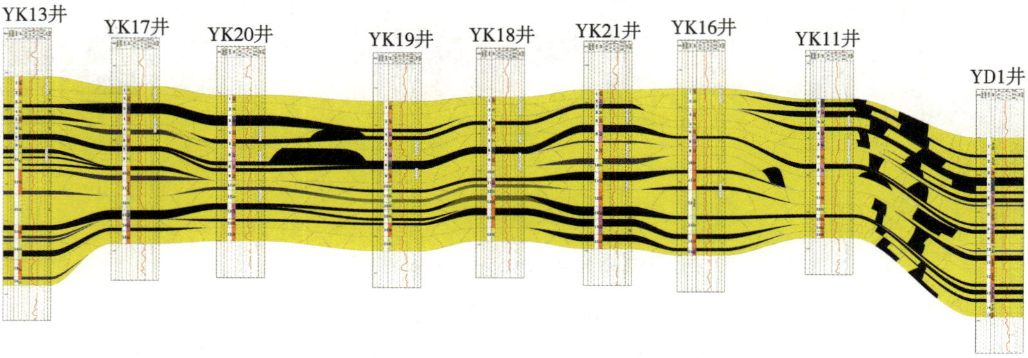

图 2-24　过 YK13-YK17-YK20-YK19-YK18-YK21-YK16-YK11-YD1 连井剖面

YK11 井 SSSC13~15 层发育河道侧缘沉积微相，对应 YK16 井发育水下分流河道与河道侧缘沉积微相；YK18 井 SSSC11、12 层发育河道侧缘沉积微相，对应 YK21 井发育砂坝沉积微相，由于侧缘沉积自身不稳定、物性差，容易形成泥砾夹层或物性夹层。

2. 砂体内部构型量化分析

（1）单井砂体构型量化分析。

瓦尔特相律指出，同一相区的各种沉积物和不同相区的所有岩石在空间上是相互毗邻的，但在地质剖面中是相互重叠的，这是一个意义深远的基本观点，即只有那些没有间断的、现在可以观察到的、相互邻接的相和相区才能重叠。瓦尔特相律是沉积环境研究方面重要的基础理论[21]，适用于用动态模式或多个静态模式的组合来表示相的时空关系，进而建立相关系。

蒙特卡洛模拟方法是一种通过生成合适的随机数和观察部分服从一些特定性质或属性的数据来解决问题的方法，通过在电脑上进行统计抽样实验为各种各样的数学问题提供近似解。这种方法对于一些太复杂以至很难分析求解的问题得到数字解法是非常有效的，而且同时适用于毫无概率性和内在固有概率结构的问题[22]。

将瓦尔特相律（相对比原理）和蒙特卡洛模拟方法结合起来，根据全区单井微相纵向的分布给出横向的相分布关系，来解决雅克拉凝析气藏大井距下、未井控区的微相分布预测和构型研究问题。具体思路及方法为统计计算单井沉积微相的纵向分布及概率，结合井距指导沉积微相剖面的绘制，再统计计算剖面上各微相的分布及概率，指导并编制沉积微相平面分布图。

1）单井沉积微相占比。

雅克拉构造水上沉积微相，分支河道：水上砂坝：水上河道侧缘：水上间湾≈4：2：1：3；主构造水下沉积微相，水下分流河道：水下砂坝：水下河道侧缘：水下间湾≈4：3：1：2，见表2-4。

表2-4 主构造水上、水下沉积微相占比

项 目	微相占比累计概率		
	P10	P90	P50
主构造水下			
水下分流河道	0.24	0.55	0.42
水下砂坝	0.15	0.37	0.29
水下河道侧缘	0.06	0.16	0.13
水下间湾	0.02	0.26	0.16
主构造水上			
分支河道	0.19	0.60	0.38
水上砂坝	0.07	0.38	0.21
水上河道侧缘	0.01	0.25	0.12
水上间湾	0.07	0.39	0.29

2）单井沉积纵向叠置关系占比。

统计单井纵向沉积的叠置关系，包括连续叠置、侵蚀叠置、间歇叠置，计算各叠置关系的占比。间歇叠置：河道沉积保持完整层序，砂体间有泥岩隔开；连续叠置：垂向叠置的砂体无泥岩隔开；侵蚀叠置，也称下切叠置，即晚期河道下切早期河道而造成上下砂体叠置，表面上看像是一期河道砂体[23]。

计算结果（表2-5）表明，各叠置关系连续叠置：侵蚀叠置：间歇叠置≈4.5：4.5：1，连续叠置关系占比最高，间歇叠置关系占比最低，且连续叠置和侵蚀叠置关系占比接近，总和近90%，说明研究区水动力波动频繁，构型界面常见连续界面和侵蚀界面。

表2-5 雅克拉单井叠置关系概率

叠置关系	累计概率		
	P10	P90	P50
连续叠置	0.33	0.58	0.45
侵蚀叠置	0.29	0.48	0.43
间歇叠置	0.01	0.24	0.12

3）单井沉积纵向组合关系占比。

统计结果表明主构造水上微相河道-砂坝与河道-河道占比较高，分别为0.33、0.32，其次为砂坝-侧缘，砂坝-侧缘的占比与河道-侧缘相近，分别为0.13、0.12；主构造水下微相河道-砂坝占比最高，为 0.35，其次为河道-河道、河道-间湾、河道-侧缘，分别为 0.23、0.13、0.10(图 2-25)。

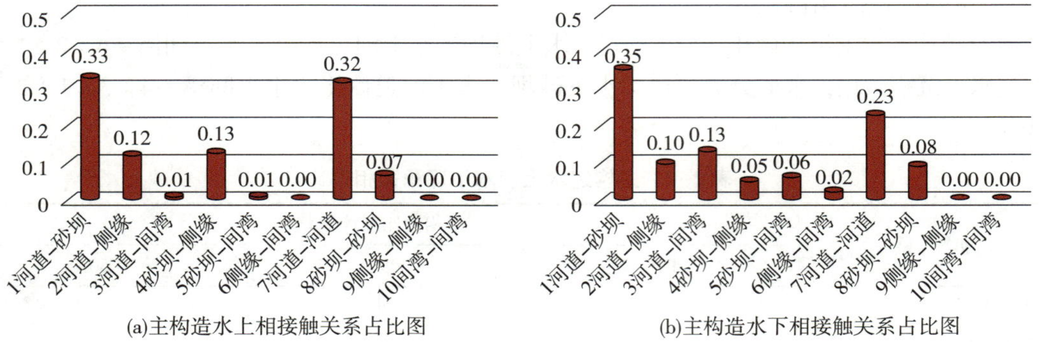

图 2-25　主构造水上-水下相接触关系占比图

（2）侧向砂体构型量化分析。

1）微相拼接与组合关系。

统计分析剖面上微相的拼接关系得到：稳定接触、尖灭接触、分叉接触。统计结果表明，稳定接触占 50%以上，尖灭接触和分叉接触占比相近，见表 2-6。

表 2-6　井间微相拼接关系占比

拼接关系	累计概率		
	P10	P90	P50
稳定接触	0.44	0.71	0.57
尖灭接触	0.17	0.24	0.22
分叉接触	0.13	0.27	0.21

2）剖面微相占比分析。

统计分析剖面上的各微相占比结果，见表 2-7，水下微相中水下分流河道占比最多，水下砂坝次之，水下河道侧缘和水下间湾占比较少，整体占比呈 4.5∶3∶1∶1.5 分布；水上微相中分支河道占比最多，水上砂坝次之，水上河道侧缘和水上间湾占比较少，整体占比呈 4.5∶3.5∶1∶1 分布。其结果与单井纵向上的微相占比规律相一致。

表 2-7　剖面各微相占比

微　　相	微相占比累计概率		
	P10	P90	P50
水下			
水下分流河道	0.39	0.52	0.43
水下砂坝	0.25	0.40	0.31
水下河道侧缘	0.05	0.18	0.11
水下间湾	0.07	0.22	0.15
水上			
分支河道	0.37	0.48	0.43

续表

微　相	微相占比累计概率		
	P10	P90	P50
水上砂坝	0.22	0.41	0.32
水上河道侧缘	0.03	0.17	0.12
水上间湾	0.06	0.21	0.13

3）微相形态量化分析。

雅克拉区块河道多呈网状分布，砂坝多呈枣核形态，统计河道侧缘和砂坝的长、宽、厚数据，进行量化分析，见表2-8。

表2-8　雅克拉区块砂坝及河道长、宽、厚量化表　　m

微相类型	厚度	延伸长度	延展宽度
水上砂坝	2~5	200~500	100~400
水下砂坝	2~5	200~600	100~400
水上河道侧缘	2~4	100~300	100~200
水下河道侧缘	1~4	100~400	50~150

二、隔夹层结构刻画

隔夹层也称遮挡层或阻渗层，是在短期旋回之间的不渗透岩层，所分隔的层次实体主要为相邻短期旋回内的砂层组或单砂层，界面类型为沉积界面[24]。隔夹层常由泥岩、粉砂岩、粉砂质泥岩、泥质和钙质粉砂岩组成，其空间分布主要受基准面和沉积微相控制，一般分布较稳定，规模也相对较大。隔夹层作为储层中阻止或控制流体运动的非渗透层，是形成储层流体非均质性的主要因素，也是储层精细表征的重要内容[25]。

（一）隔夹层的识别标准

隔夹层的渗透率是影响气体突破压力大小的核心因素，并且突破压力梯度与渗透率之间存在明显负相关。考虑到气体分子相对水分子较小，在相同条件下，气体突破隔夹层更容易，能够封挡住气体的隔夹层，对渗透率要求更苛刻。当底水突破隔夹层临界压力大于生产压差时，隔夹层能够阻挡底水锥进。GB/T 26979—2011《天然气藏分类》中关于低渗气藏的储层有效渗透率下限是5mD，SY/T 6285—2011《油气储层评价方法》中关于碎屑岩油田低渗储层的渗透率下限为10mD，因本次研究的是底水突破隔夹层的压力，所以选用油田标准比较合理，因此将隔夹层的渗透率上限定为10mD。

（二）隔夹层的发育规律及展布特征

根据成因可将雅克拉区块隔夹层分为岩性夹层、物性夹层及泥砾冲刷带。岩性夹层即泥岩夹层，厚度0.2~3.5m，呈灰绿色，出现频率最高，为泥岩或者泥质粉砂岩，在测井曲线上表现为：自然电位靠近基线，自然伽马大于80API，具有隔挡作用；物性夹层即孔隙度小于8.5%、渗透率小于3mD的低渗条带，厚度0.2~2.8m，部分含有砾质，性质复杂，由于纵向渗透率相差大而具有隔挡作用；泥砾层即突变接触面，指砂坝沉积冲刷面、侧缘-

河道接触面，厚度0.2~1.0m，由于水动力变化而形成的泥质含量高或砾质含量高的界面，其测井特征为高幅指形，厚度薄，物性差，同物性夹层一样具有隔挡作用（图2-26）。

图2-26　泥砾岩心

雅克拉构造亚格列木组主要为扇三角洲前缘沉积，隔夹层主要发育于水下分流河道砂顶部、河口砂坝底部或水下分流河道间湾，岩性以泥岩、粉砂质泥岩、泥质粉砂岩为主。隔夹层在测井曲线上主要表现为：GR、声波时差（AC）大幅度增大，密度（DEN）明显变小，SP幅度差显著变小或接近泥岩基线，扩径明显，如图2-27所示。

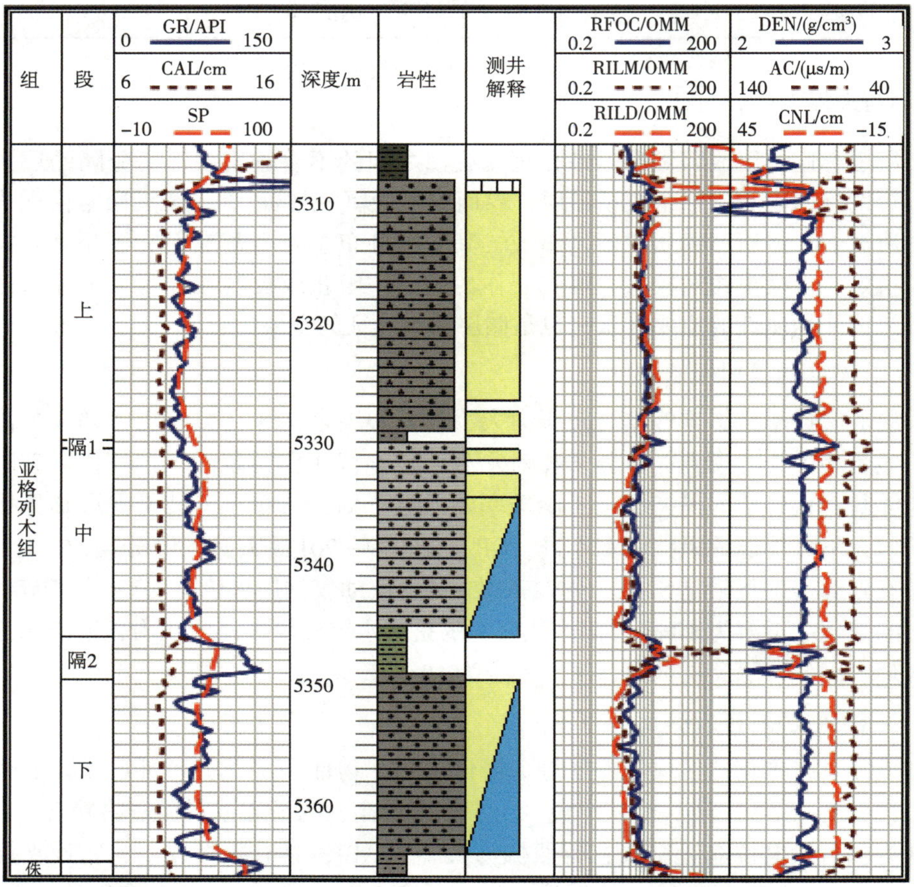

图2-27　YK22井亚格列木组综合柱状图

根据测井相、岩相识别了两套较稳定隔层，井区所有井均有钻遇，厚度0.25~3.50m。1号泥岩隔层在YK10井以西逐渐变薄，YK22井厚0.28m，再向西与物性隔夹层相连，主构造YK1井泥岩隔层最厚3.28m，向东YK9X井处分叉，在雅东区YK20、YK19井隔层厚度最大，为3.5m，再向东厚度变薄，YK21井以东厚度增加，但以物性隔层为主，向Y11井又变为厚段泥岩。

2号隔层由西向东，YK22井隔层厚2.21m，向东YK10井隔层厚度为1.6m，YK2变厚，到YK1又变薄至1.63m，YK1井测井曲线显示该处隔层为物性隔层，继续向东YK9X井隔层变厚为3.48m，YK13井减薄到1.29m。YK12井在测井曲线上泥岩电性特征不明显，在YK19井分叉、YK16井及其以东隔层变薄，向东在YK19、YK18、YK21井分叉，到YK16、YK11井变为薄的物性隔层。两套隔层全区分布，岩性隔层具有良好的封隔性，物性隔层仅在井周有封隔性。

由于相变频繁，物性夹层、泥砾层较为发育，在井周具有一定的隔挡作用，在MSC2段泥砾层较发育，在雅东区将砂体分隔呈透镜状砂体，而使雅东区见水规律复杂，MSC1及MSC3段夹层相对较少。

MSC1段物性夹层成因多为水下分流河道与砂坝之间的，河道、砂坝与河道侧缘之间的冲刷面沉积，岩性多为粉砂质泥岩，构造呈泥质条带状，这些物性夹层延伸距离短，多个夹层交错通常会造成砂体尖灭、薄泥包厚砂形式的透镜状砂岩，如YK1井与YK9X井在1~3韵律层的夹层，在两井该段测井曲线上基本没有夹层，但由于两井平面上相的拼接关系，造成两井在1~3韵律段连通性较差。又如YK6H井和YK12井之间的5、6、7韵律段，在YK12井识别了两个夹层，又结合相拼接处的夹层，将两井在盖层分隔。

MSC2段物性夹层数量增多，厚度变薄，这些夹层的成因大多为相变冲刷面，岩性主要为含砾砂岩，界面表现为砾质条带，此类夹层在粒度变粗的情况下，会对地层水的运动产生影响。雅东井区隔夹层分布密度高，在YK20、YK19、YK18井砂体连通性复杂，呈泥包砂透镜体。而YK11井西部的YK16井已高度水淹，YK11井该段应还有剩余油气。

MSC3段物性隔夹层在YK22井、YK13井数量最多，岩性以粗的含砾岩为主，反映了强烈的河道下切作用。这些物性夹层是低渗条带，影响地层水的水侵方向。YK2井和YK12井之间被隔夹层封隔，在YK12井及其东部应有未动用剩余油，YK20井与YK17井之间不连通。

根据钻井资料，上、中气层之间的隔层普遍存在，除S83、YK28井直导眼处尖灭外，其他井均有钻遇，厚度介于0.75~5.5m，平均厚2.09m，构造东西两侧边部发育厚度小，中部发育较好，如图2-28(a)所示。中、下气层之间的隔层在YK10、YK6H直导眼、S15、YK23及YK29等井处尖灭，厚度介于0.75~5.25m，平均厚2.68m，整体较中上隔层稍厚，但连续性较差，如图2-28(b)所示。

（三）隔夹层的封挡性分析

由于隔夹层的存在，油气藏开发具有了各不相同的特点。深入研究隔夹层的封挡性不仅对开发具有非常重要的意义，还对开发层系划分、井网设计、调整方案制定有重要作用[26]。

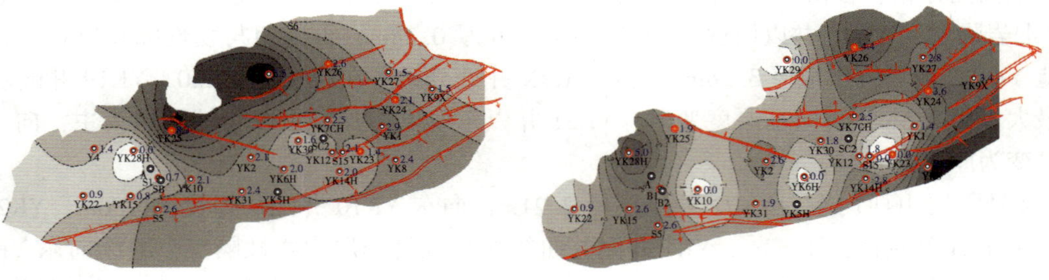

(a)中上隔层　　(b)中下隔层

图 2-28　研究区隔夹层厚度等值线图

1. 以数值模拟为基础的隔夹层封挡性描述方法

基于雅克拉构造白垩系凝析气藏实际情况，运用数值模拟的方法，研究隔夹层的厚度、渗透率及生产压差对隔夹层封挡性的影响。通过调整隔层的厚度、渗透率及生产压差，以见水年限 2 年为底水突破隔层的临界标志，开展数值模拟，统计了在不同渗透率、夹层厚度及生产压差组合条件下虚拟气井的见水时间，并以此绘制出隔夹层对底水的封挡性临界生产压差判别图(图 2-29)。对于某一确定的生产压差，比如 1MPa 压差线，如果投点位于曲线左侧代表隔层具封挡性，位于右侧代表不封挡。当设置隔层渗透率为 0.01mD 时，不同厚度下气井的见水年限都大于 2 年，说明隔层中渗透率为 0.01mD 的泥岩段对隔层的封挡性起决定作用，泥岩段在隔层内的纵向位置与隔层其他层段的渗透率对隔层封挡性影响不大。隔层内 0.01mD 泥岩段厚度较大时(>1m)，隔层具有较好的封挡性；泥岩段厚度较小时(<1m)，需控制生产井生产压差。

在上述已知判别图版的基础上，拟合不同隔层厚度(0.5m、1m、1.5m、2m)下临界生产压差与渗透率的关系分别计算研究区每口井对应中上隔层、中下隔层的临界突破压力，绘制隔层的临界突破压力等值线图。

2. 以岩心实验为基础的隔夹层封挡性描述方法

为分析隔夹层对气、水封挡性的差异，实验设置对比组，实验样品为雅克拉地区亚格列木组泥岩段取心。实验条件、步骤等参照 SY/T 5748—2020《岩石气体突破压力测定方法》，气驱突破压力测定实验完成 15 个，最后选取有效岩样数据，经数据均一化处理后，拟合了 0.125m 隔夹层厚度下气驱突破压力与渗透率的关系(图 2-30)，最终建立了雅克拉地区隔夹层对气封挡性的判别公式：

$$y=0.07x^{-0.778}$$

式中　x——渗透率，mD；

y——突破压差，MPa。

利用公式 $y=0.07x^{-0.778}$ 分别计算研究区每口井对应中上隔层、中下隔层的临界突破压力，并绘制了隔层的临界突破压力等值线图(图 2-31)。整体来看雅克拉地区隔夹层封挡性可分为三种类型：不封水不封气、封水不封气、封水封气。

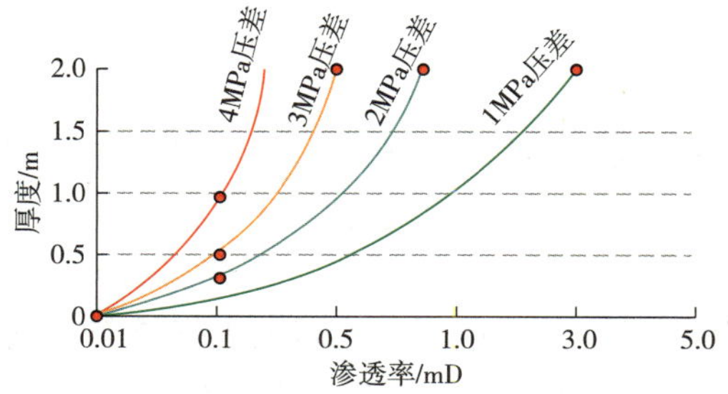

图 2-29　隔夹层封挡性判别图

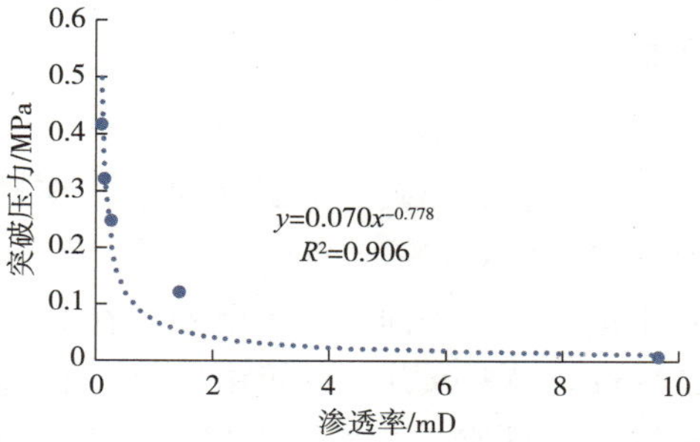

图 2-30　厚度 0.125m 隔夹层下气驱替法实测突破压力与渗透率关系曲线

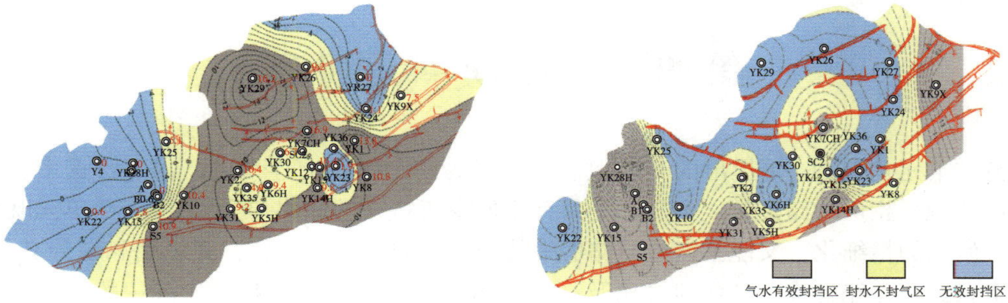

(a)中上隔层　　(b)中下隔层

图 2-31　雅克拉中上隔层、中下隔层突破压差等值线图

3. 动静态结合讨论隔夹层封挡性

通过数值模拟、岩心实验对隔夹层的封挡性进行了定量评价，结合生产井见水实际情况对隔夹层封挡性进行验证。

（四）中上隔层封挡性分析

从单井临界突破压力计算来看，除隔层尖灭井外，YK15、YK22、YK23 及 YK27 井中上隔层临界突破压力大于实际生产压差，次生底水易突破，中上隔层封挡性差。YK22 井采上气层底部时，投产 47 天见地层水，产量快速下降，含水快速上升，具次生底水锥进特征，说明该井中上隔层不具封挡性。YK23 井采上气层底部时无水采气期 91 天，也表现为次生底水侵入特征，判断该井中上隔层不具封挡性。隔夹层封挡性静态分析结果与单井实际生产动态响应是一致的，说明分析方法是可行的、合理的。从平面分布来看，在构造中部区域，中上隔层的临界突破压力值较高，特别是在 YK28 井处存在一“天窗”，造成上气层与中气层局部连通。

通过气藏工程方法预测单井见水时间时，多数单井预测见水时间与实际见水时间误差较小，基本控制在两个月内，说明预测方法合理有效。但部分井预测时间误差很大。例如预测边水推进到 YK22 井井底的时间是 2020 年 2 月 21 日，而该井实际见水时间是 2015 年 8 月 1 日，相差 1600 余天。针对边水气藏的单井见水时间预测方法无法解释

YK22、YK23 井的见水问题，侧面反映这两口井为次生底水侵入，再次验证前述分析的正确性。

（五）中下隔层封挡性分析

从单井临界突破压力计算来看，多数单井中下隔层的临界突破压力大于其生产压差，只有 YK24 井中下隔层封挡性较差，生产动态上反映无水采气期较短(237d)，表现为次生底水锥进特征。平面上，中下隔层在 5 口井处尖灭，造成四个“天窗”区，即 YK10、YK6、YK23-S15、YK29 井，使得中气层与下气层在“天窗”区局部连通，静态上中气层与下气层是连通的。目前，下气层天然气采出程度 71.0%，高于标定值 60%，中气层采出程度仅 52.9%，而中下气层整体采出程度较为合理(59.9%)，推测因“天窗”区的存在，隔夹层封挡已然无效，导致中气层与下气层整体连通，储量相互动用。

第四节　流动单元划分

流动单元是 Hearn 等提出的一个概念，定义为一个纵横向连续的，内部渗透率、孔隙度、层理特征相似的储集带，本质上是具有相似渗流特征的储集单元[27]。流动单元既反映了储层研究的精细化，又能紧密地与储层中的油水运动规律相结合，其识别和划分必须动、静态资料结合才能解决，其井间对比及空间结构问题更需要露头和现代沉积的精细研究以及随机建模予以解决[28,29]。

一、流动单元划分方法

流动单元是通过边界处物性的突变来描述的(块体内部相对均匀的)。因此流动单元的发育特征和空间分布主要受原始沉积作用(如沉积微相分布、储层结构、岩石物性分布等)、构造作用(如断层和裂缝的发育状况等)及成岩作用的控制[30]。

流动单元划分的原则是流动单元在垂向上应当是有相对连续隔夹层分隔的井间可对比、可作图的最小沉积单元；在侧向上同一流动单元应为岩性、物性相近的连续储集体，且具有相似的渗流特征，对油层水淹动态影响相近；不同流动单元相互分隔(包括储层不连续和断层遮挡等)或岩性、物性差异较大，对油层水淹动态影响明显不同[31,32]。

流动单元的研究方法有很多，常用的有水动力单元探究法、露头沉积界面法、沉积岩划分法、岩石岩心物性分析法以及量化的综合研究方法等。很多学者根据各自研究工区的地质特点并结合自身理解，提出各种流动单元研究方法[33]。雅克拉地区根据非均质性较强选取聚类判别法。

根据流动单元特征参数选取标准，结合雅克拉地区非均质性特征，选取孔隙度、渗透率、砂地比、变异系数、泥质含量、FZI 六类参数进行流动单元划分。主体区选取 YK2 井、YK22 井、YK26 井为标准井，运用 SPSS 软件的距离判别法进行各参数间相关性判断，见表 2-9。

表 2-9　主体区流动单元特征参数相关性数据表

参数类型	向量间的相关性					
	砂地比	孔隙度	渗透率	变异系数	FZI	泥质含量
砂地比	1.000	0.838	0.124	-0.436	-0.386	-0.624
孔隙度	0.838	1.000	0.456	-0.332	-0.223	-0.631
渗透率	0.124	0.456	1.000	-0.113	0.495	-0.005
变异系数	-0.436	-0.332	-0.113	1.000	0.002	0.273
FZI	-0.386	-0.223	0.495	0.002	1.000	0.247
泥质含量	-0.624	-0.631	-0.005	0.273	0.247	1.000
相关性	0.8~1.0 极强相关	0.6~0.8 强相关	0.4~0.6 中等相关	0.2~0.4 弱相关	0.0~0.2 极弱相关或无相关	—

当两个参数相关性越高时，运用 SPSS 的距离判别法数值越接近于 1。通过各井各小层数据分析结果可看出，各参数之间相关性非常低，符合聚类判别的条件。

系统聚类分析法和参数识别法是优先推荐的划分方法，划分结果分为五类(表 2-10)，运用同样的原理和方法，得到雅东区流动单元划分标准(表 2-11)。

表 2-10　主体区各流动单元参数表

流动单元类型		渗透率/mD	孔隙度/%	砂地比	层内渗透率纵向变异系数	泥质含量	FZI	储层物性
甲类	A	>30	>14	0.8~1	0.3~0.8	0.08~0.15	>0.9	最好
	B	>20	10~15	0.7~1	0.2~0.5	0~0.12	0.7~1.1	好
	C	10~20	12~15	0.6~1	0.3~1	0.01~0.23	<0.8	较好
	D	5~15	10~13	0~1	0~0.8	0.08~0.29	0.4~0.8	一般
乙类	E	<5	<10	0~1	>0.4	>0.1	0.4~2.8	差
权重		大——————→小						

表 2-11　雅东区各流动单元参数表

流动单元类型		渗透率/mD	孔隙度/%	砂地比	层内渗透率纵向变异系数	泥质含量	FZI	储层物性
甲类	A	22~50	≥12	0.5~1	0.5~2	0~20	0.5~1.2	最好
	B	10~22	10.5~16.5	0~1	≤7	0~7.5	0.4~1.2	好
	C	0.5~21	10~15	0.5~1	0.5~5	9~27	0~1	较好
	D	0~10	2.5~13	0~1	0.5~5	0.2~6	0~2.1	一般
乙类	E	≤5	≤7	0~1	≥0.5	≥20	≥1.5	差
权重		大——————→小						

二、流动单元划分结果

根据流动单元划分标准，统计发现 E 类单元沉积微相以间湾为主，少量侧缘微相；D 类单元以侧缘微相为主，少量河道微相；B 类、C 类单元以河道微相为主，少量砂坝微相；A 类单元以砂坝微相为主。

下气层段，13 韵律层储层类型较 14、15 韵律层差，侧缘附近主要发育 D 类、E 类流动单元，河道区域发育 B 类、C 类流动单元，砂坝区域发育 A 类、B 类流动单元(图 2-32)。

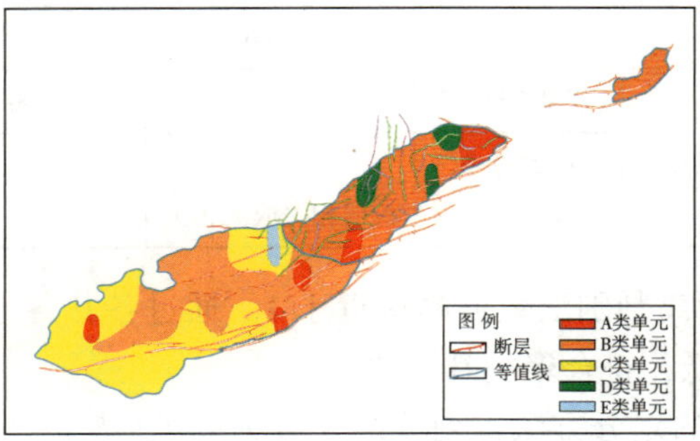

(a)雅克拉亚格列木组SSSC15流动单元平面图

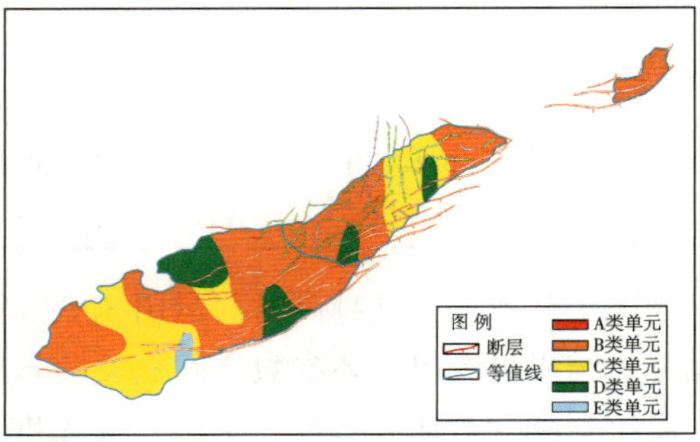

(b)雅克拉亚格列木组SSSC14流动单元平面图

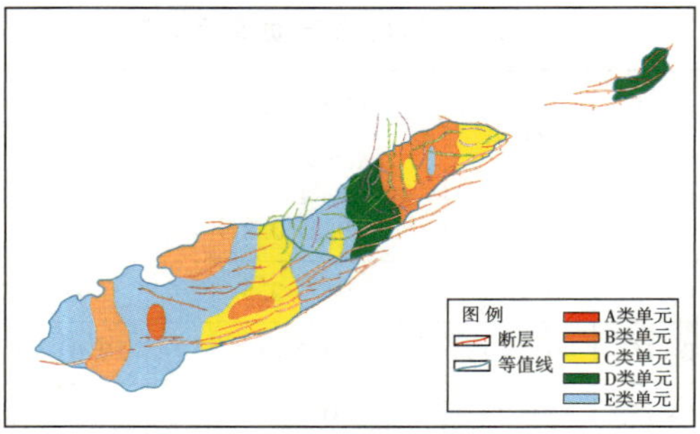

(c)雅克拉亚格列木组SSSC13流动单元平面图

图 2-32　下气层段流动单元平面图

中气层段，8 韵律层储层类型最差，全区间湾广泛分布；由于河道的频繁改道，储层类型变化较频繁(图 2-33)。

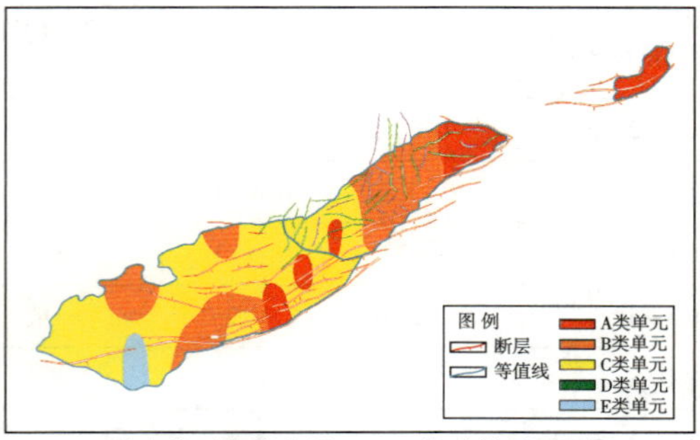

(a)雅克拉亚格列木组SSSC12流动单元平面图

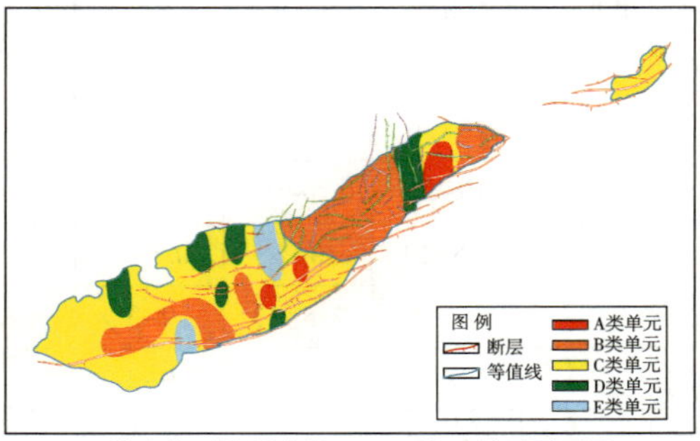

(b)雅克拉亚格列木组SSSC11流动单元平面图

图 2-33　中气层段流动单元平面图

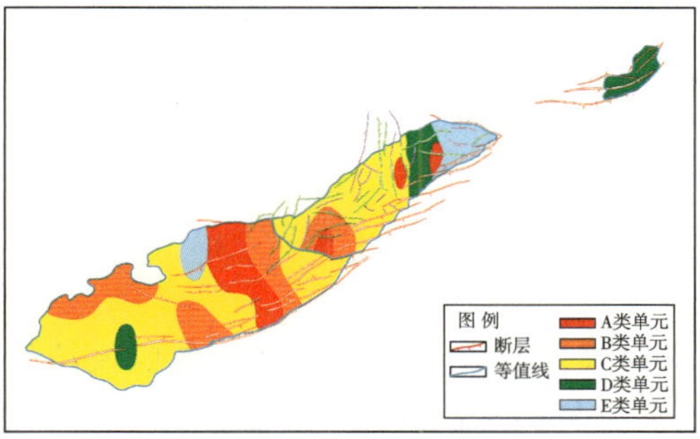

(c)雅克拉亚格列木组SSSC9流动单元平面图

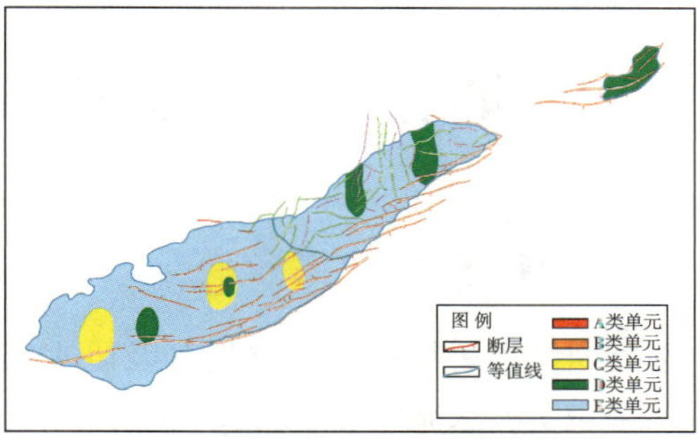

(d)雅克拉亚格列木组SSSC8流动单元平面图

图 2-33　中气层段流动单元平面图(续)

上气层段储层类型主要集中在 B、C 类流动单元，砂坝相和河道相发育(图 2-34)。

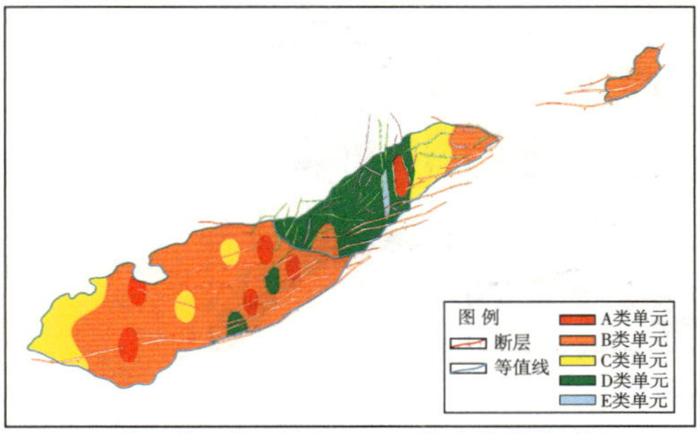

(a)雅克拉亚格列木组SSSC6流动单元平面图

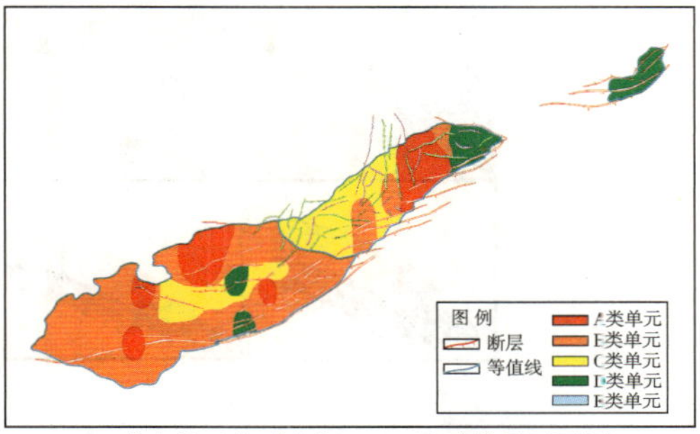

(b)雅克拉亚格列木组SSSC5流动单元平面图

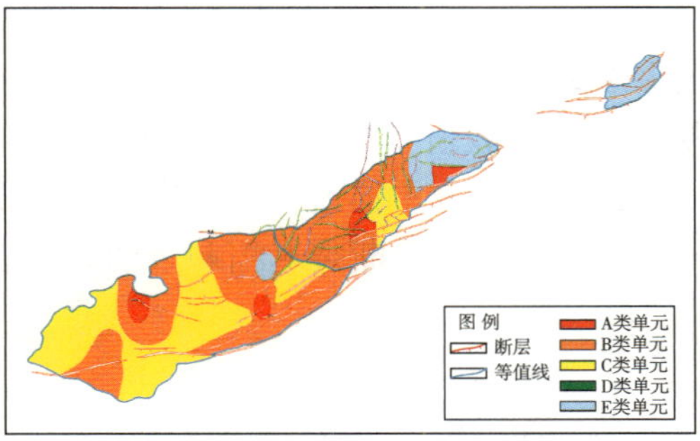

(c)雅克拉亚格列木组SSSC4流动单元平面图

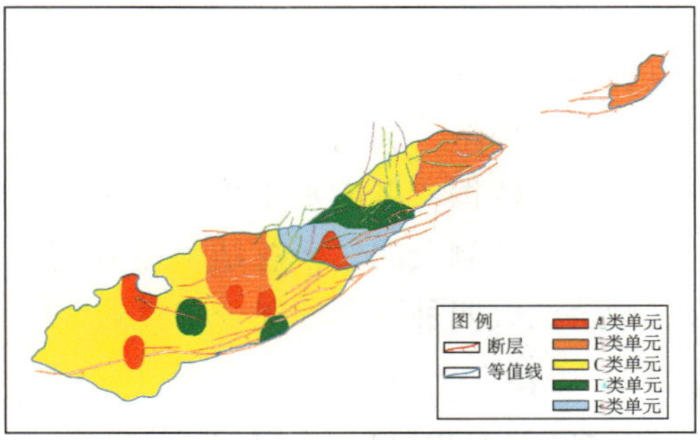

(d)雅克拉亚格列木组SSSC3流动单元平面图

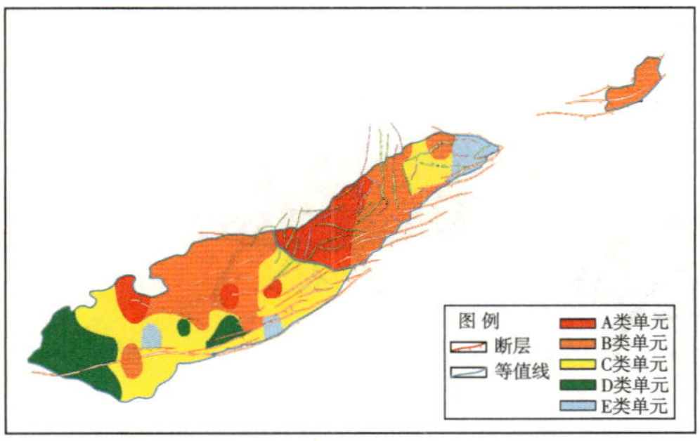

(e)雅克拉亚格列木组SSSC2流动单元平面图

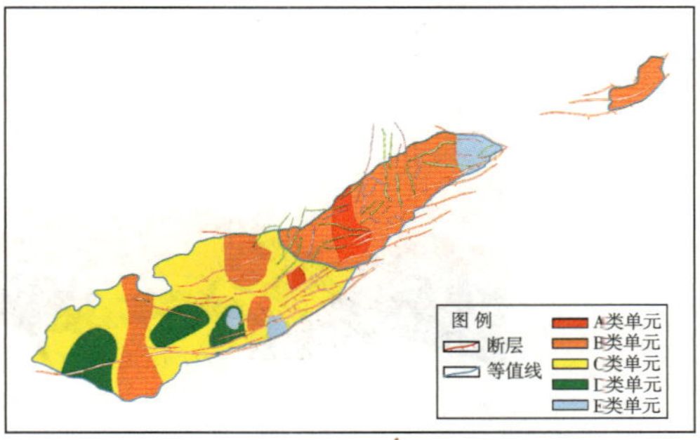

(f)雅克拉亚格列木组SSSC1流动单元平面图

图 2-34　上气层段流动单元平面图

第五节　水淹模式及剩余气类型划分

一、水淹模式

在旋回结构法超微韵律层划分及隔夹层封水封气性研究基础上，开展数值模拟研究。模拟结果表明，水淹状况受构造、断裂展布、隔夹层封挡性以及储集体流动单元多因素共同影响。目前识别出四种水淹模式：边水推进型、边水舌进型、底水锥进型、高部回流型，如图 2-35 所示。

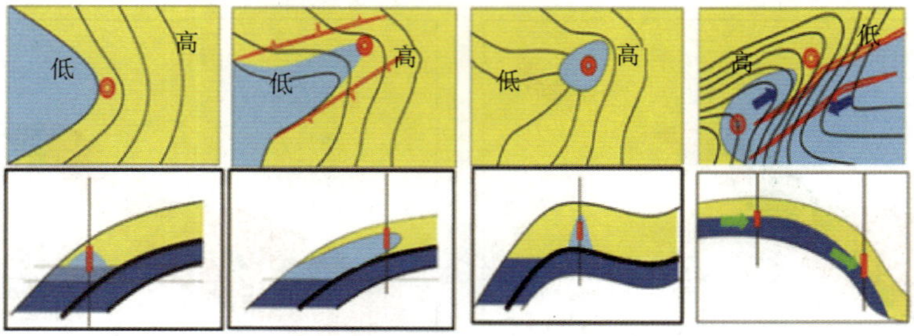

图 2-35　水淹模式

二、剩余油气分布

以旋回法小层精细对比划分、砂体构型及隔夹层封挡性研究为基础，利用微相分解法建立三维地质模型，利用相带分区实现了隔夹层封挡性的数值模拟，并以 PNN/TNIS 饱和度测井资料为依据，考虑水淹状况和生产情况，进行剩余气分布描述，最终依靠数值模拟技术验证和识别剩余油气，总结了屋脊剩余油气、井间剩余油、断裂遮挡剩余油气、边部未控制剩余油气四种剩余油气分布模式。

（一）屋脊剩余油气

屋脊剩余油是指局部构造高或隔夹层单一因素或者共同作用下剩余的油气，如图 2-36 所示。

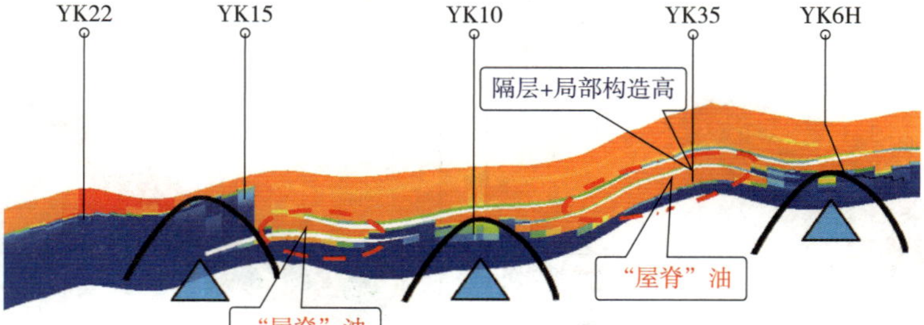

图 2-36　屋脊剩余油气

（二）井间剩余油气

井间剩余油是指井间未动用剩余油气。

（三）断裂遮挡剩余油气

断层两盘的错断致使断层面的岩性发生变化，经过压实作用从而形成渗透率较低的天然屏障，导致下两盘连通性差。在气田开采过程中，这种屏障导致注采体系不连通，对油藏流体流向起到遮挡作用，断层的分布加剧了储层非均质性，造成断层两侧驱替效果不佳，从而导致断面附近井剩余油气富集，断层封闭性越好，剩余油气饱和度越高。

（四）边部未控制剩余油气

气田边部油气井控制不到的区域剩余的油气称为边部未控制剩余油气。

参 考 文 献

[1] 朱筱敏．沉积岩石学[M].5 版．北京：石油工业出版社，2020.

[2] 姜在兴．沉积学[M].2 版．北京：石油工业出版社，2010.

[3] Miall A D. Architectural－element analysis：A new method of facies analysis applied to fluvial deposits [J]. Earth Science Reviews，1985，22(4)：261-308.

[4] 雷云海，李锦花，王国庆，等．木头油田精细油藏描述研究与应用[C]//吉林省科学技术协会．低碳经济与科学发展——吉林省第六届科学技术学术年会论文集，2010：90-92.

[5] 曹广华，胡亚华，张奇文，等．利用测井资料识别沉积微相方法研究[J]．科学技术与工程，2007(15)：3674-3680.

[6] 陈钢花，王中文，王湘文．河流相沉积微相与测井相研究[J]．测井技术，1996(5)：335-340.

[7] 杨明岭．郭局子洼陷构造变形过程及其对沉积作用控制[D]．浙江：浙江大学，2008.

[8] 刘庆松．雅克拉地区亚格列木组高分辨率层序地层学与储层特征研究[D]．成都：成都理工大学，2008.

[9] 朱志国，杨小波．文南油田沙二下亚段自然伽马曲线形态和沉积微相的关系研究[J]．内蒙古石油化工，2006(9)：100-101.

[10] 王英民，王改云，张雷，等．雅克拉地区下白垩统亚格列木组沉积特征及主控因素[J]．断块油气田，2011，18(3)：293-296.

[11] 陶莹．麻黄山西区块东北部延安组储层特征及评价[D]．成都：成都理工大学，2009.

[12] 尹志军，彭仕宓，黄述旺，等．冀东油田庙 28×1 区块东一段高分辨率层序地层学研究[J]．石油大学学报(自然科学版)，2002(1)：1-3.

[13] 丘东洲．油气层序地层学研究的若干问题[J]．新疆石油地质，1998(1)：36-43.

[14] 毛园．雅克拉凝析气田高分辨率层序地层对比与沉积微相研究[D]．武汉：中国地质大学，2013.

[15] 杨国臣．四川盆地晚侏罗世至新近纪层序充填及构造—岩相古地理演化[D]．北京：中国地质大学，2010.

[16] 钟韬，雍自权．塔里木盆地雅克拉地区亚格列木组高分辨率层序地层特征[J]．内蒙古石油化工，2008，34(24)：139-142.

[17] 吴诗勇，李自安．精细地质研究现状及发展趋势[J]．地球科学与环境学报，2006(2)：58-64.

[18] 赵翰卿．储层非均质体系、砂体内部建筑结构和流动单元研究思路探讨[J]．大庆石油地质与开发，2002(6)：16-18.

[19] 李宗宇，刘芳，肖红，等．旋回结构法小层划分对比——以雅克拉白垩系凝析气藏为例[C]//中国石油学会天然气专业委员会，四川省石油学会，浙江省石油学会．2017 年全国天然气学术年会论文集，2017：53-61.
[20] 姜平．涠西南凹陷流沙港组复杂储层综合评价[D]．武汉：中国地质大学，2014.
[21] 张可迁．关于第四纪沉积物的沉积相和成因类型[J]．安徽地质，1993(3)：30-34.
[22] 朱陆陆．蒙特卡洛方法及应用[D]．武汉：华中师范大学，2014.
[23] 王代流．渤海湾盆地孤岛油田储层构型研究[D]．青岛：中国科学院研究生院(海洋研究所)，2009.
[24] 唐民安，孙宝玲．大牛地气田下石盒子组基准面旋回与储层流动单元的层次性[J]．沉积学报，2007(1)：39-47.
[25] 张吉，张烈辉，胡书勇．陆相碎屑岩储层隔夹层成因、特征及其识别[J]．大庆石油地质与开发，2003(4)：1-3.
[26] 刘登丽，商建霞，傅涛，等．文昌 C 油田 ZJ1-5 油组钙质夹层对开发效果的影响研究[J]．石油地质与工程，2015，29(1)：73-75.
[27] 余永强．川西中—北段中三叠统雷四~3 亚段储层特征[D]．成都：成都理工大学，2017.
[28] 穆龙新．油藏描述技术的一些发展动向[J]．石油勘探与开发，1999(6)：42-46.
[29] 董同武．克拉玛依五 2 西克下组砾岩油藏储层流动单元研究[D]．成都：西南石油大学，2005.
[30] 刘媛．桩西油田桩 45-1 断块沙二段储层精细研究[D]．青岛：中国石油大学(华东)，2007.
[31] 马斌．砂(砾)岩油藏储层流动单元研究[D]．成都：西南石油大学，2006.
[32] 胡新平．砾岩低渗透油藏注水开发后期流动单元研究[D]．成都：西南石油大学，2005.
[33] 蒋玉梅，朱江，梁宏刚．流动单元在塔河油田某区三叠系油藏开发中的应用[J]．中国石油和化工标准与质量，2019，39(9)：119-120.

第三章　衰竭式开发关键技术

由于含有凝析油的特殊性质，凝析气藏在开发方式的选择上与常规气藏有较大区别。为尽可能地提高干气、凝析油和原油的采收率，凝析气藏开发方式的选择就显得尤为重要。通常来说，凝析气藏的开发方式主要有 3 种：衰竭式开发、保持压力开发和部分保持压力开发[1]。

凝析气藏的地层压力高于露点压力时，采用衰竭式开发方式。随着地层压力降至露点压力以下，储层析出凝析油，则需考虑凝析油对地层内气体流动的影响。

衰竭式开发方式适用条件为：

（1）原始地层压力高，产层压力远高于露点压力。

（2）凝析油含量高，但气藏面积小。有些凝析气藏虽然凝析油含量较高、气藏面积较大，但被断层分割为不连通的小断块，保持压力开采无经济效益，可以考虑衰竭式开发方式。

（3）凝析油含量低。如果凝析气藏主要含轻质、密度不大的凝析油（含量低于 100g/m^3），采用衰竭式开发方式也能获得较高的凝析油采收率。

（4）地质条件差。气层的渗透率低、吸收指数低、非均质性严重，裂缝性储层及断层分割等。

（5）边水比较活跃。边水侵入可以降低地层压力的下降速度，保证气藏达到较高的凝析油采收率。

在开发过程中，雅克拉气田采用均衡采气理念，以多相流体相态特征和渗流机理为基础，形成了雾状反凝析控制技术、水侵预测及均衡水侵控制技术、差异化配产技术、动态监测等关键开发技术。

第一节　均衡采气理念

针对凝析气田开发过程中的反凝析、水侵和井筒积液三大难题，积极探索并研究形成了“均衡采气”理念及其关键技术[2]。均衡采气以差异化配产为核心，通过雾状反凝析控制技术、均衡水侵控制技术，在空间和时间上实现地层层内、层间、平面和不同开发时期的均衡，针对地层流体实现压降、水侵以及反凝析的均衡，最终实现气藏采收率和效益最大化的目标。

均衡采气是指在凝析气藏开发过程中，采用差异配产手段，充分利用边底水能量，使构造不同位置、纵向不同深度、开发不同阶段都以合理速度均匀产出，使气藏开发过程类似于理想气体在理想条件下恒温压降膨胀过程，尽可能降低反凝析和边底水不均匀推进造成的影响，提高油气采收率[3]。

均衡采气的核心是层内均衡，即同一气层内不同物性条件、不同构造位置、不同水体状况下，通过差异化配产，最终实现单井以相近采速均匀采出，即各井阶段采出程度相同。由于单井间差异，影响阶段采出程度的主控因素也不一样，所以阶段采出程度的均衡实际上是通过生产压差（即单井差异化配产）来控制的。为实现不同地质条件、不同井型、不同井筒条件、不同生产阶段油气能均衡采出，将各井的采气速度相等作为衡量和评价均衡采气的标准，如图 3-1 所示。

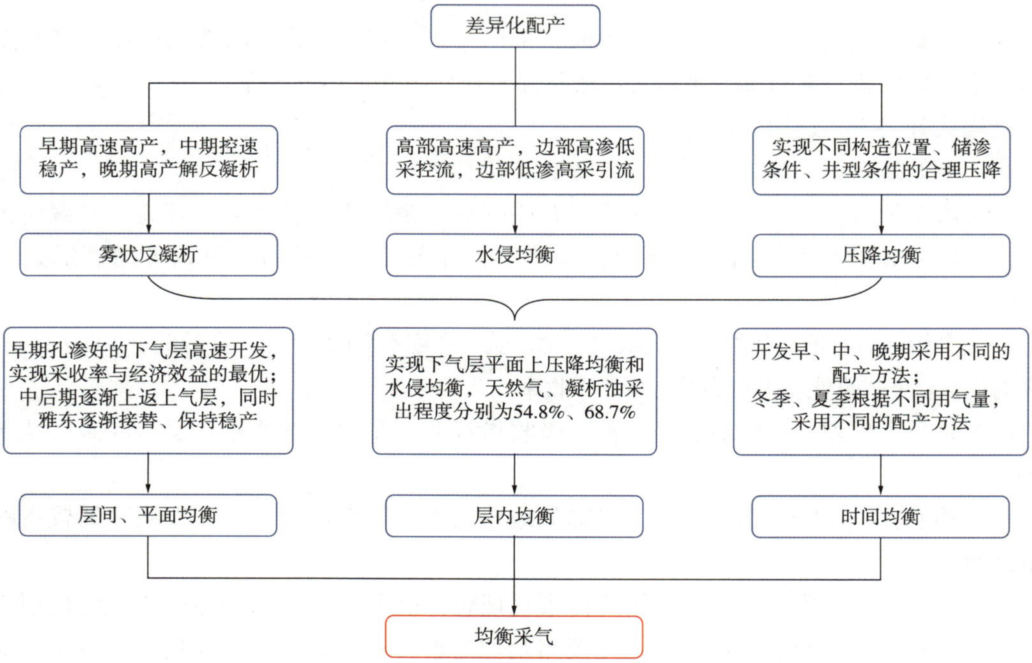

图 3-1　均衡采气技术框架图

均衡采气是针对贯穿于凝析气田开发全过程的两个核心问题：控制反凝析和控制水侵而提出的。均衡采气并非旨在阻止地层发生反凝析，而是一方面，通过合理且均匀的压降，使反凝析油以雾状非连续相的形式在地层中均匀分布，随天然气一起流动产出，从而实现均匀的反凝析与流动产出，并减少反凝析现象；另一方面，通过均衡压降实现均衡水侵，尽量达到边底水均衡抬升的目的，避免出现边底水舌进或锥进形成水封气，造成气层过早水淹，导致采收率降低。

水侵均衡指以水侵理论方程为基础，在气田开发过程中通过合理控制生产压差和采速实现气水界面的均匀移动，尽可能实现理想状态下的边底水均衡抬升，避免造成局部水封气，提高气藏采收率。

压降均衡的内涵是针对不同构造位置、不同储渗条件、不同井型、不同井控储量的气井，通过差异化配产，使平面上的地层压力均衡下降，避免局部压降大造成反凝析油堆积。

第二节 雾状反凝析控制技术

凝析气藏是一种在原始温度和压力下以气体形式存在，随着天然气和凝析油的不断采出，地层压力不断下降，在地层中凝析出凝析油，形成气、液两相的特殊气藏。为获得较高的天然气采收率，同时又能获得较高的凝析油采收率，对其开发的要求与对于气藏和油藏的要求不同。作为一种特殊的复杂气藏，其复杂性表现在凝析气藏在露点压力下发生反凝析，油相、气相将会发生相间传质现象，油、气的相态也会随之发生转变。凝析气藏的相变特性会导致储层内油、气饱和度的变化，从而影响和改变气体渗流的特性，对气井的产状产生不利的影响，对于高温、高压、富含气态凝析水的低渗致密凝析气藏的影响则尤为明显。凝析气藏的重要开发特征就是存在反凝析现象，反凝析不仅会造成凝析油损失而且会降低气相的渗流能力，增加气藏开发的复杂性和获得较高经济效益的难度。因此反凝析污染伤害是凝析气藏开发普遍面临的难点之一[4]。

反凝析气藏：以油气双组分系统温压曲线为例，图 3-2 表示原油与天然气两种组分混合物(成分比例不变)在不同压力、温度条件下相态变化的理论曲线。图中 A、B、C 为假定的三种不同油藏的状况，在 A 处，混合物在油藏中呈液态，在采液过程中，压力下降，一直到穿过泡点曲线才开始有气体形成，并一直持续到地面压力、温度条件下，气体和液体两种相态在井口分离器中分离。在 B 油藏中，由于温度超过了临界点，所以只含气相，采气过程中压力下降，当穿过露点曲线时液体开始形成，此时气体与液体共存，随后液体含量随着压力的下降而增加，在凝析点达到最大，而后液体含量又随着压力下降而逐步降低，待再次达到露点压力时，则只剩下气相。这种在恒温下，液体因压力下降而出现和消失的现象称为反凝析现象，具有反凝析现象的气藏称为反凝析气藏。

雾状反凝析指针对不同构造位置、不同物性、不同井型、不同开发阶段的单井，通过控制生产压差，使反凝析油以雾状非连续相形式伴随天然气一起高速流动产出，避免局部反凝析油聚集，保证整个气藏处于单相连通状态，即便局部偶然出现反凝析油聚集，也可通过增大生产压差将反凝析油及时排出[5,6]。

常规认为凝析气井流动分布模型主要为三区物理模型(图 3-3)：①两相区：该区域中凝析油开始流动，形成油气两相渗流，两相区内边界压力为井底流压 P_{wf}；②过渡区：该区域内为单相气体流动，凝析油开始析出，虽然不参与流动，但会影响气相饱和度，从而影响其流动特征，气藏压力略低于露点压力，该区域内边界压力为临界含油饱和度对应的压力 P^*；③单相区：该区域内无凝析油析出，为单相气体流动，其内边界压力等于凝析气藏原始组分的露点压力 P_{dew}。

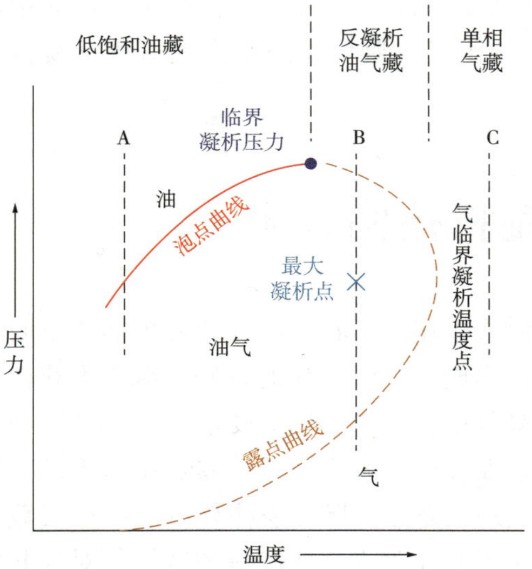

图 3-2　油、气双组分系统温压曲线

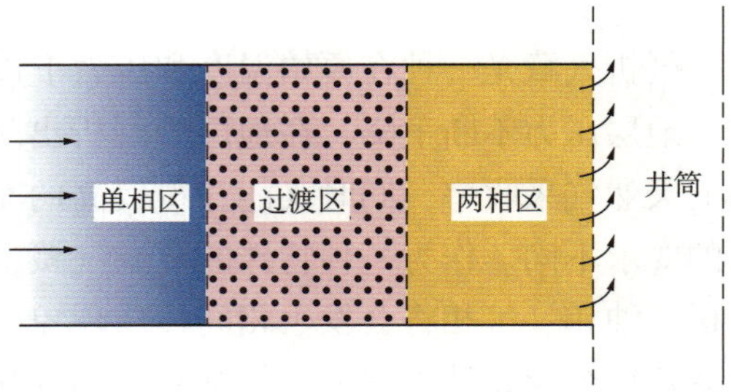

图 3-3　凝析气藏井底渗流分布区域

雅克拉凝析气藏开发过程中，凝析油析出是一个缓慢过程，初期析出的凝析油呈分散(雾)状，均匀分布在天然气中，未形成液相(油滴状)，即雾状流状态，犹如0℃的水变成0℃的冰，是一个非平衡相变的临界状态。因此提出凝析气藏多相流五区分布模型：单井流动模型由远井到近井分为纯气区、雾状流区、可动气不可动油区、可动气可动油区和速度剥离效应区。其中雾状流区是凝析油析出并均匀分散在天然气中无连续相状态，在高速气流作用下可及时采出，在开发过程中呈现雾状反凝析状态，如图3-4所示。

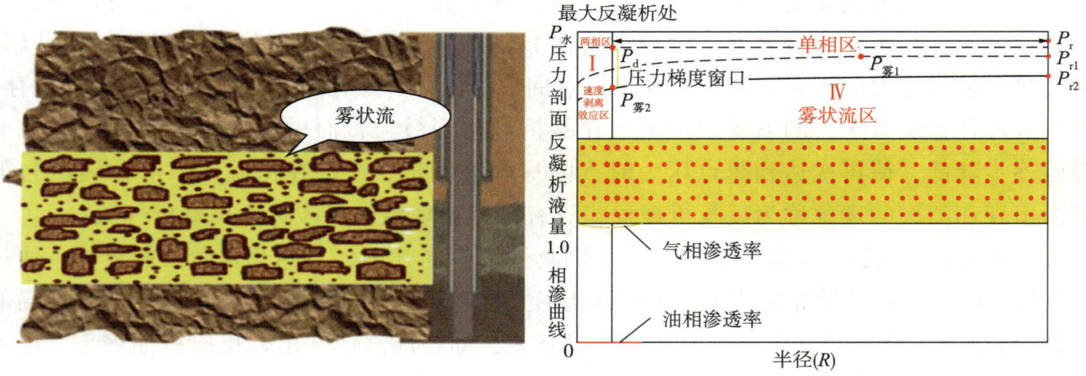

图 3-4　雾状反凝析状态图

一、雾状反凝析控制机理

凝析气藏开发过程中，地层压力低于露点压力初期，临界流动饱和度很低，反凝析油呈雾状，均匀分布在气态中，这种雾(分散)状流阶段属于不稳定的临界状态，气体由于本身的相态变化或外部环境变化(如遇到岩石颗粒壁、束缚水膜等)马上会吸附聚集成连续相[图3-5(b)]，但如果气相始终处于高速流动状态，气液相来不及达到充分平衡，凝析油滴随时析出随时被高速气流夹带产出[图3-5(a)]，类似于纯气相产出，这样可避免凝析油聚集，从而达到控制反凝析的目的[7]。雾状反凝析控制技术就是通过控制压力梯度窗口，将雾状流区扩大，形成以雾状流区和速度剥离效应区为主的两相区或三相区(图3-6)。

(a)雾状反凝析状态示意图　　(b)常规反凝析状态示意图

图3-5　雾状反凝析状态和常规反凝析状态示意图

影响反凝析油形成和稳定状态的主要因素有气藏性质这一内因和温度、压力、时间三大外因。对于一个具体气藏而言，气藏性质和地层温度基本不变，影响凝析油析出和稳定状态的因素则主要是压力和时间，雾状反凝析控制技术就是围绕压力和时间进行的，具体机理为：

(1) 当地层压力下降至露点压力时，凝析油开始从天然气中析出，析出的凝析油混相在天然气中，即处于析出和混相的临界状态，类似于0℃的水和0℃的冰的临界状态；

(2) 当地层压力下降到低于露点压力时，凝析油滴析出，析出需要一个过程，一是较重组分首先析出呈分散(雾)状，均匀分布在天然气中，无连续油相存在，二是析出是一个缓慢的过程(地层压力下降需要一段时间)，并不是立刻大量析出凝析油；

(3) 析出凝析油在高速气流的作用下即时形成即时带走(即控制相态变化的时间)，地层中反凝析油始终呈雾状或分散状存在，不会形成连续相，其流动特征可看作单一气相流动；

(4) 较重的重烃组分首先析出并及时带走，滞留地层中的天然气重烃组分逐步减少，凝析气露点压力和临界压力下降，凝析油含量有所降低，即改变了气藏相态；

(5) 随着地层压力下降，不断重复(3)(4)过程，即凝析油滴析出→高速气流带出→气藏流体组分变轻→凝析气藏趋向干气藏(图3-7箭头所示)，通过控制雾状临界状态和高采速及时带走凝析油滴[图3-7(a)]，改变了凝析气藏相态和饱和压力，最终实现地层压力远低于原始露点压力情况下反凝析油始终以雾状形式产出而不形成连续液相，达到控制反凝析的目的；

(6) 气藏开发是一个高速连续压降过程，各单井需要合理控制生产压差，防止形成大的压降漏斗，同时差异化调整使地层压力在平面上均衡压降，而气井产量和整体气藏采速可适当提高(水平井开发)，实现反凝析油滴始终以雾状(分散状)随高速气流即时形成即时采出，即雾状流区域(或压力梯度窗口)由近露点压力的临界状态扩大到远低于原始露点压力常规状态，单井流动模型由常规五区模型转变为雾状流-速度剥离效应的两区模型，甚至雾状流一区模型，实现控制反凝析油堆积，提高凝析油采收率(图3-8、图3-9)。

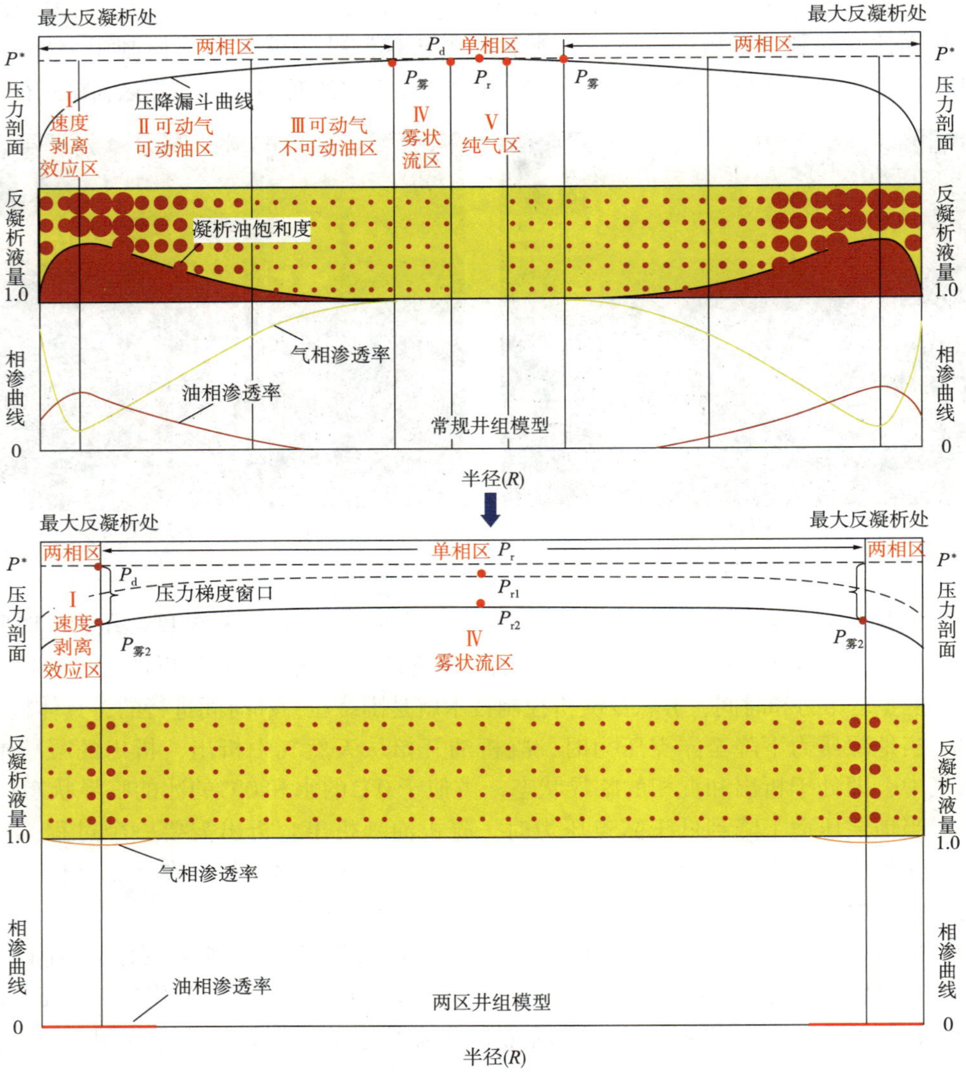

图 3-6　反凝析状态控制井组剖面模式图

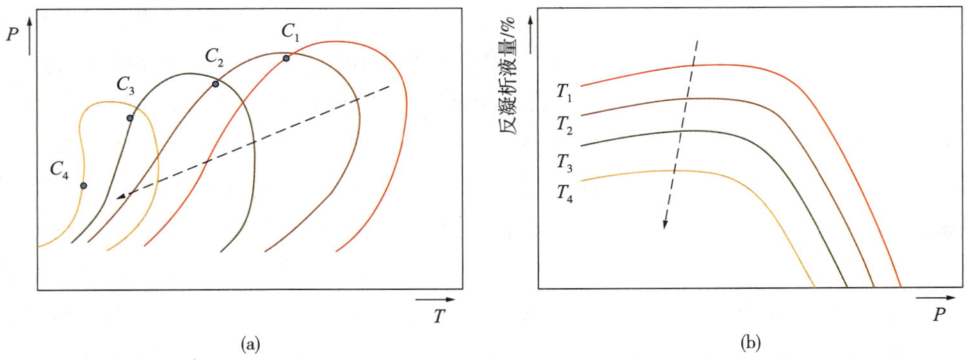

图 3-7　凝析气藏不同凝析状态相态图及反凝析液量图

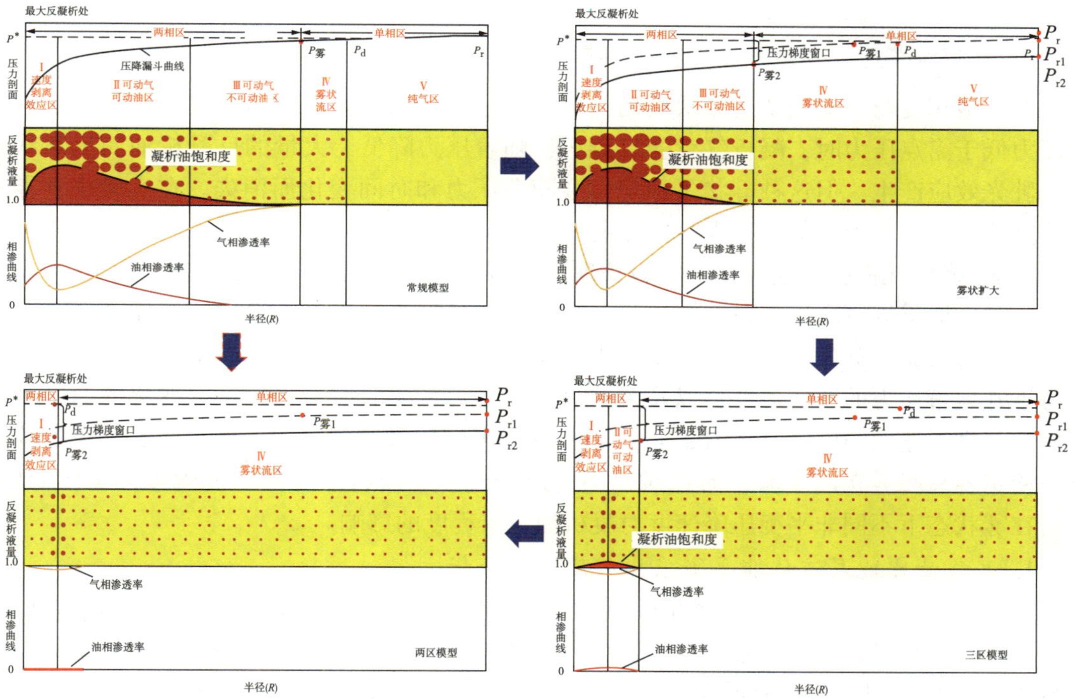

图 3-8　反凝析状态控制单井剖面模式图

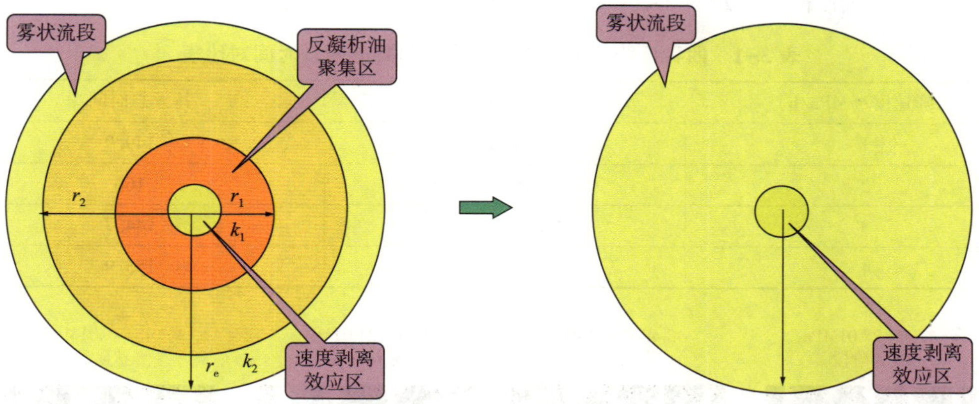

图 3-9　反凝析状态控制平面模式图(近井带示意图)

二、雾状反凝析控制实验研究

为进一步研究雾状反凝析流控制机理，掌握反凝析控制技术，明确雾状反凝析流控制因素以及雾状流对采出程度造成的影响，开展了高温高压可视化反凝析流临界态相态实验、高温高压可视化反凝析油分布微观仿真玻璃刻蚀模型实验和雾状流长岩心流动实验来模拟凝析气藏衰竭式开采过程。通过室内实验研究，确定雾状流形成条件和影响因素，明确微观剩余油气赋存状态，完善雾状反凝析控制理论，建立了凝析气藏反凝析控制的筛选评价标准，形成了雾状反凝析控制技术。

（一）高温高压可视化反凝析流临界态相态实验研究

非平衡相变与平衡相变的界限模糊，一般通过凝析油气体系的压降速度来界定。当气藏压力低于露点压力时，凝析气就会反凝析，随着压力降低，大量的反凝析油滴呈雾状并伴有乳光效应产生，但这种雾状不稳定，会随着压力和时间变化而消失。在实验中，雾状与非雾状现象的界限一般通过观察来界定。

A. X. 米尔扎占扎捷通过大量实验及理论分析认为，当地层压力变化速度为 $10^{-8} \sim 10^{-4}$ MPa/s 时，地层流体高压相态转变是非平衡的[8]。对雅克拉气藏 2 组地层流体进行了雾状反凝析相态实验，雾状反凝析控制主要围绕压降速度进行控制，实验模型压降速度的选择参考近井地带压力的变化速度，以及关井后地层压力恢复时所呈现的压力变化的速度来选择模型的衰竭速度（$10^{-5} \sim 10^{-1}$MPa/s）。实验分为不同压降速度下的恒质膨胀雾状流实验与非平衡定容衰竭雾状流实验，通过对比不同压降过程中凝析油气雾状流现象和持续时间，分析在雾状态下不同非平衡压降速度对凝析油采出程度的影响。

1. 高气油比地层流体非平衡采出程度对比分析

分别以 1MPa/h、2MPa/h、3MPa/h 以及 4MPa/h 的压降速度进行排气，压降速度越大，反凝析过程气相过饱和雾状越强，见表 3-1 和图 3-10。压力从 43.48MPa 衰竭至最大反凝析压力点 13MPa 过程中都有反凝析出现，当压力降至 6MPa 时，凝析油最终采出程度依次是 49.05%、50.68%、51.37%和 53.09%，凝析油采出程度随压降速度的增大而增大，但天然气采出程度变化不大，如图 3-11 和图 3-12 所示。

表 3-1　四种压降速度下雾状存在的压降区间及时间对比表

压降速度/(MPa/h)	压降区间/MPa	持续总时间/s
1	43.48~27.01	149.9
2	43.48~29.01	160
3	43.48~31.01	144.7
4	43.48~31.01	155.9

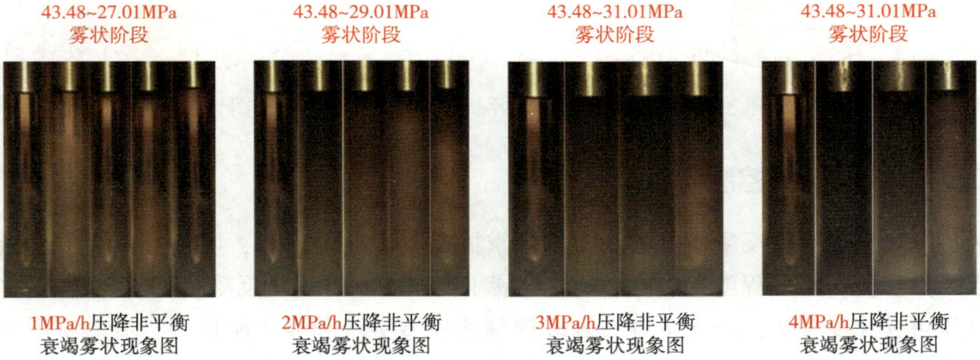

图 3-10　不同压降速度下雾状现象对比

在平衡与非平衡定容衰竭过程中，凝析油累计采出程度对比关系如图 3-11 所示，非平衡压降凝析油累计采出程度高。同压力级下，压降速度越快，凝析油累计采出程度越高。在四种压降速度下，由于凝析油气体系没有达到稳定时间，部分凝析油以雾状的形式被采出，并且随着压降速度的增大，最终采出的油量增多。

在平衡与非平衡定容衰竭过程中天然气采出程度对比关系如图 3-12 所示，平衡与非平衡定容衰竭在各压力级下天然气采出程度接近，相差很小。

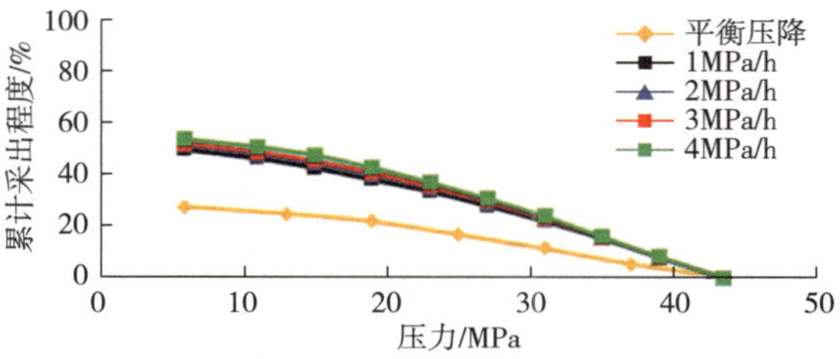

图 3-11 凝析油累计采出程度对比关系曲线图

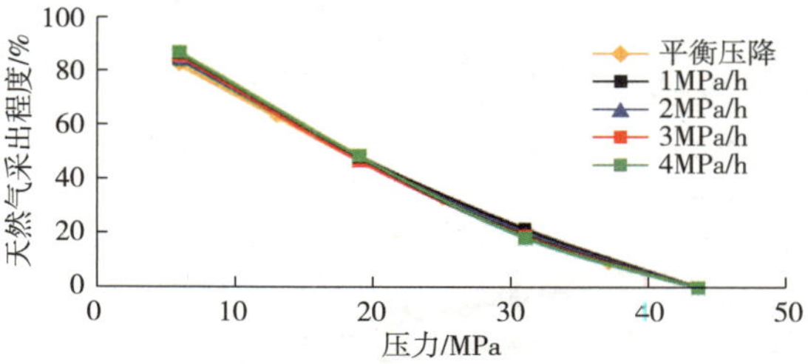

图 3-12 天然气采出程度对比关系曲线图

2. 低气油比地层流体非平衡采出程度对比分析

为分析不同气油比地层凝析气流体压降过程的雾状流现象和对非平衡雾状反凝析采出凝析油的影响，配制了低气油比地层流体样品，开展非平衡定容衰竭雾状态实验。分别以 1MPa/h、2MPa/h、3MPa/h 以及 4MPa/h 的压降速度进行排气，速度越大反凝析过程气相过饱和雾状越强，见表 3-2 和图 3-13。压力从 46.5MPa 衰竭至最大反凝析压力点 18MPa 过程中都有雾状态。当压力降至 6MPa 时，凝析油最终采出程度依次是 48.24%、50.13%、50.37%和 52.02%，凝析油采出程度随压降速度的增大而增大，但天然气采出程度变化不大，如图 3-14 和图 3-15 所示。

分析表 3-2 可知，低汽油比样品雾状反凝析区间持续的时间长。

表 3-2 四种压降速度下雾状存在的压降区间及时间对比表

压降速度/(MPa/h)	压降区间/MPa	持续总时间/s
1	46.5~18	347.3
2	46.5~22	334.1
3	46.5~27	327.0
4	46.5~28	346.7

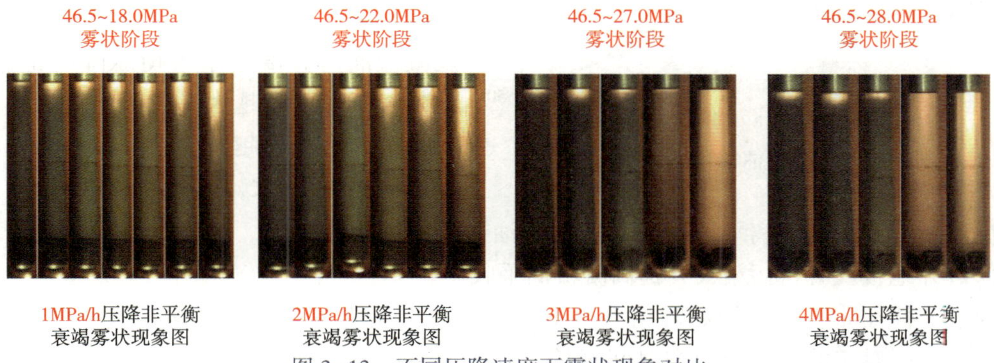

图 3-13 不同压降速度下雾状现象对比

在平衡定容衰竭与非平衡定容衰竭过程中，凝析油累计采出程度对比关系如图 3-14 所示。四个压降速度下凝析油累计采出程度都比平衡定容衰竭凝析油采出程度高，并且同压力级下，压降速度越快，最终凝析油采出程度越高。在四种压降速度下，由于凝析油气体系没有达到稳定时间，部分凝析油以雾状的形式被采出，并且随着压降速度的增大，最终采出的油量越多。

在平衡与非平衡定容衰竭过程中天然气采出程度对比关系如图 3-15 所示。由图 3-15 可知，平衡与非平衡定容衰竭在各压力级下天然气采出程度基本相等。

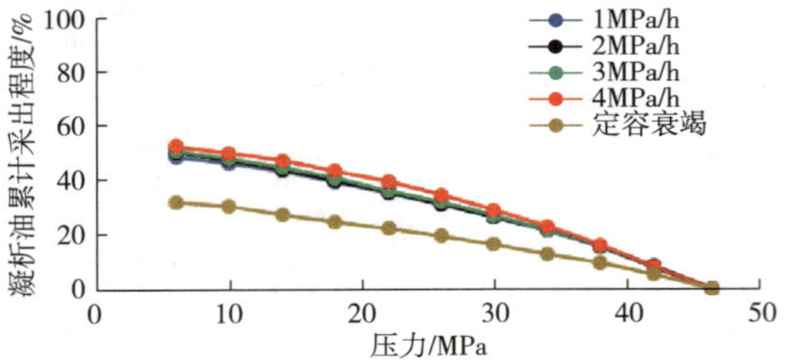

图 3-14 凝析油累计采出程度对比关系曲线图

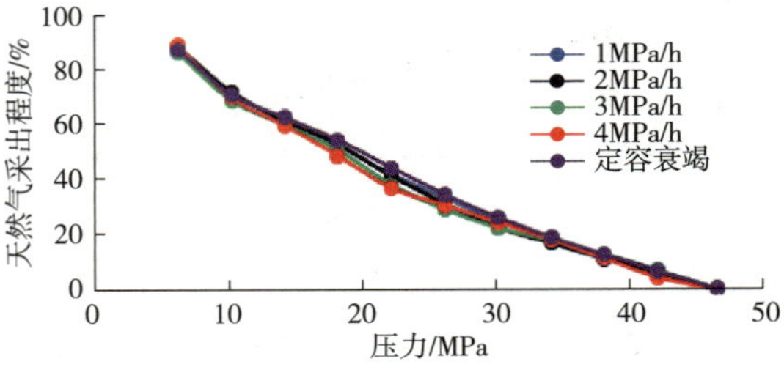

图 3-15 天然气采出程度对比关系曲线图

3. 非平衡压降理论分析

雅克拉凝析气藏在实际开发过程中近井地带压差大，压力变化速度比平衡压降速度大，因此会出现非平衡压降现象，地层中凝析的油量将低于平衡条件下凝析油量，但部分凝析滞后的凝析油会在凝析气中，随着气流流速一同被带出地层，所以平衡条件下地面采出油量低于非平衡条件下采出油量。

根据 A. X. 米尔扎占扎捷建立的非平衡相变条件下瞬时凝析油含量(摩尔分数)关系式，计算出不同压降速度条件下定容衰竭过程中反凝析油饱和度与压力关系曲线，根据 YK5H 井凝析油气体系的露点压力、饱和压力、压力变化时间、压降速度以及在平衡压降条件下反凝析油饱和度等，分别计算了压降速度为 $dp/dt=0.04$psi/s(1MPa/h)、$dp/dt=0.08$psi/s(2MPa/h)、$dp/dt=0.12$psi/s(3MPa/h)和 $dp/dt=0.16$psi/s(4MPa/h)时，各压力级下平衡压降反凝析油饱和度与非平衡压降反凝析油饱和度变化，如图 3-16 所示。由图 3-16 可知，地层压力衰竭至最大反凝析压力(13MPa)之前，各压力级的非平衡压降反凝析油饱和度小于平衡压降的饱和度。此外，压降速度越大，各压力级所对应的反凝析油饱和度越小。计算结果表明，随着压降速度增大，非平衡效应变得更严重，反凝析油饱和度偏离平衡压降下反凝析油饱和度的程度更大。因此，非平衡效应可有效降低近井地带反凝析污染，并提高凝析油采收率。

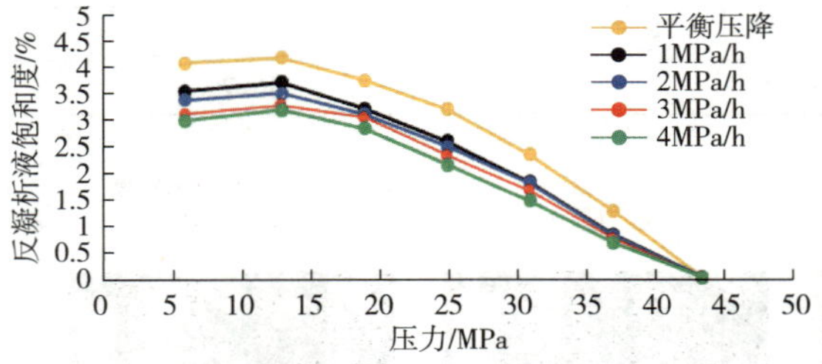

图 3-16 反凝析油饱和度对比曲线

地层流体在非平衡过饱和雾状条件下，均表现出压降速度越大，雾状流现象越明显，相同压力点所对应的雾状流存在时间越长，凝析油累计采出程度越大；同时，非平衡压降较平衡压降，凝析油采出程度增加。

（二）高温高压可视化反凝析油分布微观仿真玻璃刻蚀模型实验

基于雅克拉气田储层岩心铸体薄片孔隙结构图像，适当放大孔隙网络尺寸，制备可视化玻璃刻蚀模型，运用高温高压可视化实验测试装置开展压降过程反凝析油析出雾状流微观实验分析，观测不同孔喉、不同流速、考虑和不考虑束缚水状态下反凝析油雾状流及连续流形态变化特征和流动方式，分析微观孔隙中雾状流形成条件和影响因素。

1. 实验模型、条件及样品选择

（1）微观模型制作。

实验用激光刻蚀岩心模型为二维模型，制作如图 3-17 所示的激光刻蚀岩心模型，模型尺寸为 0. 9cm×0. 6cm。

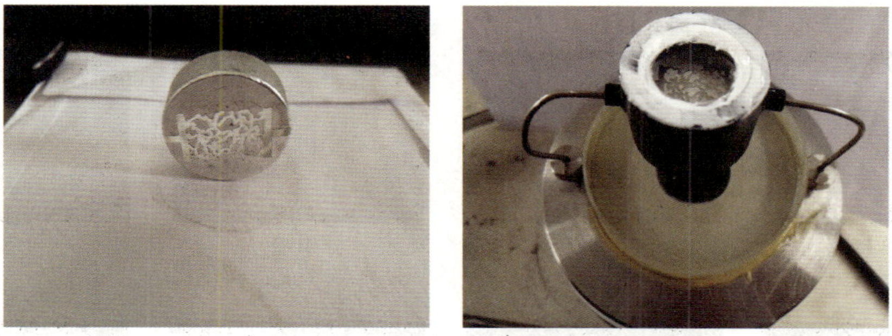

图 3-17 激光刻蚀模型

（2）实验条件。

实验过程严格按照雅克拉储层压力、温度等条件进行，见表 3-3。

表 3-3 实验条件数据表

实验温度/℃	实验压力/MPa	配样气油比/(m^3/m^3)
136	52. 35	2158

（3）样品选择。

选取 3 组不同孔隙结构的雅克拉气田储层岩心铸体薄片样本，基于样本制作了玻璃刻蚀模型用于分析实验结果。3 组岩心样品见表 3-4，Zp6 属于扩大粒间孔，孔喉大；Zp3 孔喉结构中等；Zp8 属于细粒粒间孔，岩石颗粒排列不规整，孔喉小。

表 3-4 样品数据表

编号	Zp6	Zp3	Zp8
铸体薄片图			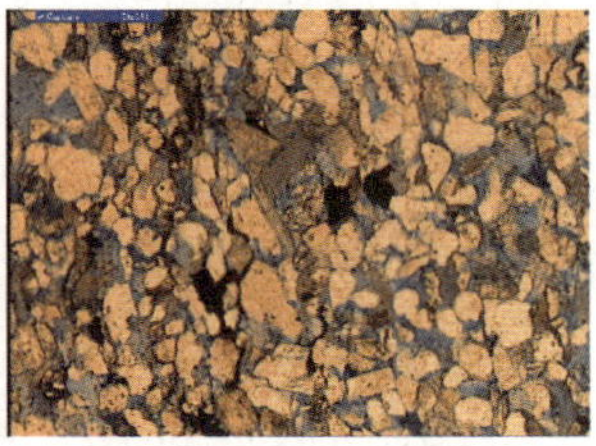

2. 实验结果与分析

以3组岩心铸体薄片样品制作可视化玻璃刻蚀模型，利用高温高压可视化实验测试装置，开展了4个不同压降流速(1MPa/h，2MPa/h，3MPa/h，4MPa/h)加水状态下反凝析油雾状流及连续流形态变化特征和流动方式微观可视化实验研究，分析雾状流形成条件和影响因素，并明确水侵后微观剩余油赋存状态。

（1）不考虑地层水影响的微观特征。

图3-18~图3-20为凝析气在微观模型流动过程中不同时间段的微观图像，模型左方为入口、右方为出口。模型孔道中深黑色部分是岩石骨架，白色部分为凝析气，颜色较浅的灰色部分为析出的凝析油，实验可视区域尺寸为9mm×6mm。从实验现象分析观察可以看出，油与气间的界面凹向凝析气，说明在此模型中气为非润湿相，凝析油为润湿相。观测显示以下特征。

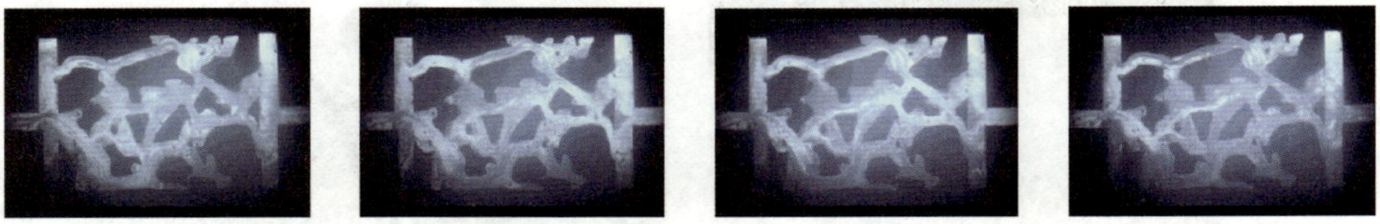

1MPa/h　　2MPa/h　　3MPa/h　　4MPa/h

图3-18　Zp6刻蚀模型中不考虑地层水降压过程微观相态变化

1MPa/h　　2MPa/h　　3MPa/h　　4MPa/h

图3-19　Zp3刻蚀模型中不考虑地层水降压过程微观相态变化

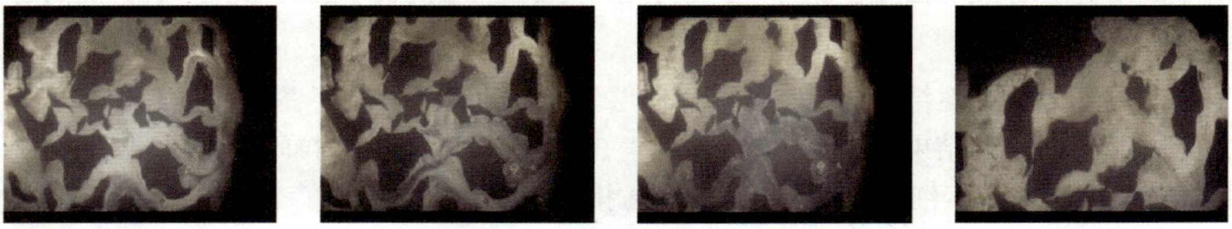

1MPa/h　　2MPa/h　　3MPa/h　　4MPa/h

图3-20　Zp8刻蚀模型中不考虑地层水降压过程微观相态变化

1）在降压的过程中实验条件在露点压力及以上时，几乎没有凝析油析出，气相占据孔隙的大部分空间。

2）随着压力不断降低，低于露点压力后，凝析油小液滴大部分被凝析气携带，一起流动穿过大部分孔隙，少部分附着在孔壁表面上。附着在孔隙壁上的凝析油小液滴在压力和气体流动产生的表面张力联合作用下沿着孔隙壁缓慢向前滚动，形成贴壁爬行流。

3）随着凝析油不断聚集，逐渐形成段塞，堵塞凝析气流动的通道，引起凝析气压力回升。当压力克服凝析油段塞阻力时，凝析气从孔隙的轴心突入，在孔壁上留下一层厚薄不同的油膜。形成的油膜沿孔隙壁缓慢流动，原来被堵塞的孔隙重新成为凝析气流动的通道。当段塞被突破后，孔隙重新成为凝析气液流动的通道，凝析油又开始聚集并逐渐演变为下一个段塞。该过程在凝析气液流动过程中循环出现。

4）总体来说，在大孔道内，气相流速较快，且凝析气流会蒸发掉或携带走原有聚集的凝析油，导致凝析油不易聚集，一般大孔道内为溪状流；而在孔隙角隅和细小孔道，凝析油容易聚集形成连续流动液体。

5）凝析油赋存状态：随着凝析油析出并不断增加，首先在凝析气流速较为缓慢处滞留，如孔隙边缘和部分不流通孔隙开始生成小珠状凝析油，较小珠状凝析油形成后随气相运移，最后聚集在孔壁表面、微小孔道及喉道处。附着在孔隙表面的点珠状凝析油悬浮在气相中运移，并逐渐演化成为连续的段塞状、簇状。在大孔道内，气相流速较快，而且凝析气流会蒸发掉或携带走原有聚集的凝析油，导致凝析油不易聚集。

6）动态录像显示，压降凝析油析出过程初期也存在雾状特征，但薄片模型很薄，受透光度影响，雾状流态的特征不明显，而反凝析液连续流以及气液相互挟持的溪状流态较明显。

（2）考虑地层水影响的微观特征。

为加强油水气的区别，实验用水采用甲基蓝染色处理，实验结果如图 3-21~图 3-23 所示。

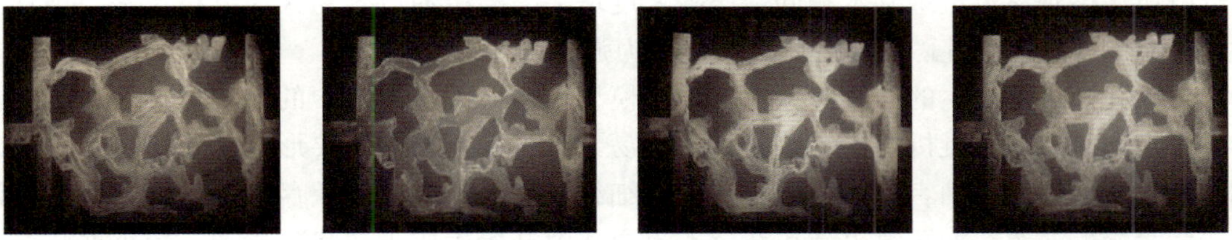

1MPa/h　2MPa/h　3MPa/h　4MPa/h

图 3-21　Zp6 刻蚀模型中考虑地层水降压过程微观相态变化

1MPa/h　2MPa/h　3MPa/h　4MPa/h

图 3-22　Zp3 刻蚀模型中考虑地层水降压过程微观相态变化

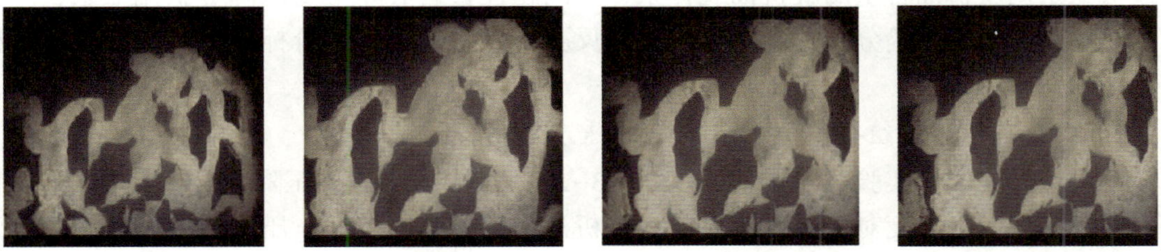

1MPa/h　2MPa/h　3MPa/h　4MPa/h

图 3-23　Zp8 刻蚀模型中考虑地层水降压过程微观相态变化

1）实验结果表明，凝析液首先在细毛孔中产生，然后相继出现在较粗的毛孔中，即在压力降低的过程中凝析油首先从孔隙边缘和细小狭缝开始生成微小液滴和液珠，随后微小凝析油互相碰撞并合，浓度不断增大，达到一定程度时则会克服毛管力作用逐渐运移、凝聚并形成连片状和段塞状凝析油，当压力不断下降到露点压力以下后，反凝析现象越来越明显。

2）凝析液最先在细毛孔中产生的原因是：多孔介质中毛细管半径越小，毛细凝聚现象就越严重，并且地层水也会使凝析油气体系的露点压力有不同程度的增加，与前述未注水实验研究相比，同等压力程度下，反凝析液量比之前增多、饱和度增大，在后期开发凝析气藏时会导致凝析液的采出程度降低，也使产出流体中气态水含量增大，因此在凝析气藏相态研究过程中必须考虑地层水对实验结果的影响。

3）动态录像显示，束缚水的存在会减弱凝析油析出过程雾状特征的观测，主要是薄片模型很薄，受透光度和束缚水染色的影响，雾状流态的特征就更不明显，而反凝析液连续流以及气、液相互挟持的溪状流态则更明显。

压降过程凝析油析出初期存在雾状特征，小液滴大部分可被凝析气携带，一同流动穿过大部分孔隙，少部分附着在孔壁表面上，附着在孔隙壁上的凝析油小液滴在压力和气体流动联合作用下沿着孔隙壁缓慢向前滚动，可形成贴壁爬行流。随着压降速度增加，压降过程凝析液微观渗流机理基本相同，压降速度增大，凝析油更容易快速凝析出来，观察到大孔道内的溪状流和孔隙收缩处的束状流更为强烈。

在大孔道网络为主的铸体薄片孔隙结构模型中，大孔道网络中的气相流速较快，气流会携带走原有聚集的凝析油，导致凝析油不易聚集，大孔道内主要形成溪状流；在孔隙角隅和细小孔道处凝析油容易聚集形成连续的细线束状流。凝析油赋存状态首先在凝析气流速较为缓慢处滞留，如孔隙边缘和部分不流通孔隙开始生成小珠状凝析油，较小珠状凝析油形成后随气相运移，最后聚集在孔壁表面、微小孔道及喉道处。附着在孔隙表面的点珠状凝析油悬浮在气相中运移，并逐渐演化成为连续的段塞状、簇状。在大孔道内，由于气相流速较快，凝析气流会携带走原有聚集的凝析油。

地层水的存在与不含水刻蚀模型相比较，在同等压力程度下，反凝析液量会相对增多，在凝析气藏渗流过程中必须考虑地层水对实验结果的影响。

（三）雾状流长岩心流动实验

通过不同压降速度下雾状流长岩心流动实验，分析非平衡压降雾状流对采收率的影响，通过对比不同凝析油含量的凝析油气体系、不同物性长岩心非平衡压降雾状流效果，结合长岩心反凝析伤害实验分析，建立凝析气藏反凝析控制的筛选评价标准，形成雾状反凝析控制技术。

1. 低渗高气油比组合长岩心不同压降速度下实验结果分析

不同压降速度下实验结果如表 3-5、图 3-24～图 3-26 所示，压降速度对天然气采出程度影响小；但压降速度对压力点所对应的凝析油采出程度影响大，压降速度越高，凝析油最终累计采出程度越高，但当压降速度从 3MPa/h 变大为 4MPa/h 时，凝析油累计产出程度增长幅度变小；压降速度越大，压力点所对应的产出气油比越低。产生这种结果的原因：

衰竭速度越快，气流携带凝析油能力越强，初始阶段，近井地带更多的凝析油滴(呈雾状)随快速气流被带出，并增加了凝析气的渗流通道，使得凝析油采出程度更高，产出气油比变低。但压降速度并非越大越好，压降速度过大易造成地层压力非均衡下降，也会造成凝析气液分离、气体快速剥离、分离出的凝析油滴会形成连续液相而滞留在孔隙中，最终导致近井地带反凝析污染和产量下降。

表 3-5 不同压降速度下凝析油气采出程度对比表

压降速度/(MPa/h)	压降梯度/MPa	凝析油累计采出程度/%	油采出程度差值/%	天然气采出程度/%	最终气油比/(m^3/m^3)	雾状流压力区间/MPa
1	4	42.71	1.43	65.59	9325.9	43.48~27.01
2	4	44.96	2.25	65.21	8725.8	43.48~29.01
3	4	48.06	3.1	64.6	8150.5	43.48~31.01
4	4	49.62	1.56	64.14	8049.1	43.48~31.01

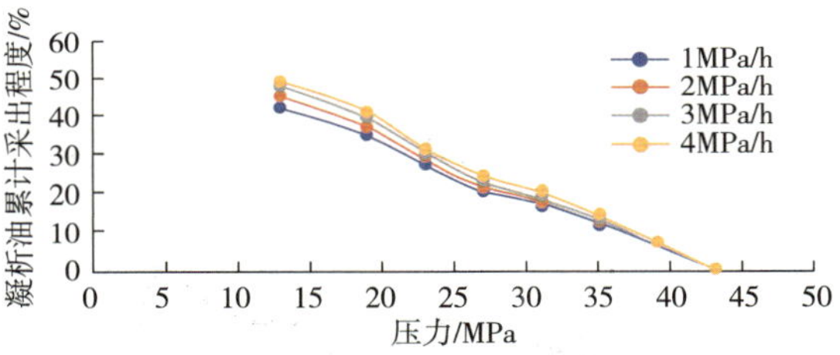

图 3-24 不同压降速度时凝析油累计采出程度随压力变化对比曲线

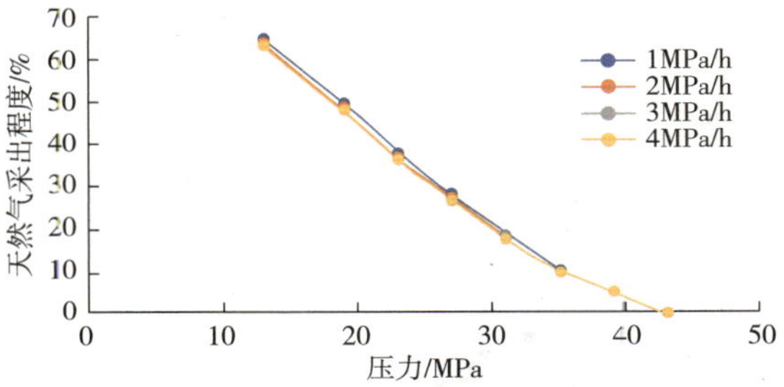

图 3-25 不同压降速度时天然气采出程度随压力变化对比曲线

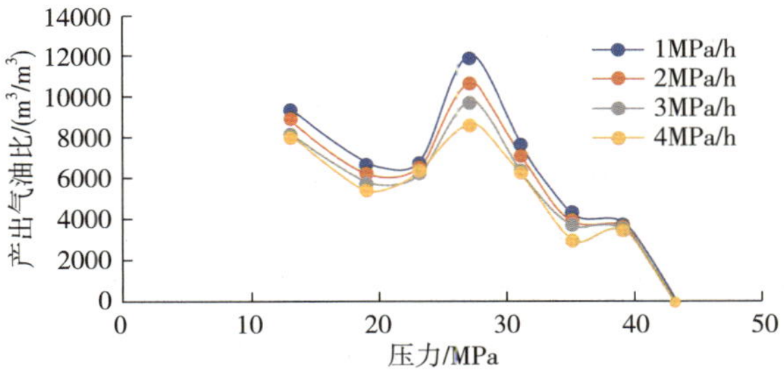

图 3-26 不同压降速度时产出汽油比随压力变化对比曲线

2. 高渗、低气油比长岩心不同压降速度下实验结果

不同压降速度下实验结果如表 3-6、图 3-27~图 3-30 所示。

表 3-6 不同压降速度下凝析油气采出程度对比表

压降速度/(MPa/h)	压降梯度/MPa	凝析油累计采出程度/%	油采出程度差值/%	天然气采出程度/%	最终气油比/(m^3/m^3)	雾状流压力区间/MPa
1	4	54.08	1.06	84.37	10623.2	43.48~27.01
2	4	55.2	1.12	83.69	9721.8	43.48~29.01

续表

压降速度/(MPa/h)	压降梯度/MPa	凝析油累计采出程度/%	油采出程度差值/%	天然气采出程度/%	最终气油比/(m^3/m^3)	雾状流压力区间/MPa
3	4	56.32	1.12	84.99	10585.7	43.48~31.01
4	4	59.69	3.37	83.63	10915.3	43.48~31.01

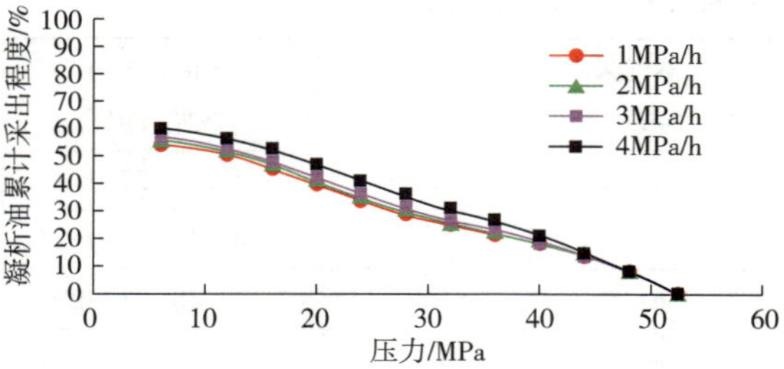

图 3-27　不同压降速度时凝析油累计采出程度随压力变化对比曲线

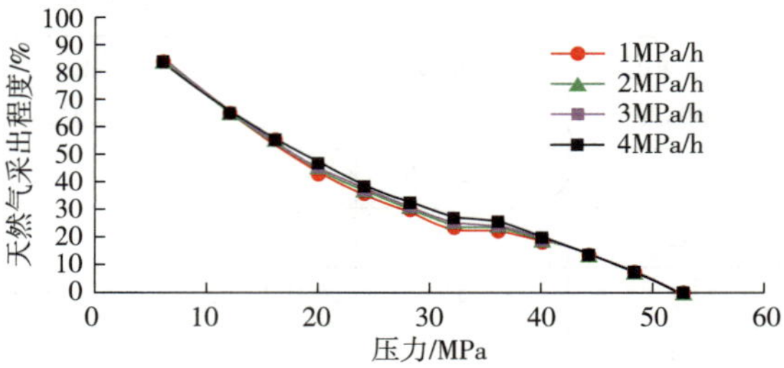

图 3-28　不同压降速度时天然气采出程度随压力变化对比曲线

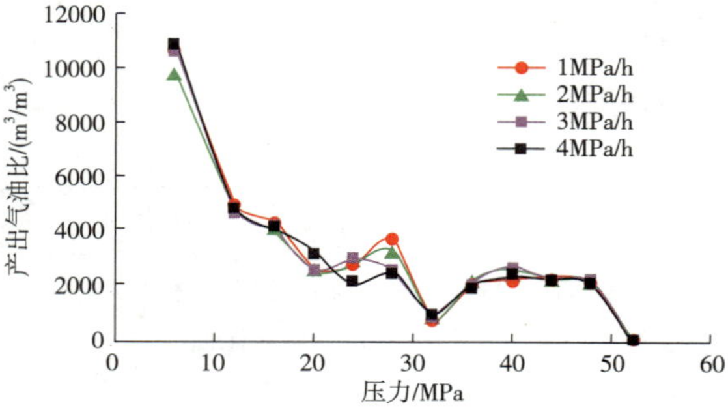

图 3-29　不同压降速度时产出气油比随压力变化对比曲线

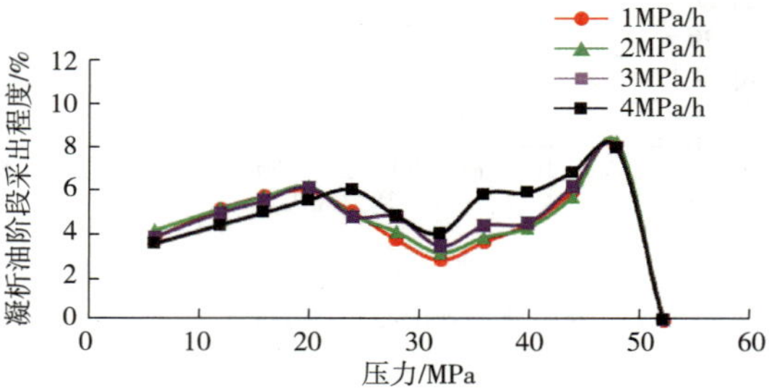

图 3-30　不同压降速度时凝析油阶段采出程度随压力变化对比曲线

压降速度对天然气采出程度与产出气油比影响小，从地层原始 52.35MPa 衰竭至露点压力 46.5MPa 过程中，进入反凝析阶段，不同压降速度所对应的凝析油阶段产出程度基本一致；压力从 46.5MPa 衰竭至 20MPa 过程中，压降速度越大，相同压力点所对应的凝析油阶段产出程度越大，但相差幅度较小，产生这种结果的原因为：凝析油气体系的凝析油含量较高，在孔隙介质中，反凝析出的油滴大部分被吸附在孔喉当中，随着压力降低，反凝析油由分布在孔喉当中的不连续态变为连续态，进而达到临界流动饱和度，并随气流流动，但孔喉介质中的凝析油随气流的速度效应影响相对不大；压力从 20MPa 衰竭至废弃压力 6MPa 过程中，压降速度越大，相同压力所对应的凝析油阶段产出程度越小，产生这种结果的原因为：随着压力下降，在主要表现为反凝析的阶段，压降速度越大，带出的凝析油相对越多，当进入主要表现为蒸发阶段时，孔隙剩余油含量越小（主要为重质组分），速度效应产生的效果越不明显。

3. 非平衡压降与平衡压降雾状流长岩心流动实验结果分析

非平衡压降的雾状流长岩心流动实验结果与平衡衰竭后雾状流长岩心流动实验结果对比如图3-31、图3-32所示。由图3-31、图3-22可知，非平衡衰竭比先平衡再非平衡衰竭开采方式的最终凝析油累计产出程度高出12.9%，但天然气采出程度变化不大。由图3-32可知，当压力从43.48MPa衰竭至27MPa时，由于平衡压降凝析油产出程度较少，近井地带非平衡压降所产生的高速雾状流而使得凝析油产出程度较多，因此这个压降阶段的凝析油产出程度相差较大，所对应的气油比相差也较大。压力从27MPa开始进行非平衡衰竭，由于平衡衰竭岩心孔隙当中的反凝析油量较多，因此改用非平衡衰竭时，当达到临界饱和度时，阶段产出油量稍高于一直非平衡衰竭，对应的产出气油比则稍低于一直非平衡衰竭的产出气油比。

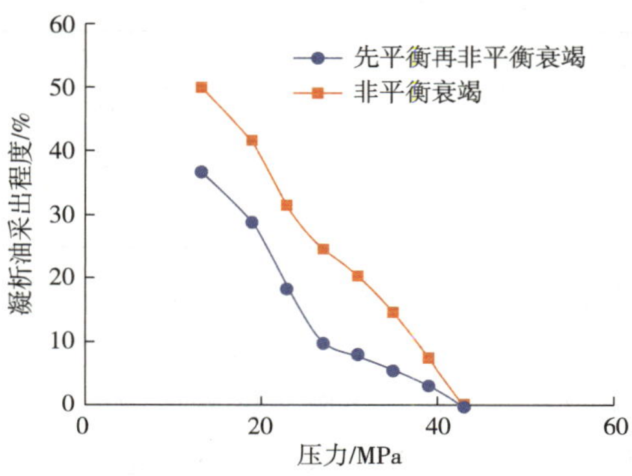

图3-31 不同衰竭方式凝析油采出程度随压力变化对比曲线

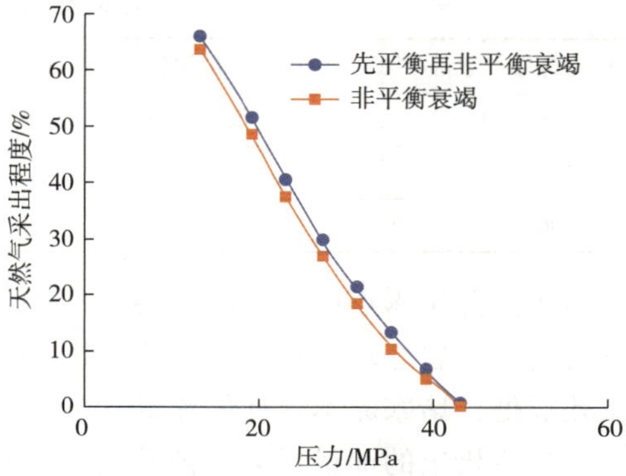

图3-32 不同衰竭方式天然气采出程度随压力变化对比曲线

三、雾状反凝析控制影响因素

理论研究及生产实践表明，影响雾状反凝析状态的控制因素主要包括以下六方面。

（一）孔喉模式

岩石颗粒分选好、磨圆好、排列规整，则孔喉大，反凝析油不易聚集，易延长雾状流段，易控制反凝析；反之，若岩石颗粒排列不规整，孔喉小，则凝析油易在孔喉中聚集，形成凝析油段塞，雾状流临界状态很容易被破坏，降低凝析气的渗流通道(图3-33、表3-7)。

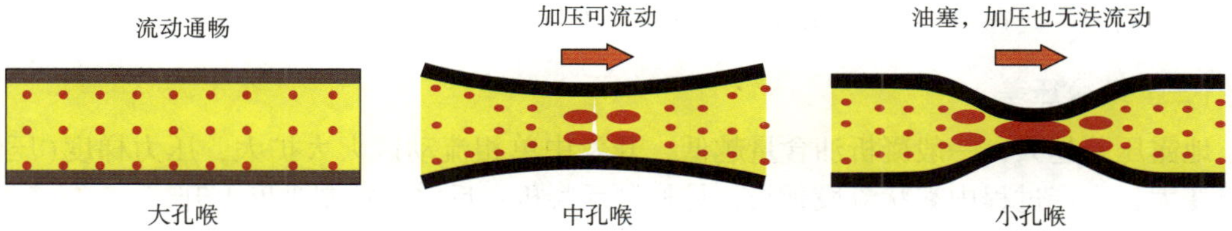

图3-33 不同孔喉大小影响凝析油流动示意图

表 3-7　不同孔喉模式对反凝析控制影响表

储层物性	孔隙类型	孔喉大小	雾状流段	反凝析控制难度
中孔中渗	原生孔隙	大	长	易
低孔中渗	次生孔隙	中	中	中
低孔低渗	次生孔隙	小	短	难

（二）凝析油含量

凝析油含量低，则反凝析油析出量少，生产过程中雾状流压力梯度（压降）窗口变大，雾状流区延长；反之，凝析油含量高，反凝析油易析出并聚集形成连续相，雾状流区变窄，不易控制（表 3-8）。

表 3-8　不同凝析油含量对反凝析控制的影响

凝析油含量/（g/m^3）	凝析油含量评价	反凝析程度	雾状流段	反凝析控制难度
40～150	低	低	长	易
150～290	中	中	中	中
290～675	高	高	短	难

当压力低于露点压力以后，凝析气中的重质组分以液相形式分离出来，一部分以液膜的形式附着在岩心较大孔隙的表面，减小了气相渗流通道；另一部分以液滴的形式存在于较小孔喉处，堵塞原本连通的流动通道，导致气相的有效渗透率下降。随着压力进一步降低，反凝析析出的油量增多，被其占据的孔隙空间也增多，气相有效渗透率将进一步下降（图 3-34）。

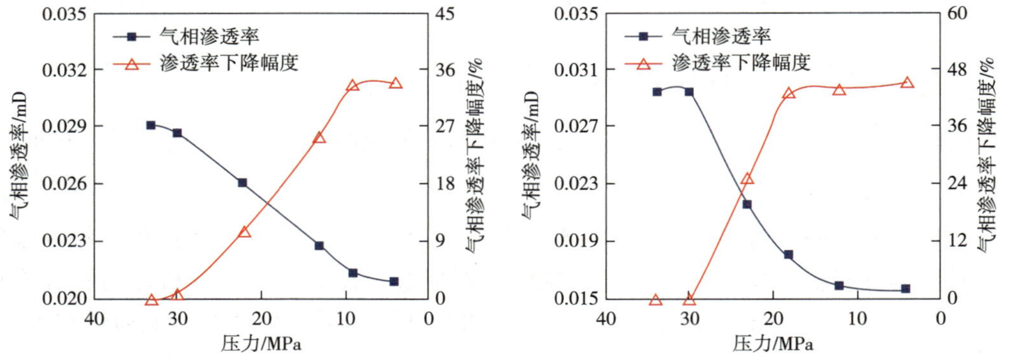

(a)凝析油含量80g/m³　　(b)凝析油含量250g/m³

图 3-34　凝析油含量 80g/m^3、250g/m^3 时气相渗透率伤害程度

（三）地露压差

地露压差越大，一般凝析油含量越低，开发中单相流动区大大扩大，压力梯度（压降）窗口变大，生产过程中雾状流段延长，易控制反凝析；反之，控制难度上升。

（四）井网井距

井距越小，压降漏斗范围越小，地层均匀压降越易控制，井间雾状流不会因距离长而聚集，反凝析易控制。

合理井网可较好地控制储量，井间储量动用程度高，不存在未动用死油气区；反之，完善程度低的井网易造成反凝析油滞留，尤其是在井间未动用区滞留，能够降低凝析油采收率。另外，水平井单井控制储量大，能实现小压差下的大流量生产，缩短反凝析区半径，有利于控制反凝析。

（五）采气速度

采气速度较大时，天然气流速快，反凝析油滴来不及聚集成连续相即被带出，相态处于非平衡状态，即雾状流区得到扩大；采气速度过小时则雾状流区缩小，凝析油易堆积。当然，采气速度并不是越大越好，采气速度过大易造成天然气非均衡采出或地层压力快速下降，而形成连续相反凝析油，尤其是具有边底水气藏需防止边底水突进。因此，控制合理的采气速度和合理生产压差很关键。实践表明，只考虑反凝析控制，雅克拉凝析气田采气速度在 4.0%~7.0%之间比较合理。

（六）边底水能量

边底水能量强，地层能量受水体能量补充，压力下降慢、保持程度高，反凝析析出量少，生产过程中发生反凝析时间窗口可延后，且有利于延长雾状流区来控制反凝析；反之，水体能量补充弱，地层压力下降较快，反凝析油析出也快，不利于雾状流段控制。

四、凝析气藏雾状反凝析控制对策

综合考虑凝析气藏雾状反凝析的控制影响因素，雾状反凝析主要从两个方面控制：

（1）地质因素，考虑孔喉结构、凝析油含量等，利用合理的井网井距缩小压降漏斗、降低生产压差从而减少井间反凝析油堆积。

（2）动态因素，合理提高采速保障雾状反凝析控制，均衡压降保证非均质储层内部均衡雾状反凝析。

因此，凝析气藏开发过程中雾状反凝析主要是控制合理采气速度、均衡压降，通过合理的压降速度、合理配产来实现。

（一）压力区间控制

（1）高气油比地层流体，形成较强雾状流状态的压力区间在低于露点压力 43.48~27.01MPa 之间为宜（表 3-9），在 *P-T* 相图中处于反凝析压降区（图 3-35）。

表 3-9 1MPa/h 压降速度下定容衰竭过程中雾状滞留 *P-T* 时间表（高气油比）

压力/MPa	持续时间/s	压力/MPa	持续时间/s
43.48	0	35.01~31.01	35.5
43.48~39.01	48.6	31.01~27.01	24.6
39.01~35.01	41.2		

（2）低气油比地层流体，形成较强雾状流状态的压力区间在低于露点压力 46.5~30.0MPa 之间为宜（表 3-10）。在 *P-T* 相图中处于反凝析压降区（图 3-36）。

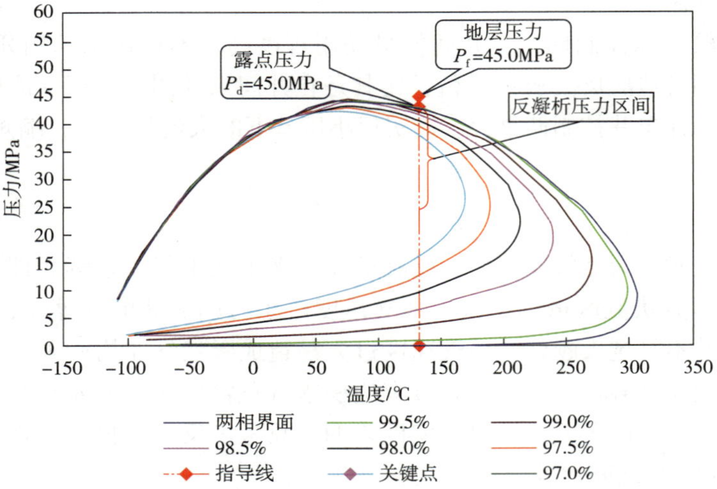

图 3-35 高气油比地层凝析气 $P-T$ 相图

表 3-10 1MPa/h 压降速度下定容衰竭过程中雾状滞留 $P-T$ 时间表(低气油比)

压力/MPa	存在时间/s	压力/MPa	存在时间/s
46. 5	0	38～34	64. 4
46. 5～42	76. 3	34～30	47. 9
42～38	72. 6		

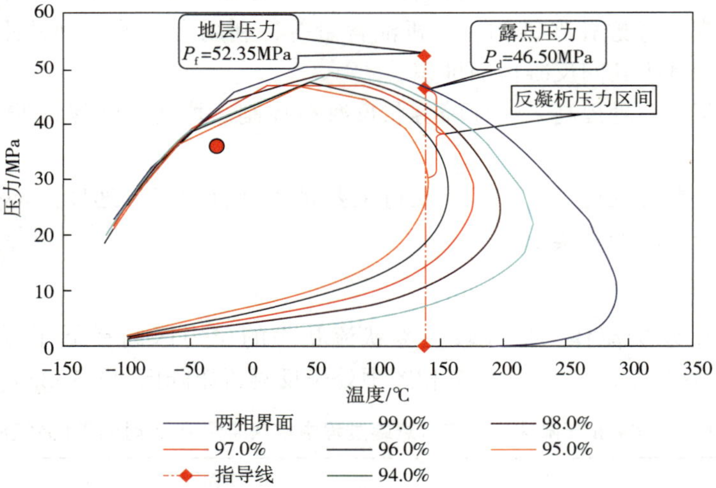

图 3-36 低气油比地层凝析气 $P-T$ 相图

(二) 采气速度控制

合理的采气速度是保证反凝析油滴析出后被高速气流夹带产出的必要条件。采气速度大时，天然气流速快，部分反凝析油滴来不及聚集成连续相即被带出，雾状流区扩大；采气速度小时，雾状流区缩小，凝析油易堆积。凝析油气相对渗透率受流速影响较大，随流速上升，凝析油气相对渗透率增大，凝析油的增加幅度低于凝析气。

数值模拟研究表明：中高孔、中高渗、中孔喉、中等凝析油含量的凝析气藏，采气速度在4%~8%之间，凝析油、天然气稳产期末采出程度和最终采收率指标最好，稳产期末凝析油和天然气采出程度分别达到44.6%、45.0%以上，凝析油和天然气最终采收率分别达到59.3%、60.0%以上，油气阶段采出程度和最终采收率十分接近，基本无反凝析油滞留；采气速度小于3%时，凝析油、天然气阶段采出程度分别降至40.8%、43.1%以下，采收率分别降至55.2%、58.3%以下，天然气的采出程度高于凝析油，反凝析油损失在地层中；采气速度大于8%以后，凝析油、天然气稳产期末采出程度和最终采收率也下降，但油气采出程度比较接近(图3-37)，主要原因为非均衡水侵形成气锁。

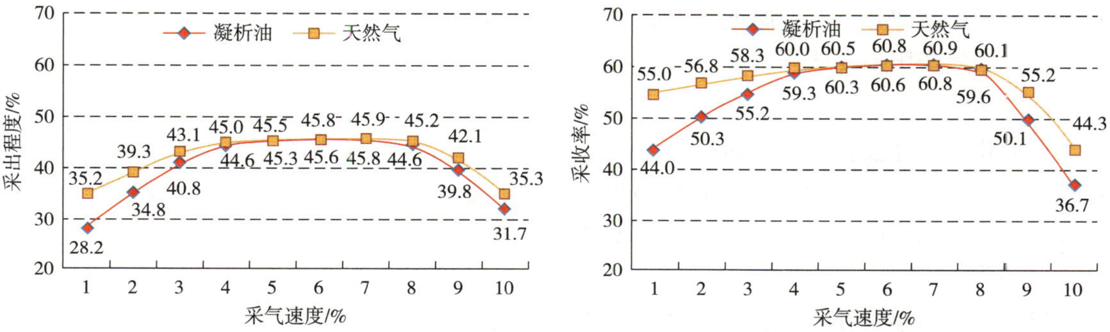

图3-37 不同采气速度下采出程度及采收率对比图

雅克拉气藏长岩心非平衡压降流动实验表明：压降速度越大，渗透率伤害程度越小，气流携带凝析油能力越强，凝析油采出程度越大，非平衡雾状流效果越明显，其中以3~4MPa/h压降速度最佳，如图3-38所示。

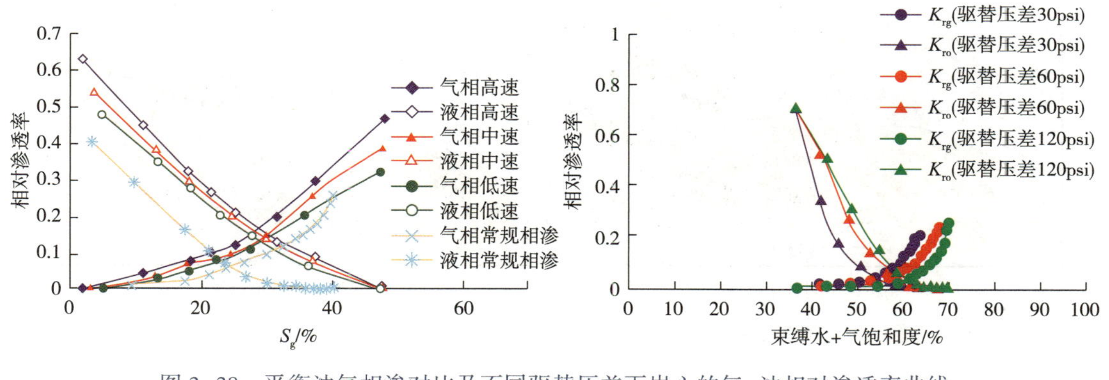

图3-38 平衡油气相渗对比及不同驱替压差下岩心的气-油相对渗透率曲线

长岩心非平衡压降流动实验最佳压降速度3~4MPa/h，实际地层近井地带雾状流有效范围3~5m，气藏有效厚度21m，控制压降速度2.06~2.74MPa/a生产。根据雅克拉气藏早期平均单位压降采气量4.2亿m^3/MPa，计算早期平均合理采气速度在5.3%~7.1%，目前单位压降采气量基本稳定在3.4亿m^3/MPa，计算目前平均合理采气速度在4.3%~5.7%。

（三）均衡压降控制

均衡压降保证非均质储集体均衡反凝析，利用合理配产实现雾状反凝析，具体针对不同部位、不同类型、不同井型、不同储渗条件气井采用差异化配产对策，实现区块均衡压降，天然气均衡采出，避免了局部反凝析油堆积，气水边界推进也比较均匀。

1. 储渗条件

低孔低渗条件下，气体流速适当快一些才能保证雾状凝析油及时带出，即生产压差要适当放大一些；高孔高渗条件下，孔喉大、结构好，雾状凝析油在较低流速下即可顺利带出。

2. 构造位置

边部井有效厚度小，靠近边水，适当控制气体流速防止边水过早非均衡水侵，生产压差适当降低；高部井，有效厚度大，储量丰度大，流速适当快一些才能保证雾状凝析油及时带出，即生产压差要适当放大。

3. 井型

水平井生产井段长，动用面积大，控制储量大，绝对流速(井产量)可适当高一些，相对流速(单位厚度产量)反而小，表现为生产压差、地层压降小；直井生产井段短，以径向流为主，绝对流速需小一些，但相对流速大，表现出生产压差、地层压降大。

4. 井控储量

与井型、储渗条件类似，井控储量基数大，生产压差可以大些，流速大些；井控储量基数小，生产压差需控制得小一些，流速慢些。

雅克拉气田通过合理控制地层压力，实现同一时期各井测试的地层压力基本一致，同时阶段对比整体压降基本一致，雅克拉凝析气藏2014—2017年在间隔3年整体测压中发现气藏压力整体下降5.0MPa左右，实现地层均衡压降(图3-39)。

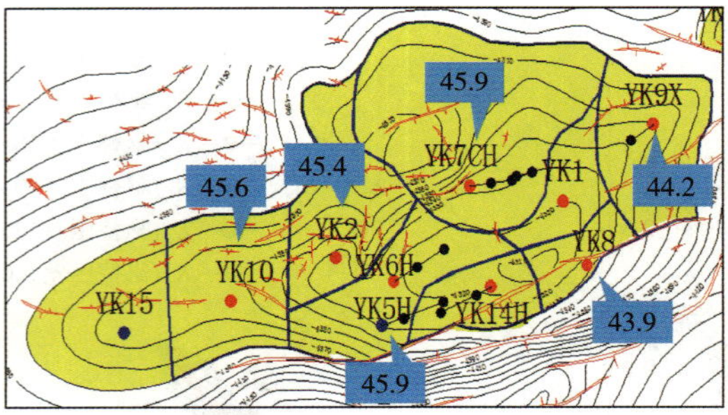

(a)2014年测试地层压力

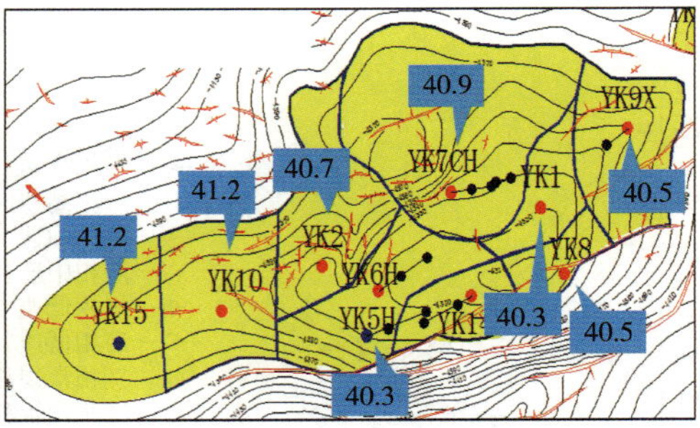

(b)2017年测试地层压力

图3-39　雅克拉气田下气层储量控制及压力分布图

五、雾状反凝析控制效果

雅克拉白垩系凝析气藏属于超深层、低孔(12.5%)中渗(88.7mD)、中高孔喉、背斜砂岩层状、边水活跃、中等凝析油含($234.5g/m^3$)不带油环凝析气藏。雅克拉气田采用高部水平井+边部直井交叉不规则井网，井距1200～1400m，天然气采气速度控制5%～7%高速开发10余年，在地层压力低于露点压力14MPa情况下，整个气田、层系、层内始终没有发生严重的反凝析，气油比稳定在 4800~5000m^3/m^3 之间，基本实现了雾状反凝析控制的目标。

（一）较高采气速度下生产气油比无明显变化

开发方案设计采气速度为 3.5%，利用高速合理的采气速度控制雾状反凝析，实际采气速度 5%~7%，高速开发带出地层内的反凝析油，在下气层大规模见水之前，气油比基本无变化，凝析油采出程度达 67.8%，比开发方案设计采收率高 16.7%，较好地控制了反凝析（图 3-40）。

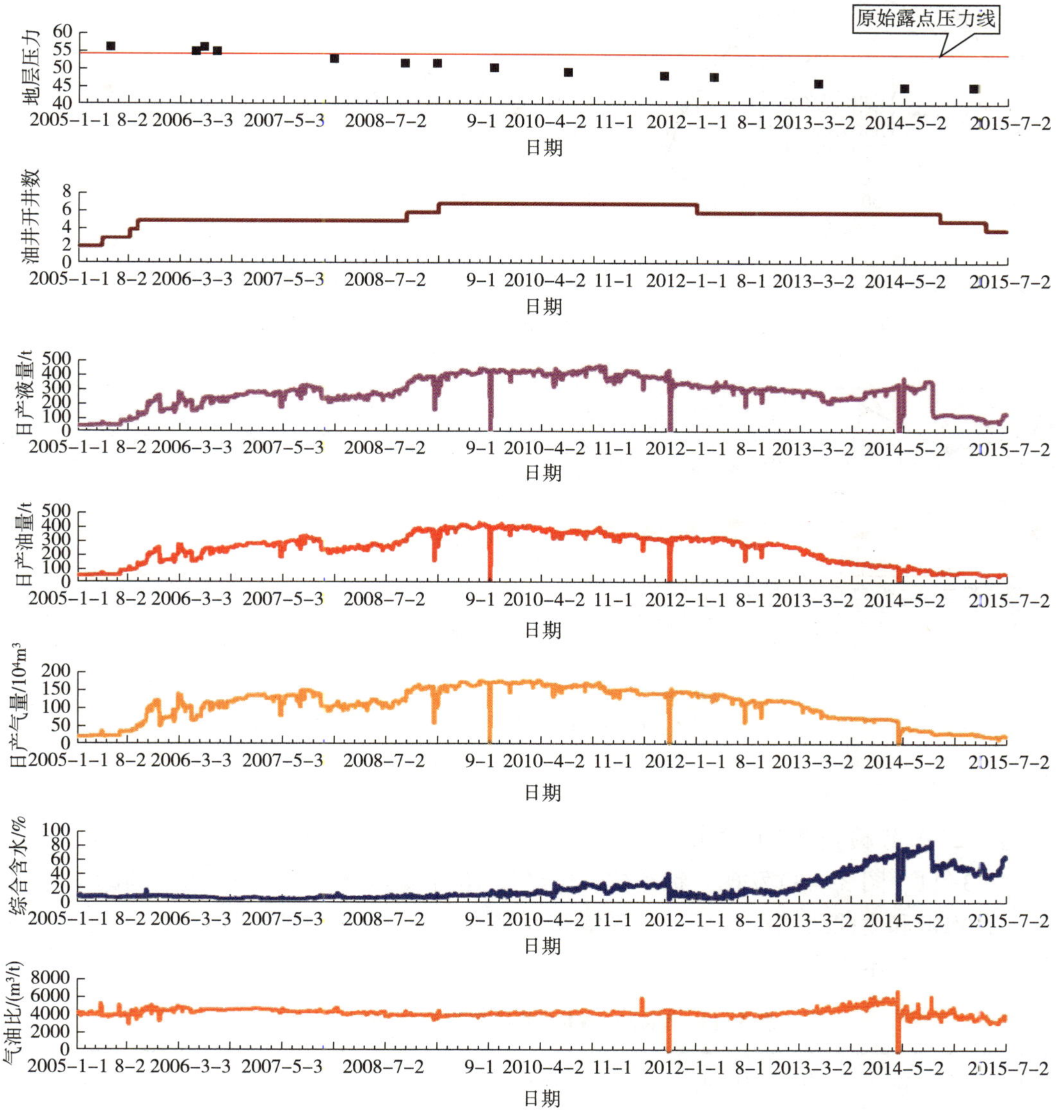

图 3-40 雅克拉下气层日度生产曲线图

（二）流体相态、井流物组分变化无反凝析特征

YK5H 井历年 PVT 相态变化（图 3-41、图 3-42）表明，在地层压力高于露点压力

前(2009 年之前)，相图包络线几乎没有变化，在 2009 年以后开始出现反凝析，但是反凝析阶段相图基本未出现较大变化，最大反凝析液量、重质组分含量及凝析油密度基本保持稳定，$C_2 \sim C_6$ 中间烃组分甚至略有上升，说明地层流体相态较为稳定，反凝析油持续采出，未出现重质组分滞留地下的现象，反凝析控制较好。

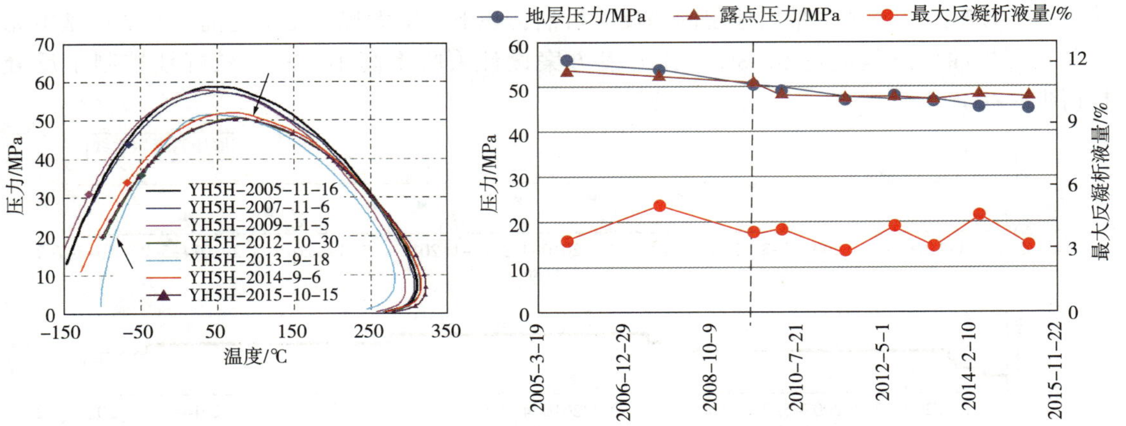

图 3-41　YK5H 井历年相态变化、露点压力及最大反凝析液量变化曲线

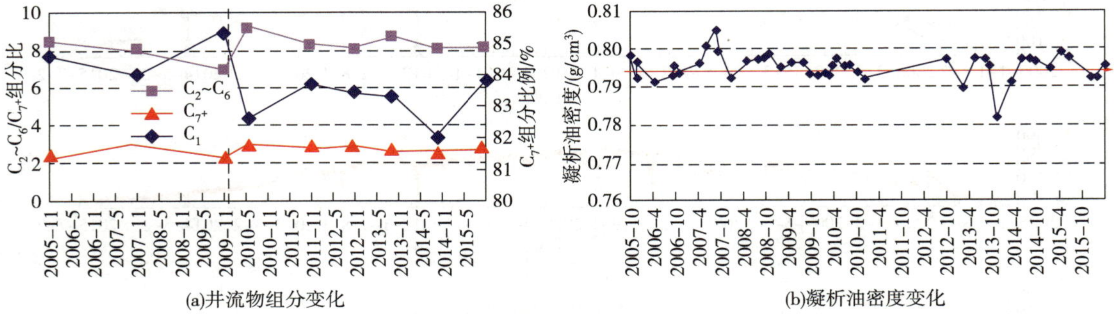

图 3-42　YK5H 井历年井流物组分及凝析油密度变化

(三) 检查井验证基本无反凝析油堆积

选用 2016 年检查井 YK23 井和投产初期老井 YK1 井纯气层同一小层原始测井资料进行对比(表 3-11、图 3-43)发现，雅克拉气田经过 10 年高速开发后，气层的电阻率曲线差异很小、含水饱和度曲线基本重合，含气饱和度基本一致，说明储层流体在目前地层条件下仍保持气态，基本没有反凝析。

表 3-11　YK23、YK1 井纯气层测井资料对比表

井名	RLID/(Ω·m)	RILM/(Ω·m)	测井含水饱和度/%	测井含气饱和度/%	岩心含水饱和度/%
YK1	4.2~5.5	4.5~6.3	27~42	58~73	20~29
YK23	4.2~7.0	4.7~8.3	31~43	57~69	无

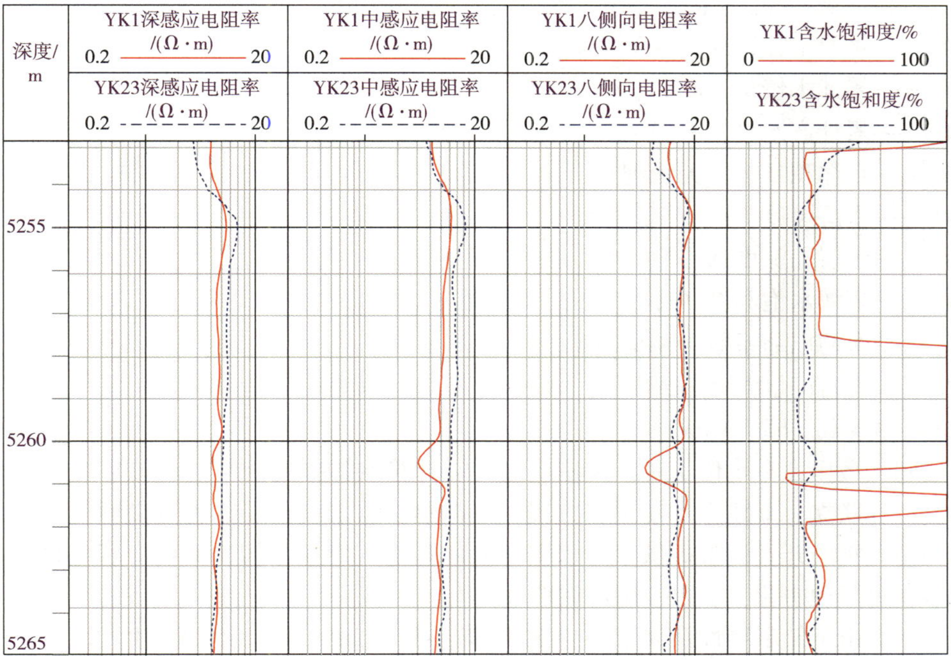

图 3-43 YK23、YK1 井纯气层测井曲线对比图

第三节 水侵预测及均衡水侵控制技术

具有边底水的凝析气藏，利用好边底水能量也是控制反凝析的重要条件之一[9]。在开发过程中，通过控制合理生产压差和采气速度来实现气-水界面的均匀移动，尽量实现理想状态下的边底水均衡抬升。均衡水侵就是在水侵理论方程基础上，以气水界面运动理论和水侵突破理论为上限和下限，相辅相成，形成均衡水侵控水技术的理论基础[10]。

一、边底水推进及突破理论

常规情况下水侵理论方程是以物质平衡方程为基础，按图 3-44 所示模型来研究均质边水凝析气藏地层压力下降、边水侵入后，储层各种体积参数的变化[11]。

如图 3-44 所示，以水侵圆环为研究对象，水体因气藏地层压力下降而侵入气藏，使得气藏含气半径减小 Δr：

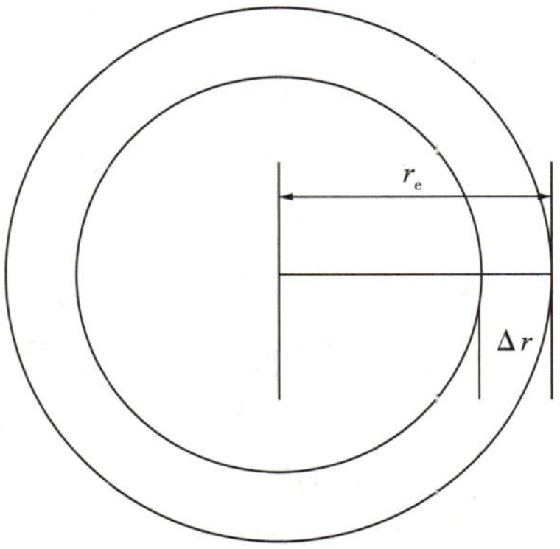

图 3-44 气藏水侵模型

$$\Delta r = r_e - \sqrt{r_e^2 - \frac{W_e - W_p B_w}{\pi h \Phi [1 - S_{wc} - (C_p + S_{wc} C_w) \Delta p]}}$$

式中 r_e——气藏半径，m；

Δr——水侵半径，m；

W_e——累计水侵量，m^3；

W_p——累计产水量，m^3；

B_w——水体积系数，无量纲；

h——水层厚度，m；

Φ——水层孔隙度,%；

S_{wc}——束缚水饱和度,%；

C_w——水的压缩系数，MPa^{-1}；

C_p——岩石(孔隙)的压缩系数，MPa^{-1}；

Δp——气藏压降，MPa。

在已知气藏压力和水侵量时，采用上式可以计算水体推进距离。将该方程与水驱气藏物质平衡方程联立，即建立水侵预警方程，根据建立的水侵预警方程可以预测气藏未来水侵动态，为气藏的开发调整提供参考依据。但此理论是建立在物质平衡方程基础上的，假设条件多，过于理想化，实际应用可靠性差。

实际上，由于储层物性及储层流体性质都会对气、油、水的运动产生极大影响，从而导致边底水在进入气藏那一瞬间存在突破压差(边水突破理论)(图 3-45)。

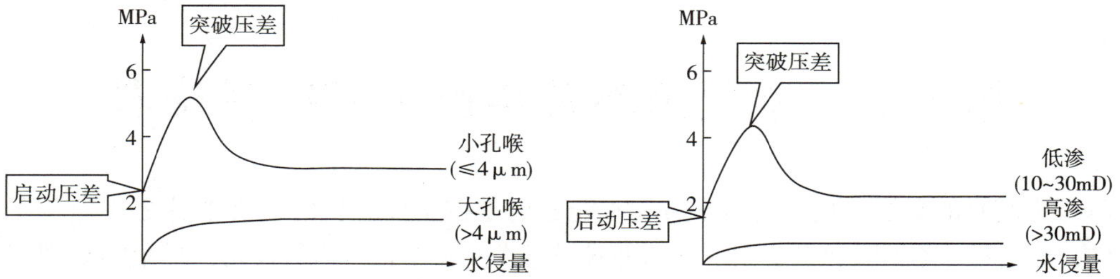

图 3-45 不同物性下边底水突破压差和水侵量关系图

边底水突破压力和启动压力产生的原因主要是以下几个方面。

(一) 储层岩石的润湿性

对亲水岩石，地层水推进过程中能很好地润湿岩石孔壁。在大孔道中，地层水沿着岩石毛管壁前进，首先形成水膜，水膜逐渐增厚占据孔道主体，将油气驱出；在小孔隙中，由于毛管力的作用，水能自动吸入推进。

对亲油岩石，地层水推进需要克服油水界面上的黏附力，水进入时很难与孔隙表面接触而沿孔隙表面流动，毛管力是驱动阻力，地层水将沿着岩石孔隙中心串流，在孔隙壁上残留下厚度不等的油膜。

(二) 储层物性

沉积作用对岩石的矿物成分、结构、粒度、分选、磨圆、杂基含量等方面都起着明显的控制作用，这些因素对储层的储集性能及气水流动有不同程度的影响。其中，孔喉大小、分布及几何形状是影响渗流特征的主要因素。孔喉越粗，分选性越好，其孔隙结构越好，渗流能力越强；反之，渗流能越差。

（三）气-水相渗关系

气-水相渗曲线表明，当水相开始增大时，有一个台阶，当水相突然加速增大时，又出现另一台阶，此时气相渗透率明显降低(图3-46)。气-水两相渗流的具体过程为：地层压力下降，水层与气层的压差逐渐增大，当压差增大到一定值时，地层水开始侵入气层，此时的压差为启动压差(或压力)。气层发生水侵后，气相渗透率快速下降，随着储层含水饱和度上升，会逐渐形成水锁阻塞效应，导致孔喉通道变小。当气层压力进一步下降，水层与气层的压差进一步增大，当压差增大到能够克服毛管阻力时，地层水会快速进入气层，此时压差为突破压差(或压力)。当地层水突破毛管力后，气藏含水饱和度迅速上升，直至气藏水淹。

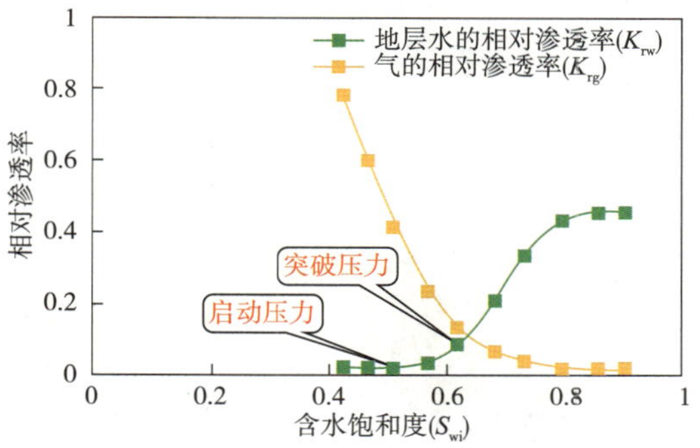

图3-46 典型气-水相对渗透率曲线图

注氮气解水锁的压力变化从侧面反映出边底水突破难易程度，若地层孔渗性差，注氮压力逐渐提高到一定程度，在排量等参数不变的情况下，压力突破后下降幅度为4~5MPa，然后稳定，此即注入氮气突破水脊进入地层[图3-47(a)]，与边底水突破进入气层过程相反；单井酸化后孔渗性变好，就没有突破后压力下降的过程或者压力下降幅度很小(<0.5MPa)[图3-47(b)]，即孔渗性好、无突破压力。因此，边底水水侵进入气层，受润湿性、储层物性和气水相渗关系的影响，需要克服气膜屏障阻力。孔渗好、孔喉大，则突破压差小或可忽略；孔渗差、孔喉小，则突破压差大。

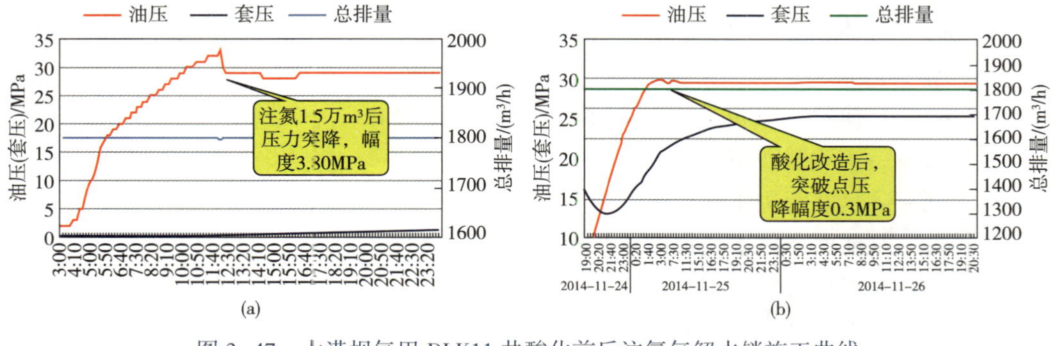

图3-47 大涝坝气田DLK11井酸化前后注氮气解水锁施工曲线

二、边水气井见水时间预测

（一）气-水界面运动理论

许多学者运用不同的方法建立了气-水界面运动模型，典型的是李元生提出以气水两相渗流力学理论为基础，并考虑地层倾角、气体非达西流动效应、气水流度比和气井距边水的长度等因素的实际边水气藏气水界面运动新模型，能够解决水侵及气水界面运动相关问题[12]。

图 3-48 为边水气藏中气水界面运动模型，应用气藏工程方法得到气水界面均匀稳定移动的临界生产压差为：

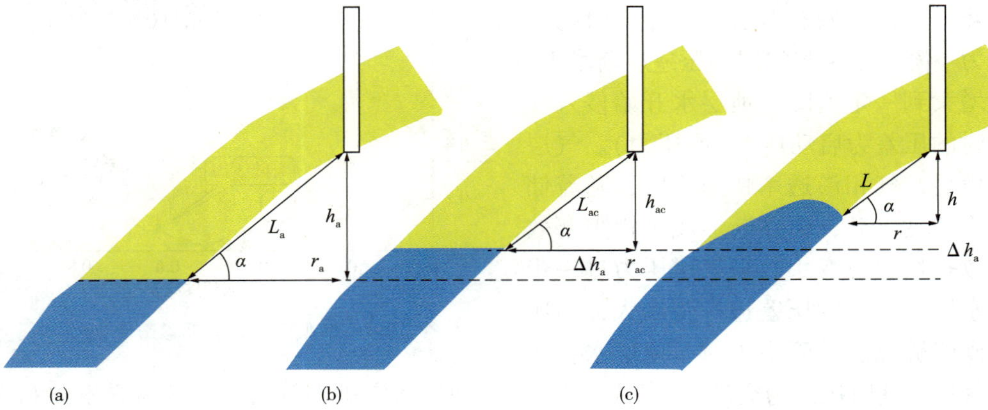

图 3-48　边水气藏中气水界面运动模型

$$p_e - p_{wf} = \left| \frac{(\rho_w - \rho_g) gL\sin\alpha}{1 - M_{gw}} \right| + \rho_g gL\sin\alpha \tag{3-1}$$

临界产气量为：

$$q_{sc} \leqslant \left| \frac{\frac{K_g}{\mu_g} A(\rho_w - \rho_g) g\sin\alpha}{B_g(1 - M_{gw})} \right| \tag{3-2}$$

式中　ρ_g、ρ_w——气、水的密度，g/cm^3；

μ_g、μ_w——气、水的黏度，mPa · s；

K_g——束缚水饱和度 S_{wi} 下的气相渗透率，μm^2；

K_w——残余气饱和度 S_{gr} 下的水相渗透率，μm^2；

A——渗流截面积，m^2；

L——气井距边水的距离，m；

q_{sc}——地面条件下气体的体积流量，$10^4 m^3/d$；

B_g——天然气的体积系数；

α——地层倾角，(°)；

M_{gw}——气水流度比；

p_e——供给边缘上的压力，MPa；

p_{wf}——气井井底压力，MPa；

g——重力加速度，m/s^2。

由以上公式可以看出，影响气水边界均匀移动的关键因素是气水渗透率 K、地层倾角 α

和井筒距边水的距离 L。渗透率的大小决定了水线的推进方向和难易程度；地层倾角越大、距边水的距离越远，临界生产压差越大，临界产量越高；反之，地层倾角越小、距边水的距离越近，临界生产压差越小，临界产量越低。因此，处于构造低部位、构造平缓位置、高渗区的气井应尽量采取小生产压差生产，从而达到气藏的均衡水侵，延长气藏稳产期和提高采收率的目的。

（二）边水推进的影响因素

1. 储层孔渗条件

高孔高渗非均质性弱的储层，孔喉大，易突破，突破后的边水推进过程主要受压力场控制，低压区推进快，高压区推进慢；低孔低渗条件下则不易突破，且突破后主要受非均质性控制。

2. 非均质性

边水推进过程中，主河道、心滩等孔渗好的方向易突破，并形成优势通道，快速推进；孔渗差的方向则需要较大的突破压差，如边滩、漫滩等沉积微相。

3. 方向性

当水体从孔渗好的区域向孔渗差的方向推进，所需突破压差增大，突破后推进较慢；反之，从孔渗差的区域向孔渗好的方向推进，所需突破压差减小，突破后水体推进快。

4. 相态状况

反凝析严重，液相连续相分布形成，储层流体呈油气水三相相渗，因油膜作用，此时突破压差大，推进突破困难，此情况的极端就是油藏；反之，反凝析不严重或呈雾状分布，则突破压差小或无突破压差，突破后易推进。

5. 地层压降与压降势

在同一性质储层情况下，地层压力下降而形成一定压差，该过程是均匀压降的过程，所以突破压差小，突破后水体向压力势低的方向推进；反之，不同孔渗储层混在一起时，按各自的突破压差和压力势方向推进，而不是按绝对的压降大的区域（或井区）推进。

在非均质性较严重的凝析气藏开发中，既要控制雾状反凝析，又要实现边底水的均衡水侵、均匀推进，难度非常大。

（三）边水气井见水时间预测

假设带倾角边水气藏的储层倾角为 α，有 1 口生产井（B 井），在水平方向和垂直方向上与初始气水界面 a 点的距离分别为 r_a 和 h_a，水沿着倾角方向运移，经过时间 t 后到达 B 井所在的 b 点，如图 3-49 所示。

基于渗流理论，对物理模型做如下假设：①均质地层；②水驱气以活塞方式进行，并在水侵地区形成残余气；③忽略毛细管压力，流动主要由黏性力和重力来控制；④气和水具有恒定的黏度和密度；⑤气和水的流动符合达西定律；⑥储层下部为隔层，水不能通过。

则气井见水时间 t 可由式（3-3）计算：

$$t=\frac{Ar_a}{B}-\frac{AC}{B^2}\ln\left(\frac{C}{C-Br_a}\right) \tag{3-3}$$

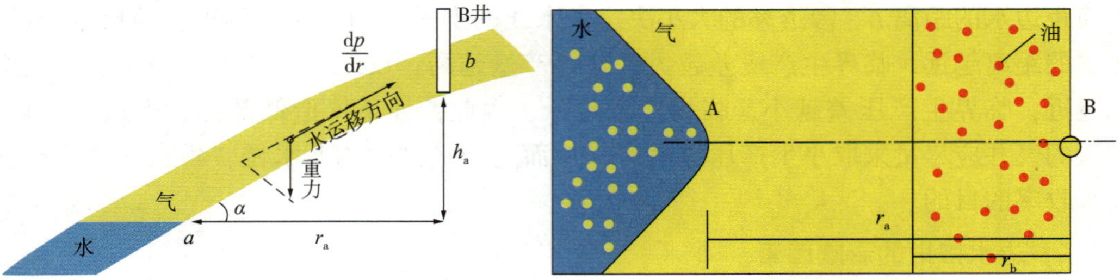

(a)剖面图　　(b)俯视图

图 3-49　带倾角边水气藏生产井示意

其中：

$$A=2\pi h_a M_{gw}\Phi(1-S_{wi}-S_{gr})$$

$$B=2\pi h_a M_{gw}[8.64\times10^{-8}\lambda_w(\rho_w-\rho_g)g\sin(\alpha-v'_w)]$$

$$C=q_g B_g$$

式中　S_{gr}——残余气饱和度；

S_{wi}——束缚水饱和度；

v'_w——水侵速度，m/s；

q_g——气井产量，m^3/d；

h_a——储层厚度，m；

λ_w——含水率，%。

不考虑倾角和水侵影响，式(3-3)可简化为常规气井见水时间预测模型：

$$t=\frac{\pi h_a r_a^2 M_{gw}\Phi(1-S_{wi}-S_{gr})}{q_g B_g} \tag{3-4}$$

（四）实例分析

根据边水气井见水时间计算公式，预测了雅克拉气田边水气井的见水时间，并与实际见水时间进行对比，预测时间与实际见水时间基本吻合，见表 3-12。

表 3-12　雅克拉边水气井预测见水时间与实际见水时间对比

层位	井号	储层厚度/m	凝析气产量/(m^3/d)	边水距离/m	预测见水时间	实际见水时间	误差/d
上气层	YK8	26.1	160000	420	2013-7-11	2013-6-15	26
	YK9X	15.6	120000	280	2017-7-18	2017-8-1	-13
	YK31	15	60000	120	2018-4-21	2018-5-1	-9
	YK1	15	200076	620	2018-12-2	2018-11-15	17
	YK15	15	120000	750	2019-4-22	2019-3-16	37
中下气层	YK9X	15.6	169700	380	2007-9-2	2007-9-12	-10
	YK10	24	195000	490	2009-9-12	2009-8-8	35
	YK14H	25	275300	350	2010-5-20	2010-4-2	47
	YK28H	15	67000	250	2019-7-12	2019-6-17	25
	YK1	15	280000	1400	2012-1-24	2012-4-11	-77
	YK2	24.85	180000	750	2013-2-26	2013-1-23	33
	YK6H	13.82	600000	1500	2013-2-11	2013-3-15	-32
	YK7CH	11.37	170000	850	2016-4-19	2016-7-4	-75

三、底水气井见水时间预测

（一）无隔板底水气藏直井见水时间预测

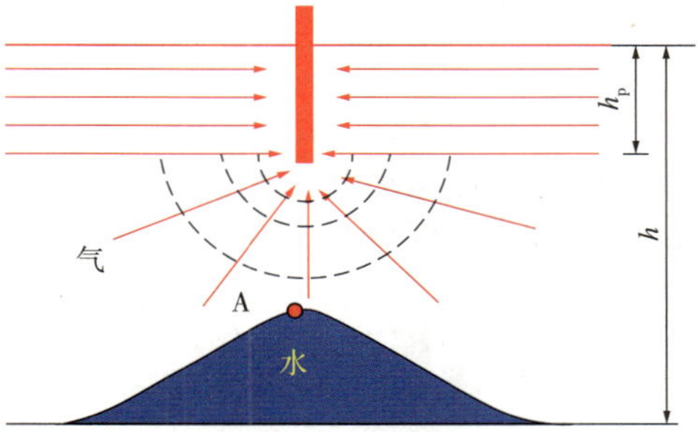

图 3-50 无隔板底水气藏水锥过程示意图

假设气藏的厚度为 h，气井部分打开气藏，气藏的打开厚度为 h_p，气井产量为 q，如图 3-50 所示。

对于气井来说，射开层段气体的流动为平面径向流，未射开层段气体的流动为半球形流。随着天然气的不断采出，底水逐渐向井底锥进，底水锥进的过程中水驱气为活塞驱替，忽略毛细管力和重力的影响，则气井见水时间 t 可由式(3-5)计算：

$$t=\frac{2\pi \Phi M_{gw}(1-c)(1-S_{wi}-S_{gr})(h-h_p)^3}{3qB_g} \tag{3-5}$$

$$c=\frac{h_p}{\alpha r_w \ln\left(\frac{r_e}{r_w}\right)}$$

式中 α——垂向渗透率与水平渗透率之比；

r_e——气井供给半径，m；

r_w——气井井底半径，m。

从式(3-5)可以看出，无隔板底水气藏直井见水时间的主要影响因素为气井产量、气井供给半径等。

（二）带隔板底水气藏直井见水时间预测

假设底水气藏的厚度为 h，气井打开厚度为 h_p，隔板的高度为 h_b，隔板半径为 r_b，供给半径为 r_e，气体稳定渗流，水体为无穷大水体，气水有明显的分界面，忽略毛管力的影响，如图 3-51 所示。

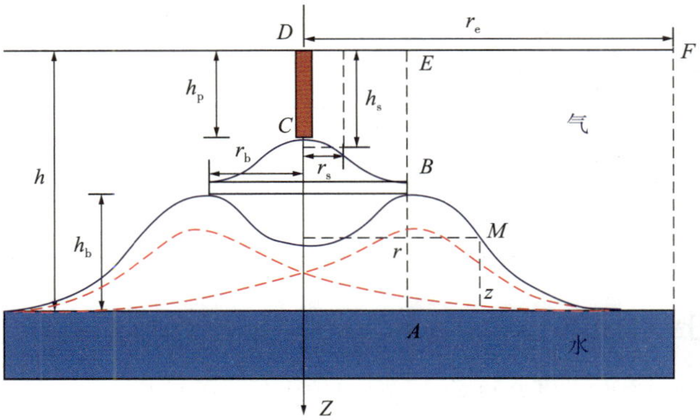

图 3-51 带隔板底水气藏水锥过程示意图

底水从 A 点到达隔板顶端 B 点，再从 B 点运动到 C 点。

从 A 点到达 B 点的时间 t_{AB} 为：

$$t_{AB}=\frac{2\pi h\mu_R\Phi h_b^2}{\alpha q_g\left(\ln\frac{r_e}{r_w}+s_b\right)} \tag{3-6}$$

底水由 B 点运动到井底 C 点的流动为平面径向流，流动的径向距离为隔板的半径 r_b，由 B 点到 C 点的时间 t_{BC} 为：

$$t_{BC}=\frac{\pi(h-h_b)}{q_g}(r_b^2-r_w^2)\approx\frac{\pi(h-h_b)\Phi r_b^2}{q_g} \tag{3-7}$$

气井见水总时间为：

$$t=t_{AB}+t_{BC}=\frac{2\pi h\mu_R\Phi}{\alpha q_g}\left[\frac{h_b^2}{\ln\frac{r_e}{r_w}+s_b}+\frac{(1-b)\alpha r_b^2}{\mu_R}\right] \tag{3-8}$$

式中 Φ——孔隙度，%；

α——储层表皮系数；

q_g——气井产量，m^3/d；

r_w——井筒半径，m；

b——气井的打开程度；

μ_R——水气黏度比；

s_b——隔板表皮因子。

从式(3-8)可以看出，带隔板底水气藏直井见水时间的主要影响因素为气井产量、隔板距离底水的高度、隔板半径、气井供给半径等。

(三) 实例分析

根据底水气井见水时间计算公式，对雅克拉底水锥进气井的见水时间进行预测，并与实际见水时间进行对比。对比结果显示，预测时间与实际见水时间较吻合，见表 3-13。

表 3-13 雅克拉边水气井预测见水时间与实际见水时间对比

层位	井号	生产井段垂直高度/m	凝析气产量/(m^3/d)	预测见水时间	实际见水时间	误差/d
上气层	YK28H	3.5	60000	2020-8-12	2020-8-8	4
	YK22	4.0	65000	2015-7-19	2015-7-29	-10
	YK23	3.0	84000	2020-8-11	2020-8-15	-4
	YK24	4.0	140000	2019-11-4	2020-1-16	-73
	YK32	6.0	85000	2018-2-5	2018-3-1	-23
	YK18	2.5	50000	2012-10-17	2012-10-28	-11
中下气层	YK18	5.0	100000	2012-4-16	2012-1-1	106
	YK21	4.0	50000	2012-9-20	2012-9-21	-1

四、均衡水侵控水技术

以水侵理论方程为基础，开发过程中通过控制合理生产压差和采气速度来实现气-水界面的均匀移动，尽可能实现理想状态下的边底水均衡抬升，避免出现边底水指进或锥进形成水封气，造成气藏过早水淹，从而提高采收率，称为水侵均衡[13]。

根据边底水推进理论及均衡水侵原理，分阶段、分类型总结出凝析气藏均衡水侵控水关键技术，见表 3-14。

表 3-14 凝析气藏均衡水侵控水技术

<table>
<tr><th>开发阶段</th><th>模式图</th><th>地质条件</th><th>涉及参数</th><th>主要参数变化</th><th>控制措施</th><th>目　标</th></tr>
<tr><td rowspan="4">开发早期</td><td rowspan="4">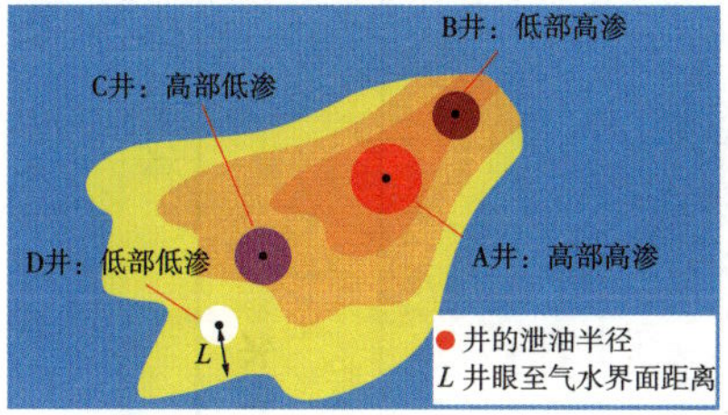
</td><td>高部高渗</td><td rowspan="4">Φ、K、H、单储系数</td><td rowspan="4">单储系数变化</td><td>高配高产</td><td rowspan="4">四个均衡</td></tr>
<tr><td>高部低渗</td><td>中配中产</td></tr>
<tr><td>低部高渗</td><td>低配低产</td></tr>
<tr><td>低部低渗</td><td>中配中产</td></tr>
<tr><td rowspan="4">开发中期</td><td rowspan="4">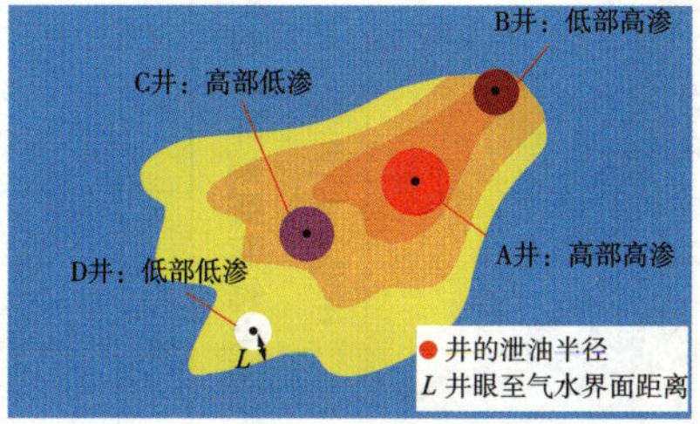
</td><td>高部高渗</td><td rowspan="4">Φ、K、H、L、Δp(压降)、$\Delta p'$(突破压降)</td><td>Δp</td><td>稳</td><td>边水均衡水侵，避免舌进</td></tr>
<tr><td>高部低渗</td><td>K、$\Delta p'$</td><td>放：局部降压</td><td>边水突破低渗屏障，防止水封气</td></tr>
<tr><td>低部高渗</td><td>L 减小</td><td>控</td><td rowspan="2">均衡抬升，防止边水舌进</td></tr>
<tr><td>低部低渗</td><td>K、$\Delta p'$</td><td>放：局部降压引流</td></tr>
<tr><td rowspan="4">开发中后期</td><td rowspan="4">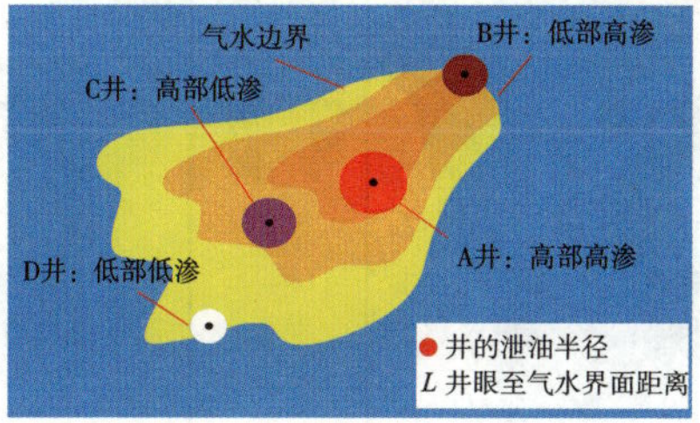
</td><td>高部高渗</td><td rowspan="4">Φ、K、H、L、Δp(压降)、$\Delta p'$(突破压降)、Q(累产)</td><td>Q 高、H 减小</td><td>压：压水延缓水侵</td><td>延缓水侵，使其他部位井均衡水侵</td></tr>
<tr><td>高部低渗</td><td>Q 高、Δp 变大</td><td>稳：稳产、稳压降</td><td>边水持续均衡推进，防止向高渗区舌进</td></tr>
<tr><td>低部高渗</td><td>已基本水淹</td><td>排水采气</td><td rowspan="2">提高水淹剩余气动用</td></tr>
<tr><td>低部低渗</td><td>已基本水淹</td><td>排水采气</td></tr>
</table>

开发早期：气藏刚投入开发，主要依靠气藏本身和岩石、水体弹性膨胀能量开采，压降未波及或刚传递到气水边界，此时边底水主要发挥弹性能量，没有移动或渗流，该阶段主要通过差异化配产实现气藏均衡采气、均衡压降。

开发中期：边底水推进，水侵产生，随着水侵速度加快，累计水侵量快速增加。因储层物性不同，沿高渗、低渗区域的推进速度不一样。此时通过对气水界面运动及突破理论中 L 的控制，利用“稳-放-控”调控手段，达到开发层系平面均衡水侵的目标。

开发中后期：边底水持续推进与抬升，边部井陆续水淹，水侵加快，累计水侵量增大，因地层远处边底水能量补给，气藏压降变小。此时主要按照有效厚度 H 的变化及压降幅度，利用“压-稳-排”手段进行调控，尽量实现气藏的均衡水侵。

开发后期：气藏整体水侵，针对不同见水模式(图 3-52)，推进以“控水”为中心的差异化调控策略，主要通过“稳-排-控-引”措施调控(表 3-15)，高部位、高渗区稳定生产压差；边低部位排水引流，以剩余油挖潜为目的，尽可能提高采收率；底水气井缩嘴压锥，延缓底水锥进速度，延长气井生命周期。“十四五”期间需持续推进均衡水侵控水技术，目前已初步实施“调、控、引”，正实施“排”。针对高部回流型见水模式，采取引流措施，YK24 井日增气 14 万 m^3，日增油 18t；YK9X 含水不升反降，日增油 7t。针对底水锥进井型见水模式，采取降压差控水措施，充分利用隔层阻水作用。YK27 井突破压差 0.54MPa，生产压差 1.92MPa；YK15 井突破压差 2.81MPa，生产压差 4.07MPa。2 口井分别已带水生产 7 个月、1 年，未出现大幅上升趋势。

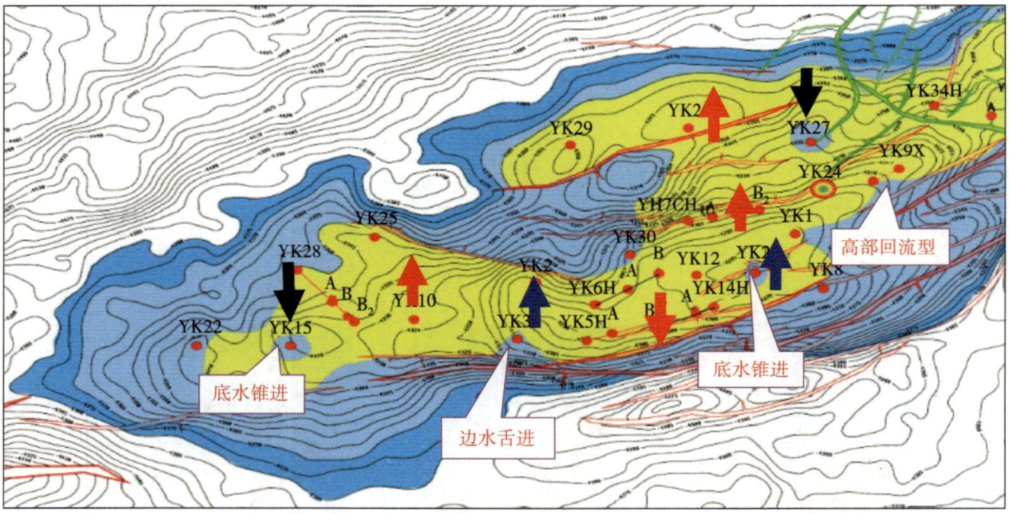

图 3-52　凝析气藏开发后期四种见水模式分布

表 3-15　凝析气藏开发后期差异化调控控水技术

见水模式	模式图	控制措施	实例应用
边水推进型	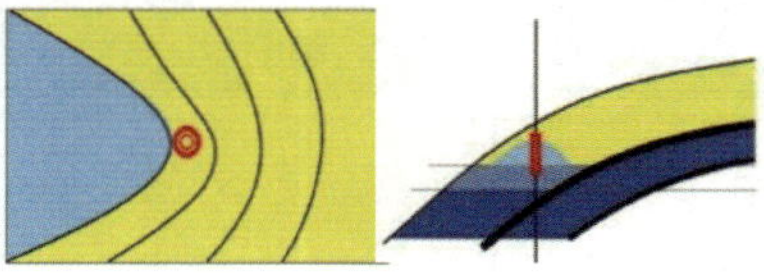	差异化调产，均衡水侵	调增远水井：YK26、YK10、YK7；调减近水井：YK5H；实现南北均衡水侵

续表

见水模式	模式图	控制措施	实例应用
边水舌进型	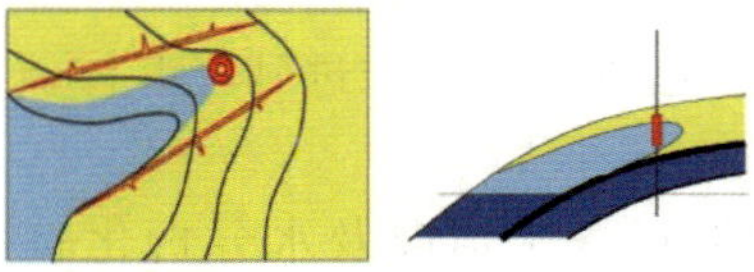	过路井排液，延缓舌进	YK31、YK23 排液，延缓 YK5H 井见水时间
底水锥进型	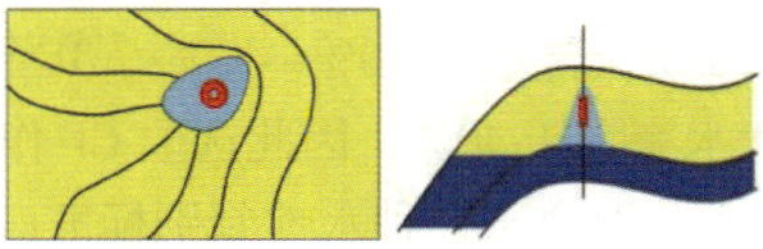	降压差隔层控水	降压差控底水：YK15、YK27 井控制压差，充分利用隔层封挡作用，延缓底水锥进
高部回流型	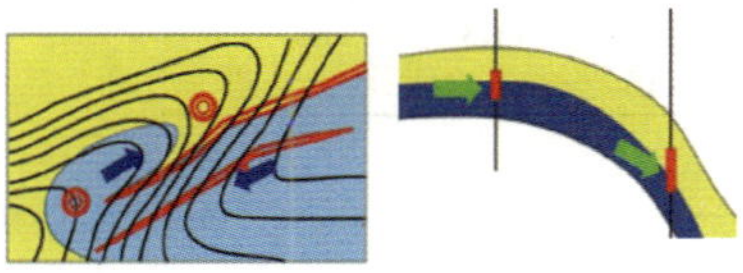	引流控水	利用停喷井 YK24 井，增产引流，缓解 YK9X 井水淹威胁

均衡水侵控水技术，关键在早期和中期，重点在于实现不同部位、不同物性参数的气层边底水近理想状态下的均衡抬升。

五、“323”治水技术

具有边底水的气藏，随着开发到中后期，气井见水是不可避免的。气井见水后，会出现含水快速上升、产量快速递减、井筒积液等现象。雅克拉气田开发过程中，在均衡水侵控水的同时，不断研究摸索和总结提升，形成了“323”控水治水方法，如图 3-53 所示。

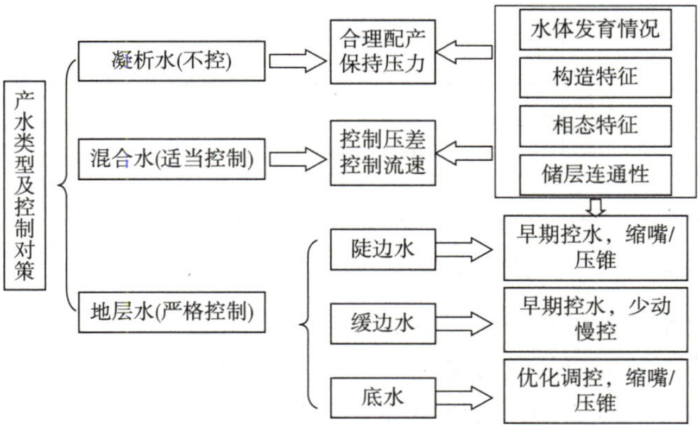

图 3-53 雅克拉凝析气田开发中后期单井控水技术图

（一）用好凝析水、混合水、地层水三种水型划分标准

气井含水可划分为三个阶段：

（1）在凝析水产出阶段，孔隙内的束缚水随着地层压力下降蒸发到气相中随气一起产出，Cl^- 含量低或不含 Cl^-。

（2）在混合水产出阶段，地层中一部分束缚水由于地层压力下降导致体积膨胀，近井地带的高流气速可使其转变为可动水，并与凝析水混合后一起产出。由于束缚水产出受流速、相对渗透率影响，其产出比例并不是一定值，导致 Cl^- 含量波动，但总体呈从低到高的变化趋势。

（3）地层水产出阶段，由于气藏中的边水指进或底水锥进到气井渗流区域，地层水开始产出，Cl^- 含量逐步升高并趋于稳定。

对于雅克拉气田，根据气井生产过程中取样含水情况及水分析化验情况（图 3-54）：①当产出水为凝析水时，化验含水低、矿化度低，Cl^- 含量小于 1000mg/L，含水率小于 10%；②当产出水为混合水时，Cl^- 含量 1000～10000mg/L，含水率 10%～40%；③当产出水为地层水时，矿化度稳定，Cl^- 含量大于 10000mg/L，含水率大于 40%。因此选取 Cl^- 作为水性判别第一参数，并结合含水率参数建立了凝析水、地层水、混合水三种水性判别标准（表 3-16）。

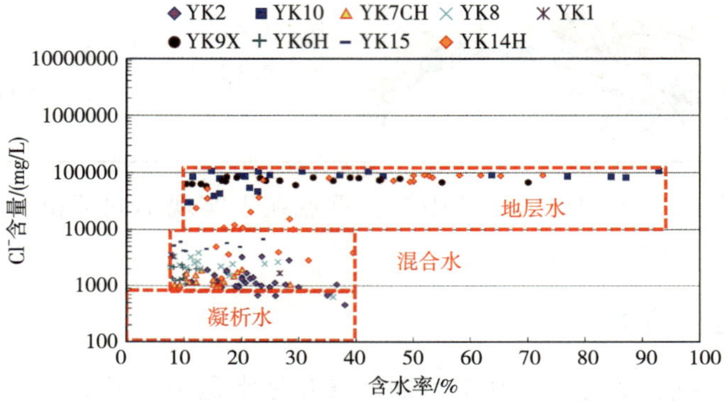

图 3-54　雅克拉白垩系单井含水率与 Cl^- 含量的关系

表 3-16　雅克拉白垩系凝析气藏产水分类表

水型分类	主控指标	辅助指标
	Cl^-/（mg/L）	含水率/%
凝析水	<1000	<10
混合水	1000～10000	10～40
地层水	>10000	>40

（二）区分好两种气井见水预警模式

根据见水气井见水前后生产特征变化，结合生产动态参数变化规律、构造位置、构造幅度和水体能量大小，建立凝析气井见地层水预警动态特征（图 3-55）。

（1）缓边水水侵：表现为油压突然下降，典型井 YK1 井。开发初期无水侵，受构造影响，边水缓慢侵入，油压缓慢下降，当水侵占据高渗带后造成气相渗透率快速下降，表现在油压上有台阶式下降趋势，随后边水逐步推进，油压缓慢下降，当水侵入井筒后，油压再次大幅下降。

（2）陡边水或底水水侵：表现为油压先上升后下降，典型井 YK9X 井。开发初期，无水侵，随地层压降反凝析液逐步积累，此时油压缓慢下降；发生水侵后进入第二阶段即混合水阶段，该阶段少量边底水锥进或指进，油压下降速度加快，但含水可控，通过均衡调控会维持较长时间；当反凝析液量积累到一定程度，达到临界流动状态后，反凝析液半径缩小，体现短暂的第三阶段即油压上升阶段；随后水侵突破，压力快速下降，含水迅速上升。

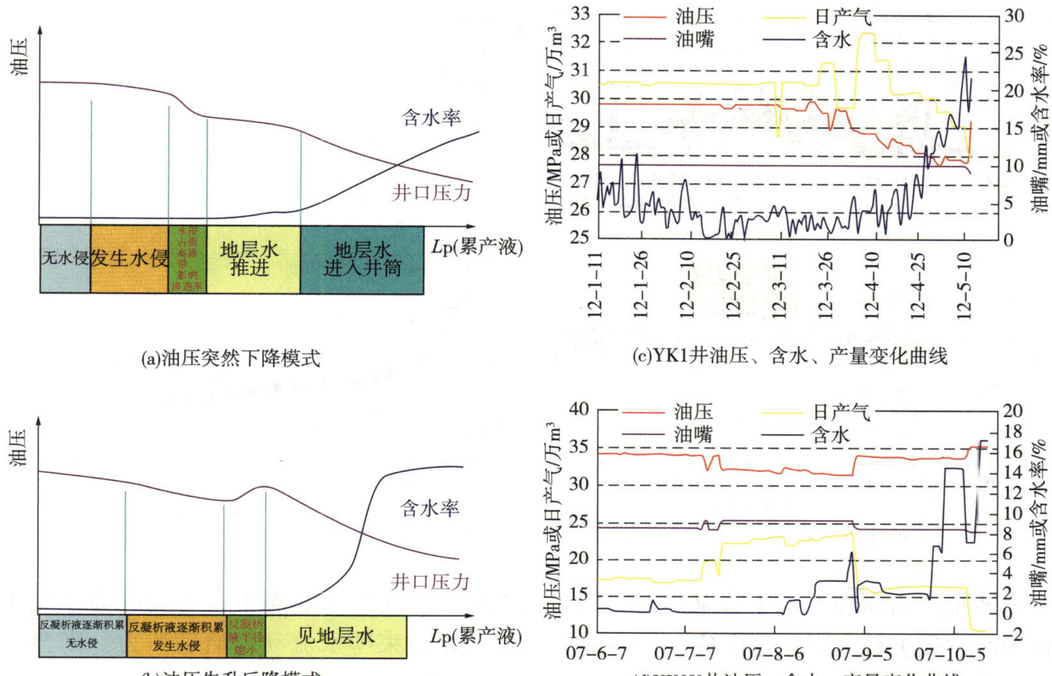

(a)油压突然下降模式

(c)YK1井油压、含水、产量变化曲线

(b)油压先升后降模式

(d)YK9X井油压、含水、产量变化曲线

图 3-55 雅克拉凝析气田单井气井见地层水预警动态特征

（三）用对三种气井控水思路

（1）凝析水不控。实验和理论研究证明，天然气中水蒸气含量主要与地层温度、压力、气体组成及液态水的含盐量有关，通常温度越高，水蒸气含量越高；压力、水中含盐量越高，水蒸气含量越低。天然气中水蒸气含量求解方法有很多，可通过图版法、经验公式法、实验测试法等得出。在凝析气井的前期生产阶段，产出的水为溶解在天然气中的气态水，水气比低于理论计算值，Cl^-含量在1000mg/L以下，米采气指数基本无变化。针对产凝析水的气井，开发受到的影响较小，基本不需控制，在生产过程中保持稳定生产，尽量减少开关井措施及工作制度调整。

（2）混合水适当控制。混合水是孔隙壁或孔喉处的残留水（含束缚水）在一定压差条件下参与流动而形成的，其特点是：①含水波动大（10%~40%）；②水气比明显高于理论值；③Cl^-含量较低，一般在1000~10000mg/L之间，介于凝析水与地层水之间（图3-56）；④对产气能力影响不大，但气井日油水平会因含水上升而明显下降；⑤具有可逆性和周期性。

在渗流过程中，地层含水饱和度是不断变化的，随气流速度的增大，含水饱和度会出现下降，甚至低于常规方法测试的束缚水饱和度。鄂尔多斯盆地大牛地气田岩心实验表明，当岩心流量为0.75mL/s时，束缚水变化出现拐点，此时对应的速度即为临界速度；雅克拉凝析气田也开展了类似实验，原始含水饱和度在40%，随着驱替压差的增加，含水饱和度会低于原始含水饱和度，说明束缚水在一定流速下可动。同时随着驱替压差的减小，含水饱和度略有增加，说明束缚水饱和度具有可逆性(图 3-57)。

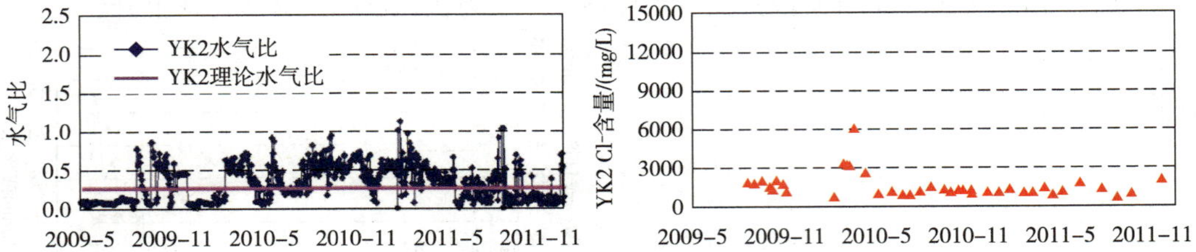

图 3-56　产混合水气井生产曲线

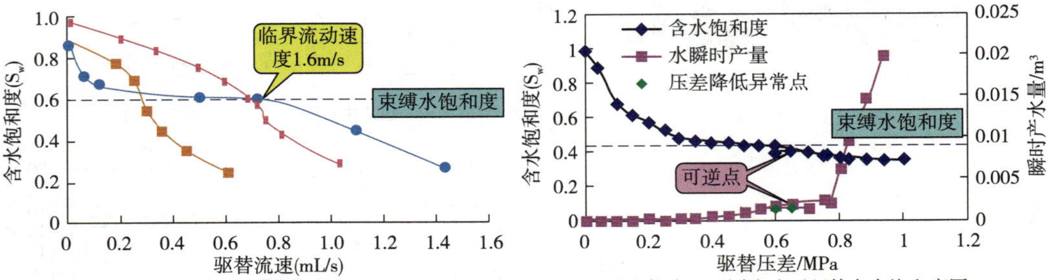

(a)大牛地岩心不同气流速度连续驱替下含水饱和度图　(b)雅克拉岩心不同流速下驱替含水饱和度图

图 3-57　大牛地、雅克拉岩心实验不同气流速度连续驱替下含水饱和度变化

束缚水产出原理类似于射流，天然气和凝析油在高速流动状态下，与周围静止流体之间接触时，失去稳定而产生涡旋，产生的负压一旦超过束缚水流动的启动压力，则会造成束缚水的流动，以小水珠形式被高速流动的天然气或凝析油携带到井筒后产出(图 3-58)。

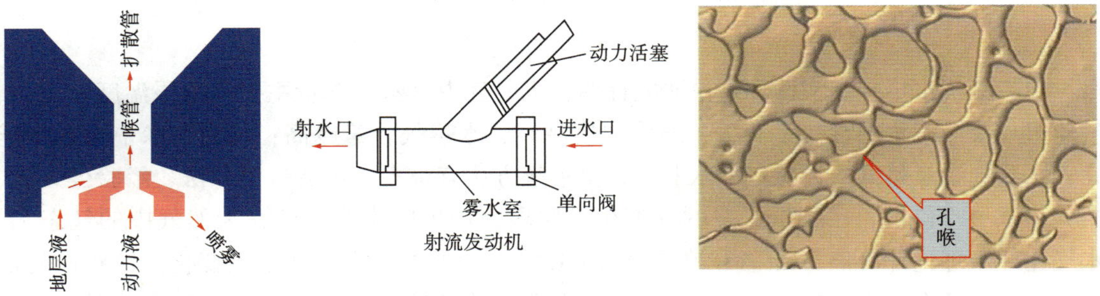

(a)射流泵原理图(相当于单一孔隙+孔喉模式)　(b)射流切割机原理图(相当于孔喉组合模式)　(c)微观仿真模型凝析油分布(孔隙、孔喉模式及束缚水分布)

图 3-58　射流原理在岩心孔隙、孔喉中的应用示意图

气井产混合水表明生产压差过大、流速过快，容易引起边底水局部指进。此外，结合可逆性特征，从提高单井产油量和防止边底水快速推进两方面考虑，见混合水的井都应适当调整产量。雅克拉凝析气田开发过程中，针对其产混合水的 7 口气井均进行了缩嘴控水，有效控制了含水上升，延长了气井无水生产时间：①YK15 井位于构造边部，生产白垩系上气层，2011 年底含水逐渐上升，最高达 50%，氯根判断为混合水，之后逐渐优化调整工作制度，从 7.5mm 调整为 5.5mm，日产气从 19 万 m^3 调整为 11 万 m^3，含水控制在 1%左右，取得了良好的控水效果；②YK8 井位于构造较高部位，生产白垩系上气层，2011 年 4 月含水上升至 35%，氯根判断见混合水，之后逐渐优化调整工作制度，从 8.5mm 调整为 7.0mm，日产气从 22.5 万 m^3

调整为 15.9 万 m^3，含水控制在 5%左右，取得了良好的控水效果(图 3-59)。

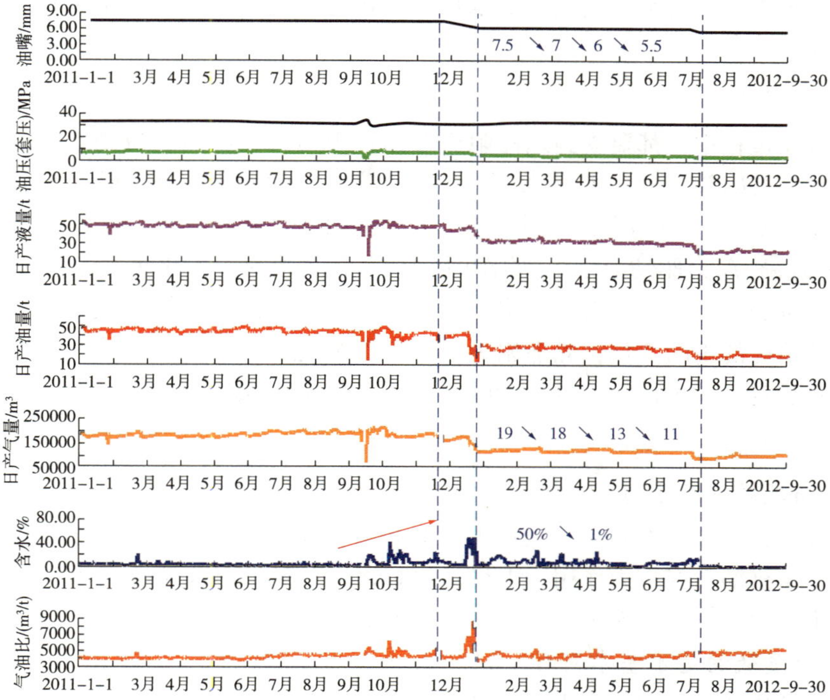

(a)YK15井生产曲线

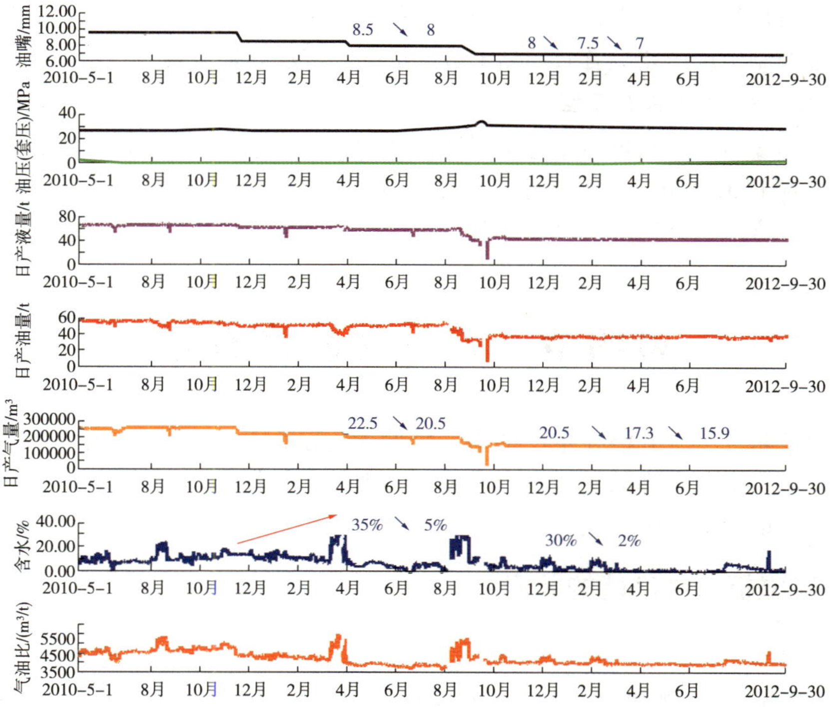

(b)YK18井生产曲线

图 3-59　YK15、YK8 井生产曲线图(典型混合水控水实例)

（3）地层水严格控制。根据气藏类型、构造幅度、避水高度以及见水特征，将见水气井初步分为3种类型：避水高度高的底水可控、构造幅度陡的边水基本可控、构造幅度缓的边水不可控。

（四）控水机理

气流在流动过程中，都要受到黏滞阻力及惯性阻力，井筒内的流动状态实际上是生产压差 ΔP 与重力 ρgh+渗流阻力 $f_{阻}$ 的关系，随着生产压差的变化，会出现以下三种情况：

（1）$\Delta P>\rho gh+f_{阻}$，驱动力大于黏滞阻力及惯性阻力之和，边底水推进；

（2）$\Delta P<\rho gh+f_{阻}$，驱动力小于黏滞阻力及惯性阻力之和，发生重力流，含水下降；

（3）$\Delta P=\rho gh+f_{阻}$，驱动力等于黏滞阻力及惯性阻力之和，含水不变。

随着生产情况的不断变化，黏滞阻力也是不断变化的，但是在一定时间内，黏滞阻力可以保持相对稳定，通过摸索临界生产压差，可以有效地实施控水工作。

（五）控水措施

1. 避水高度高的底水可控

含气高度高，气水密度差大，底水重力流起重要作用，当驱动力小于黏滞阻力及惯性阻力之和时，水锥漏斗在重力作用下下移，此时含水下降，控水成功。避水高度高的S3-1井见水停喷1年半后恢复自喷生产，关井压锥效果明显。

2. 构造幅度陡的边水基本可控

此类见水井构造幅度陡，气水密度差大，边水重力流起重要作用，当驱动力小于黏滞阻力及惯性阻力之和时，边水在重力作用下下移，此时含水下降，控水成功。陡边水YK9X井见水后通过控制生产压差，有效控制了边水推进，控水效果显著。

3. 构造幅度缓的边水不可控

由于构造幅度缓，边水重力流忽略不计，控制生产压差（关井、调小工作制度）控水作用不大。缓边水DLK11井见水后缩小生产压差控水，含水上升趋势难以控制，只是随着生产压差的变小，含水上升速度变缓，针对缓边水，主要采取早期控水措施。

第四节　差异化配产技术

气井无阻流量反映气井潜在生产能力，因此无论是探井，还是刚投产的产气井都需确定绝对无阻流量，优选合理的气井生产速度，实现气井长期高产、稳产[14~17]。因此，准确无误地确定气井的绝对无阻流量非常重要。

一、影响凝析气井产能的因素

（一）反凝析

对于凝析气井，反凝析对渗透率的影响巨大，其敏感程度远较其他因素高。相渗曲线很清晰地表明，较低的凝析油饱和度也会导致气相相对渗透率急剧降低，降低幅度可高达80%。

（二）地层压力

地层压力若降到露点压力以下，则整个储层均会析出凝析液，导致储层平均渗透率急剧下降。地层压力下降越快，凝析油饱和度越高，当压力降到一定程度时，饱和度会达到最大值，并逐渐降低。

储层压力与凝析油饱和度关系可通过实验获得，然后利用相渗曲线，就可获得地层压力与气相相对渗透率的关系曲线（图 3-60）。由图 3-60 分析可知，一旦地层压力低于露点压力，气相相对渗透率下降很快，但某个压力点，渗透率降到最低。随后地层压力若进一步下降，气相相对渗透率会略有增加，但增加幅度不大。

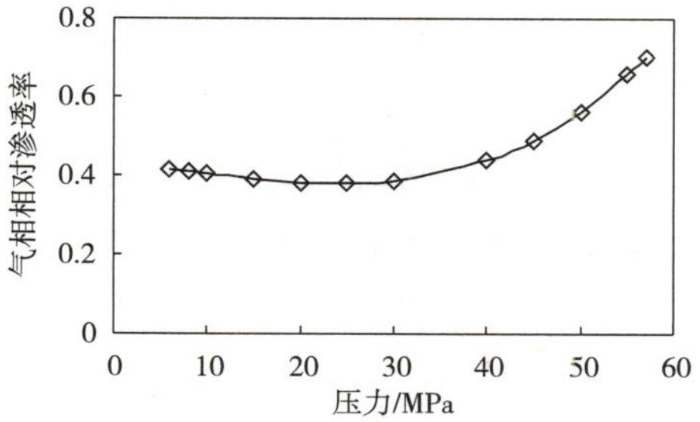

图 3-60　地层压力与气相相对渗透率的关系曲线

（三）地层水

对于存在地层水的气藏，如何防止气井过早见水、避免水侵入造成储层不可逆的伤害是含水气藏开发非常重要的工作。当外来液体（主要是湿相）进入孔隙后，附着在介质上，由于润湿相和非润湿相间的毛管力的作用，产生液锁，将介质间的孔隙堵死，即使加大压差，打通孔隙，由于岩石的亲液性，一般也不会完全解除水锁，部分外来液体仍附着在介质表面，使其孔道变小，地层含水饱和度上升，渗透率降低，产气量下降。

对于裂缝性气藏，外来水进入裂缝后，产生水锁，将部分细小的裂缝堵死，但其主要的较大的裂缝仍是畅通的，但随含水增加，相对渗透率仍下降较大，另外随着地层压力的降低，地层中部分裂缝会产生闭合，将油气的部分通道堵死，也会引起地层渗透率的降低。

（四）高速效应

准确理解相对渗透率在渗流中的变化对于精确评估凝析油阻塞影响十分重要。对于生产井动态，近井带储层相对渗透率是最主要的控制因素。大量实验发现，近井区凝析油并非像常规认识的那样高度聚集，相反，处于较低的饱和度状态，气相相对渗透率因而大幅提高。这种现象和近井区的高流速密切相关。凝析油气流体在多孔介质中的高速流动，会使气相渗透率表现出两种相反的趋势：①气相相对渗透率随速度增加，大量实验已证实了这种现象；②高流速造成渗流出现非达西流动特征，气相相对渗透率因而降低。目前的凝析气藏产能分析大多只考虑了高流速带来的负面效应，却忽视了高流速对凝析气流动的正效应，因而可能会低估气井产能，这与只采用单相气方法高估产能一样不利于储层渗流动态和产能的正确预测。

二、气井产能方程建立

（一）一点法求产能方程

系统试井需要时间长，要求严格，不但需要保证测试稳定的产量、流压，而且不同工作制度之间要有足够的压差梯度。为解决系统测试工作中遇到的困难，陈元千教授提出了一点法求取绝对无阻流量的方法[14]。

$$\frac{p_e^2-p_{wf}^2}{p_e^2}=\alpha\frac{q_g}{q_{AOF}}+(1-\alpha)\left(\frac{q_g}{q_{AOF}}\right)^2 \tag{3-9}$$

其中：$\alpha=\dfrac{A}{A+Bq_{AOF}}$

通过气井产能试井数据，代入二项式产能方程中，求得 A 和 B 以及相应的无阻流量之后，就可得到适合于该气井的一点法产能方程系数 α。

令：$p_{DG}=\dfrac{p_e^2-p_{wf}^2}{p_e^2}$，$q_D=\dfrac{q_g}{q_{AOF}}$

则式(3-9)变换为如下表达式：

$$p_{DG}=\alpha q_D+(1-\alpha)q_D^2 \tag{3-10}$$

通过式(3-10)可以看出，α 取不同值时，得到形式相同，但系数不同的方程。求解得到：

$$q_D=\frac{\alpha\left[\sqrt{1+4\left(\dfrac{1-\alpha}{\alpha^2}\right)p_D}-1\right]}{2(1-\alpha)} \tag{3-11}$$

为分析 α 系数值对气井相对稳定产量(q_D)与相对稳定流压(p_D)关系的影响，给定不同的 α 值作出 q_D 与 p_D 关系曲线(图 3-61)，α 值对于 q_D 与 p_D 的影响并不是十分显著，尤其是当 p_D>0.5 时，这种影响变得越来越小。

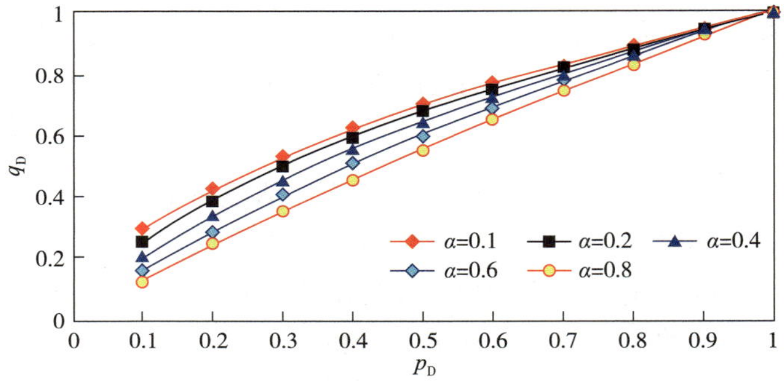

图 3-61　不同 α 值的 q_D 与 p_D 的关系曲线

常见的一点法试井资料分析有以下三个。

(1) $q_D=p_{DG}^{-0.5698711}$

则有：

$$q_{AOF}=q_g p_{DG}^{-0.5698711} \tag{3-12}$$

(2) $q_D=1.0434p_{DG}^{-0.6594}$

则有：

$$q_{AOF}=1.0434q_g p_{DG}^{-0.6594} \tag{3-13}$$

(3) $q_D=\dfrac{\sqrt{1+48p_{DG}}-1}{6}$

则有：

$$q_{AOF}=\frac{6q_g}{\sqrt{1+48p_{DG}}-1} \tag{3-14}$$

（二）系统试井求产能方程

1. 二项式产能方程

二项式产能方程又称为 LIT 分析，即“层流、惯性-湍流分析”。这是由 Forchheimer 和 Houpeurt 提出的，是一种根据流动方程的解，经过较为严格的理论推导而得到的产能方程[18]。具体表达式为：

$$p_e^2-p_{wf}^2=Aq_g+Bq_g^2 \tag{3-15}$$

其中，系数 A 和 B 均应大于 0。

求得系数 A 和 B 之后，同样可以令 $p_{wf}=0.101\text{MPa}$，即 $\Delta p^2=\Delta p_{max}^2$，然后代入式(3-15)就可以导出计算气井无阻流量的公式为：

$$q_{AOF}=\frac{-A+\sqrt{A^2+4B\Delta p_{max}^2}}{2B} \tag{3-16}$$

2. 指数式产能方程

气井指数式产能方程为：

$$q_g=C\left(p_e^2-p_{wf}^2\right)^n \tag{3-17}$$

对上式两端取对数有：

$$\lg q_g=n\lg(p_e^2-p_{wf}^2)+\lg C \tag{3-18}$$

式中　C——渗流系数，与气藏和气体的性质有关；

　　n——渗流指数，表征流动特征的常数。

在层流时，$n=1$；紊流时，$n=0.5$；当流动从层流向紊流过渡时，$0.5<n<1$。

（三）异常资料处理

在实际系统试井资料中，若按照二项式方程分析，采用压力或压力平方处理时，$(p_e^2-p_{wf}^2)/q_g$ 与 q_g 是呈直线关系，对于指数或采用压力平方处理时，$\lg(p_e^2-p_{wf}^2)$ 与 $\lg q_g$ 呈直线关系。由于各种因素的影响，很多井的系统试井资料属于异常。如二项式中 A 值为负值，指数式中 n 大于 1，二项式 B 值为负数等。

这些异常系统试井资料的分析和归纳统计，表现为异常系统试井资料的种类如下：

(1) 在二项式压力平方处理时，表现为一向上凹的曲线而不是直线，此时可进行分析，但结果随意性很大，误差相对较大，如图 3-62(a)所示。

(2) 在二项式压力平方处理时，表现为斜率为负值的直线，此时按照常规分析，则求出的二项式系数 B 为负值，无物理意义，如图 3-62(b)所示。

(3) 曲线的斜率正常，但外推得到的截距为负值，如图 3-62(c)所示。

按照常规分析，求出的二项式系数 A 为负值，如果用指数式方程，求出的 n 值大于 1，这样的结果也是无物理意义的。

(4) 试井点落在抛物线上，如图 3-62(d)所示。

（5）试井点落在凹型线上，如图 3-62(e)所示。

（6）系统试井点后期变陡，如图 3-62(f)所示。

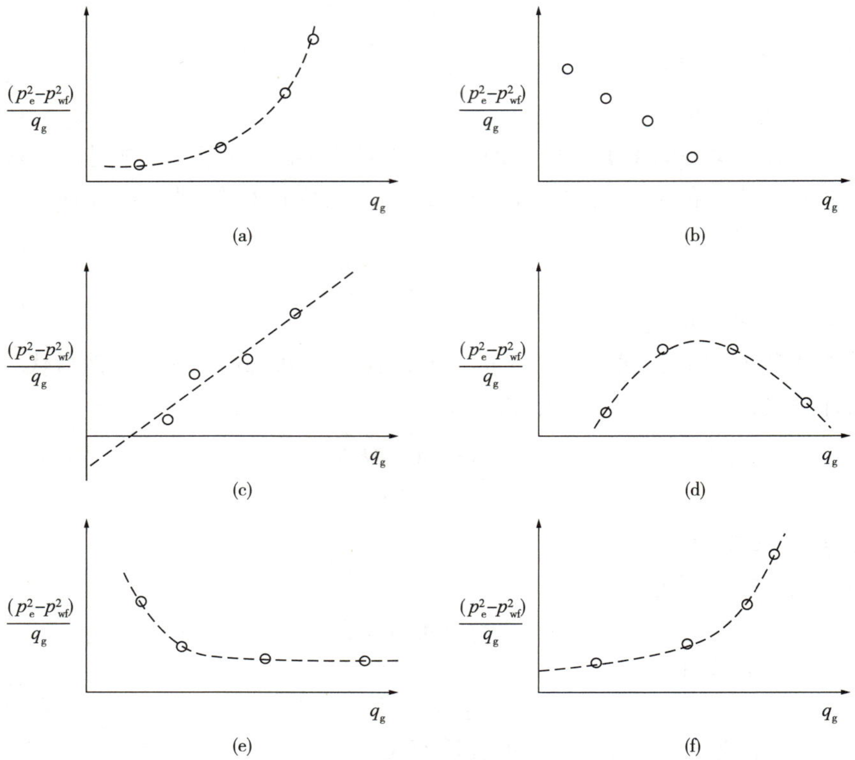

图 3-62 异常系统试井资料种类曲线

影响异常系统试井曲线的因素，主要有以下几种：

（1）测试资料不够准确；

（2）测试时间不够长，井底压力未达到稳定；

（3）井底有积液；

（4）钻井液浸泡或井底有堵塞物；

（5）底水的影响；

（6）凝析油含量的变化；

（7）层间干扰；

（8）地层的渗流规律发生变化等。

对于某一口井的异常系统资料而言，既可能是一个因素引起的异常，也可以是多个因素的综合影响。

1. 地层静止压力(p_e)未达到完全恢复时造成的系统试井资料异常

由于测试前关井时间短，地层压力未完全恢复到地层压力 p_e，此时测得的地层静压力 p_e'，比真正的地层静压力 p_e 小，此时，实际得到的二项式处理的曲线为凸形曲线。分析处理方法：

如果实测的地层压力 p_e' 与真正的地层压力 p_e 之差为 Δp，那么有：

$$p_e = p_e' + \Delta p \tag{3-19}$$

将上式代入二项式产能方程中，则有：

$$(p_e' + \Delta p)^2 - p_{wf}^2 = Aq_g + Bq_g^2 \tag{3-20}$$

对上式进行整理有：

$$p_e'^2 - p_{wf}^2 = Aq_g + Bq_g^2 - (2p_e'\Delta p + \Delta p^2) \tag{3-21}$$

令：$C_d = (2p_e'\Delta p + \Delta p^2)$，则式(3-21)变为：

$$p_e'^2 - p_{wf}^2 + C_d = Aq_g + Bq_g^2 \tag{3-22}$$

由式(3-22)可以看出，原来 $p_e'^2 - p_{wf}^2$ 并不满足二项式关系，需要加上一个附加系数 C_d 后，才满足二项式关系，这个 C_d 是地层静压力测得不准造成的，只要求出 C_d 之后就可以按照常规的二项式产能方程进行分析处理。

对于 C_d 系数的求取方法如下：

作出 $p_e'^2 - p_{wf}^2$ 与 q_g 的关系曲线，如图 3-63(a)所示，趋势线外推得到 $q_g = 0$ 时与纵坐标的交点即为 C_d 的值。当求出 C_d 后，可以按照 $(p_e^2 - p_{wf}^2 + C_d)/q_g \sim q_g$ 作曲线，由直线的斜率可以求得 B，直线的截距可求出 A，如图 3-63(b)所示。

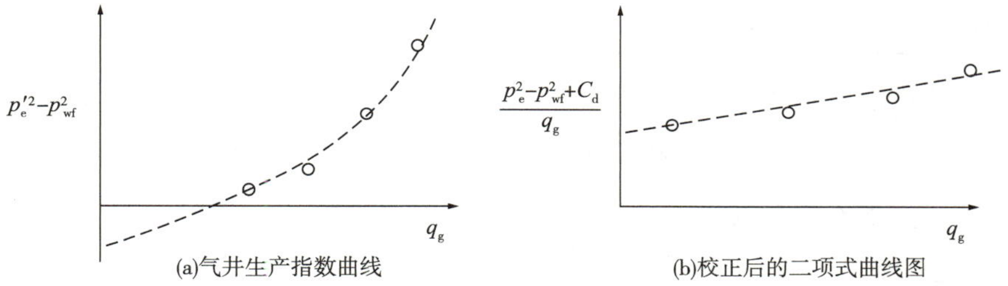

图 3-63 气井生产指数曲线及校正后的二项式曲线

2. 凝析油对试井曲线的影响

对于含有凝析油的气井测试时，要考虑地层压力降低后凝析油在井周围从气中析出，并改变其渗透性能的情况。若井底周围压力高于初始凝析压力，则在井周围地区就不会有凝析油析出；当压力降到初始凝析压力以下时，凝析油开始析出，随着压力的进一步降低，析出凝析油的区域逐渐扩大。当有凝析油析出时，$\Delta p^2 \sim q_g$ 指数曲线发生偏差。

(四) 测试资料分析

1. YK2 井下气层

YK2 井下气层测试数据见表 3-17。

表 3-17 YK2 井下气层测试数据

测压时间	静压/MPa	流压/MPa	q_o/t	q_g/(10^4m^3/d)
2003-7-19	56.49			
2003-8-3		55.160	38.10	13.1253
2003-8-13		54.680	50.30	17.4656

续表

测压时间	静压/MPa	流压/MPa	q_o/t	q_g/(10^4m^3/d)
2003-8-21		53.880	65.90	22.5519
2003-9-3		52.840	77.60	26.8189

气井二项式产能方程为：$p_e^2-p_{wf}^2=7.2q_g+0.24q_g^2$，$q_{AOF}=100\times10^4m^3/d$。

指数式产能方程为：$q_g=0.66(p_e^2-p_{wf}^2)^{0.7204}$，$q_{AOF}=220\times10^4m^3/d$。

通过二项式产能系数代入 $\alpha=\dfrac{A}{A+Bq_{AOF}}$ 中，有：$\alpha=0.23$。

2. YK15 井上气层

YK15 井上气层测试数据见表 3-18。

表 3-18　YK15 井上气层测试数据

测压时间	静压/MPa	流压/MPa	q_o/t	q_g/(10^4m^3/d)
2003-7-19	51.71			
2009-2-28		41.780	56.50	26.3040
2009-3-8		44.790	49.90	20.1600
2009-3-18		47.590	30.40	13.4200

气井二项式产能方程为：$p_e^2-p_{wf}^2=24.713q_g+0.3577q_g^2$，$q_{AOF}=51.92\times10^4m^3/d$。

指数式产能方程为：$q_g=0.368(p_e^2-p_{wf}^2)^{0.8208}$，$q_{AOF}=239.17\times10^4m^3/d$。

通过二项式产能系数代入 $\alpha=\dfrac{A}{A+Bq_{AOF}}$ 中，有：$\alpha=0.57$。

3. YK13 井上气层

YK13 井上气层测试数据见表 3-19。

表 3-19　YK13 井上气层测试数据

测压时间	静压/MPa	流压/MPa	q_o/t	q_g/(10^4m^3/d)
2009-11-29	51.00			
2010-11-29		47.290	44.80	15.3600
2010-12-12		46.520	51.10	18.1600
2010-12-21		45.450	56.50	20.8400
2010-12-19		44.660	62.70	21.8400

气井二项式产能方程为：$p_e^2-p_{wf}^2=13q_g+0.5894q_g^2$，$q_{AOF}=55.41\times10^4m^3/d$。

指数式产能方程为：$q_g=0.595(p_e^2-p_{wf}^2)^{0.6749}$，$q_{AOF}=120.13\times10^4m^3/d$。

通过二项式产能系数代入 $\alpha=\dfrac{A}{A+Bq_{AOF}}$ 中，有：$\alpha=0.28$。

（五）雅克拉气井产能公式建立

雅克拉气井产能方程 α 在 0.23~0.57 之间，通过对各气井 α 求取，最后优选中间值

$\alpha=0.28$定为雅克拉凝析气藏的一点法无阻流量计算的系数，代入以下公式便可得到雅克拉气田一点法产能公式。

$$q_{\mathrm{AOF}}=\frac{2q_{\mathrm{g}}(1-\alpha)}{\alpha\left[\sqrt{1+4\left(\frac{1-\alpha}{\alpha^{2}}\right)p_{\mathrm{D}}}-1\right]} \tag{3-23}$$

三、合理产能评价

（一）单井合理产能评价

根据新建立的一点法产能公式对雅克拉气井 2017 年 1 月的合理产能进行研究（表 3-20）。从单井对比看，目前中气层和雅东单井基本都在合理产能范围之内，而上气层有 6 口单井产量明显偏高合理产能，需适当缩嘴控制气井产量。

表 3-20　雅克拉区块单井合理产能评价　　$10^4m^3/d$

区块	井名	合理产能	目前日产气	差值
上气层	YK1	10	11.5	1.5
	YK2	20	24.0	4.0
	YK5H	47	41.3	-5.7
	YK9X	10	12.4	2.4
	YK10	16	17.8	1.8
	YK12	16	20.5	4.5
	YK15	9	12.7	3.7
	YK22	3	2.2	-0.8
	YK23	5	5.5	0.5
	YK25	6	8.8	2.8
	YK26	6	9.2	3.2
	小计	148	165.9	17.9
中气层	YK7CH	6	4.8	-1.2
	YK24	6	6.0	0.0
	小计	12	10.8	-1.2
主构造		160	176.7	16.7
雅东	YK11	0.7	0.7	0.0
	YK13	12	11.5	-0.5
	YK16	10	9.9	-0.1
	YK17	10	9.8	-0.2
	YK18	9	9.0	0.0
	YK21	7	8.4	1.4
	YK19	5	4.4	-0.6
	YK20	6	5.4	-0.6
	小计	59.7	59.1	-0.6
合计		219.7	235.8	16.1

（二）气层合理采气速度评价

从雅克拉各气层历史采气速度曲线(图 3-64)看，雅克拉主构造上气层采气速度控制较好，气藏含水率比较稳定；下气层在 2006—2012 年采气速度在 6%以上运行，中气层在 2009-2012 年间采气速度在 5%以上运行，高采气速度后气藏含水大幅上升，见图 3-65 和图 3-66。但从整个气藏凝析油采出程度看，中下气层的略高采气速度更为有利。综上所述，从开发早期尽快收回投资和凝析油采收率角度看，采气速度在 5%~6%比较合理；从开发后期延长稳产期角度看，采气速度控制在 3%~4%比较合理，目前气藏采气速度 3. 3%处于合理范围。

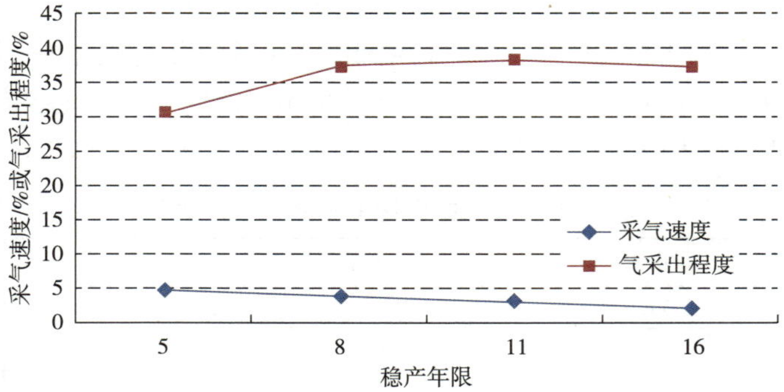

图 3-64　雅克拉开发方案合理采气速度论证

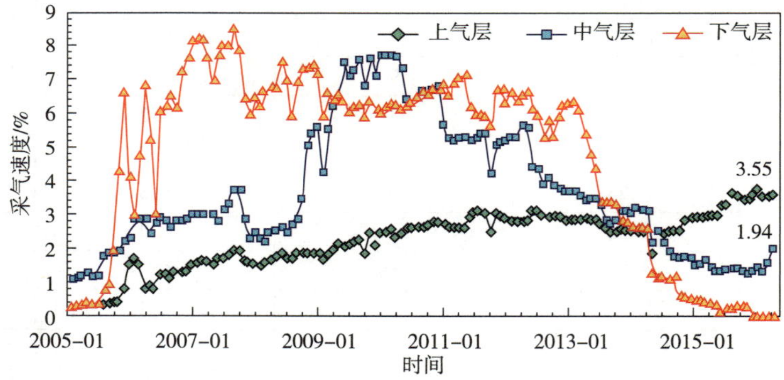

图 3-65　雅克拉各气层历史采气速度曲线

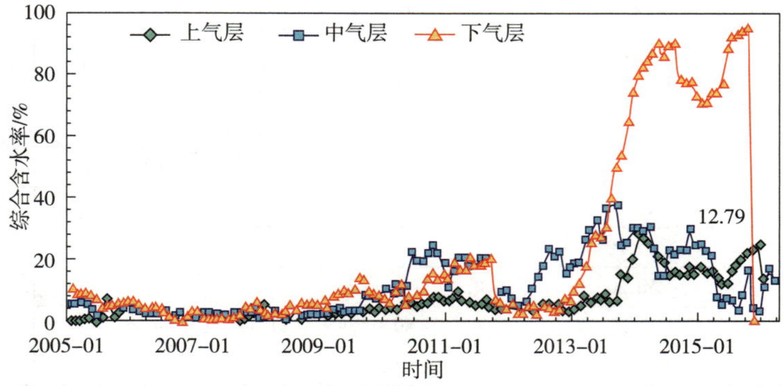

图 3-66　雅克拉各气层综合含水率曲线

四、差异化配产技术

差异化配产是实现均衡采气的主要手段。差异化配产是指针对气藏中不同构造位置、不同井型、不同打开程度等的气井，按照一定的配产原则，进行差异化配产，使得气藏开发过程中，边底水能均衡水侵，地层中反凝析液能始终以雾状形式存在，并被带出井筒等。

（一）差异化配产影响因素

实际开发过程中存在层间、层内非均质性，人为因素也不可避免，要真正实现均衡采气，就要把采气速度细化到具体的单井和单层，主要考虑单储系数、储层厚度、井控面积 3 大类、8 亚类、15 细类参数，涉及气井的孔渗、构造部位、井型和开发阶段。其中单储系数定义为单位厚度的地质储量，主要受孔渗性、含气饱和度、气井完善程度的影响；储层厚度与构造位置及气水界面有关；井控面积则与井型、沉积相和井距等有关。

采气速度计算公式为：

$$采气速度=\frac{年产气量(Q)}{地质储量(N_p)}\times 100\% \tag{3-24}$$

具体到单井、井区、小层、单层、层系，地质储量计算公式可分解为：

$$地质储量=单储系数\times 储层厚度\ H\times 井控面积\ A \tag{3-25}$$

综合考虑气藏本身条件和人为因素，采气速度可以分解为如图 3-67 所示。

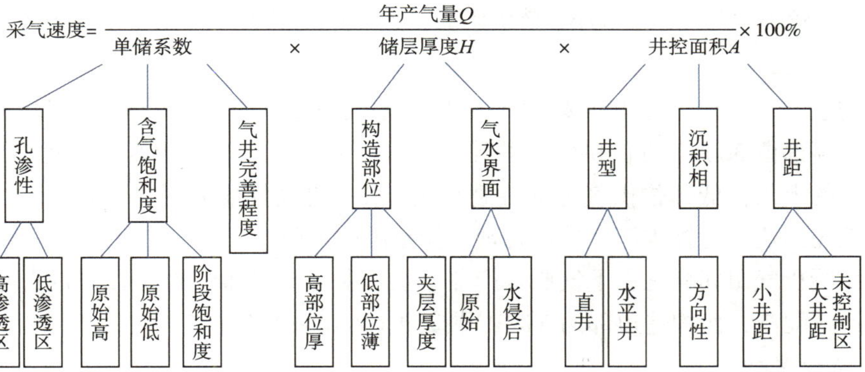

图 3-67 采气速度分解示意图

1. 储层物性和井控储量

储层物性主要影响单储系数、渗流条件、井控储量等。对于高渗区，因孔渗性好，井控储量和无阻流量大，初期低压差高配产（因物性好，低压差下依然可以高产，尤其是水平井开发），后期逐步稳定到压产控制；对于低渗区，因孔渗性差，井控储量和无阻流量小，初期较大压差低配产，后期逐步大压差放产到稳定生产。

雅克拉凝析气田主构造气藏储层物性较好，其单井控制储量较高，生产过程中配产适当高一些，一是可以实现高速高效开发提高经济效益，二是易于反凝析油流动。相比雅东构造因储量控制规模小，就需适当降低单井配产，延长稳产期。

2. 井型

井型主要影响井控储量、储量丰度、渗流条件。水平井和直井产能方程的确立主要差别在二项式产能方程的确立，它们的形式相同，均为：

$$p_e^2-p_{wf}^2=Aq_{hsc}+Bq_{hsc}^2 \tag{3-26}$$

Joshi 指出，用水平井的有效半径 r_w' 代替垂直井半径 r_w，可计算水平井稳定状态下产气量[19]，即直井和水平井二项式产能方程的差别只在于二项式产能方式系数的不同，直井中：

$$A=1.291\times10^{-3}\frac{\mu_g ZT}{kh}\left(\ln\frac{r_e}{r_w}+S_h\right)\qquad B=1.291\times10^{-3}\frac{\mu_g ZTD}{kh} \tag{3-27}$$

水平井中：

$$A=1.291\times10^{-3}\frac{\mu_g ZT}{kh}\left(\ln\frac{r_e}{r_w'}+S_h\right)\qquad B=1.291\times10^{-3}\frac{\mu_g ZTD}{kh} \tag{3-28}$$

通过分析水平井与直井的产能指数之比，可知其随着气层厚度、各向异性以及表皮系数的增加而减小，随着水平井段长度增加而增大。水平井的产能随地层压力、水平井段长度、气层厚度的增加而增加，同样的生产压差下水平井产能明显高于直井。

因此水平井井控面积及井控储量大，小生产压差即可实现大产量，渗流场的均衡分布体现动用较均匀，不易发生反凝析油堆积，故采取高配产方式生产；而直井为球状或半球状渗流，井控面积较小、井控储量较小、渗流阻力较大、生产压差大，故采取低配产方式生产。

3. 构造位置

根据构造位置差异化配产是按照“高部位高采气速度，边部位低采气速度”原则进行的整体配产。高部位360°全方位供气，井控面积大、井控储量高，边水距离远，配产采用合理产能范围的上限；低部位供气方向性强(距边水一边供气能力明显变差)，边水距离近，边水水侵最先到达，为控水配产采用合理产能范围的下限。

雅克拉凝析气田同样是上下气层合产井，位于主构造高部位的YK1、YK2井按照(18~20)$\times10^4$m^3/d 配产，而构造边部的YK10井按照10×10^4m^3/d 配产。

4. 井筒完善程度

井筒完善程度是指产层的射开程度。相同产量，对于射开程度高的井，井周渗流阻力小，流体供给流畅，采取低压差即可达到，而对于射开程度不完善的井则需要适当放大生产压差才能达到。

5. 开发历程或生产方式

对于衰竭式开发，气井生产初期地层能量充足，主要是防反凝析污染，实施差异化动态调整。由于产能公式只考虑储层物性参数和生产压差，没有考虑开发历程、边底水能量及边底水距离等具体的气藏因素，在气藏开发初期进行产能规模和试采配产是实用的，但在开发中晚期见水以后则要考虑水侵问题、不均衡压降问题等，此时单井合理产能即应随这些因素变化而成一个动态变化参数而不是常数。见水初期缩嘴压水锥，中期延长自喷生产按临界携液量配产，后期放大生产压差排液采气延长自喷期。

单层生产井配产应该适当低一些，多层合采井配产可高一些，实施过程中需要根据产剖测试和 PNN 剩余油饱和度测井来及时调整，实现层间、平面均衡开发。

（二）差异化配产对策

开发早期，差异化配产体现在：高部位、物性好、井控面积大的井层按合理产能上限高配，物性差、完善程度低的井层按合理产能下限低配，处于气水边界、有效厚度小的井层按合理产能下限低配；开发中期，依据边底水推进气水界面抬升情况、各单井合理采能变化情况，采取“稳（高部位高渗维持不变）—放（高部位低渗放大油嘴）—控（低部位高渗缩嘴控制）”差异化管理，开发中后期采取“压（高部位高渗压产）—稳（高部位低渗维持不变）—排（低部位高渗排水采气）”措施，实现新格局下的均衡采气，最终达到均衡水侵的目的（表 3-21）。

表 3-21　不同储渗情况均衡压降控制对策表

储渗条件	开发早期		开发中期		开发中后期	
	压降控制	作用	压降控制	作用	压降控制	作用
高部高渗	中	均衡采气	小	防水侵	小	控水
高部低渗	中-大	控反凝析	大	引流	中	均衡水侵
低部高渗	小	控边水	小	控水	中	排水采气
低部低渗	大	边水引流	中	均衡水侵	大	排水采气

根据均衡采气定义，要真正实现接近理想化的“四个均衡”的均衡采气，合理采气速度是前提，以时间均衡为主线、层内均衡为核心，最终实现整个气藏均衡压降、均衡反凝析、均衡水侵，以最大限度地避免凝析油损失和水封气造成的油气损失，提高最终采收率。

第五节　开发趋势预测技术

油气田和油气井的产量并非恒定不变，而是随油气开采进程或开发措施的实施过程不断发生变化。油气产量在一定时期内可能表现为上升趋势，而在另外的时期内则可能趋于稳定，但在油气田开发的大部分时间内却以不断递减的趋势发展变化着。因此，准确地预测出油气藏的开发趋势，对于后期油气藏开发对策的调整具有重要的指导意义。

在雅克拉气田开发过程中，根据气藏开发时期的不同，采用不同的方法来预测气藏的开发趋势，为气藏开发的阶段调整提供了依据，为整个气田的高效开发奠定了基础。

一、宏观类比法

气层开发过程中，随着静态、动态资料逐步完善，可采用宏观类比法，将后开采的气层与先开采的气层进行对比，预测后开采气层的开发趋势。

雅克拉白垩系气藏在纵向上分上、中、下三个气层，采用逐层开采的开发方式，初期开采中、下气层，中、下气层逐步停产后，各气井逐渐上返上气层生产。

雅克拉白垩系气藏三个气层的物性较接近，因此可采用宏观类比法，预测上气层的稳产期及递减率，进而预测上气层的开发趋势。

（一）确定上气层的稳产期

对比分层采气速度与采出程度的关系，中、下气层中采出程度达到42%左右时进入快速递减期，因此判断当采出程度达到42%时，上气层进入快速递减期。根据上气层产量，计算出进入快速递减期的时间为2019年8月左右。

对比分层含水和采出程度关系，中、下气层采出程度达46%左右时，含水快速上升，因此判断当采出程度达到46%左右时，上气层含水将快速上升(图3-68)。

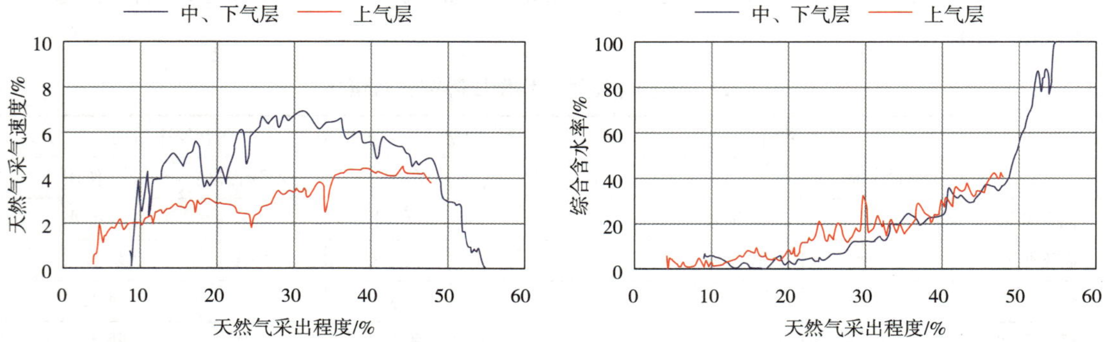

(a)雅克拉白垩系分层采气速度和采出程度关系

(b)雅克拉白垩系分层含水和采出程度关系

图3-68　雅克拉白垩系分层采气速度、含水与采出程度关系曲线

（二）确定上气层的递减率

雅克拉白垩系中气层进入快速递减期后，天然气月递减2.9%，折年递减16.8%；下气层进入快速递减气后，天然气月递减8.5%，折年递减39.9%，但考虑到下气层进入快速递减期前放嘴增产、见水后缩嘴控水的影响，回归后下气层月递减率也接近3%(图3-69)。

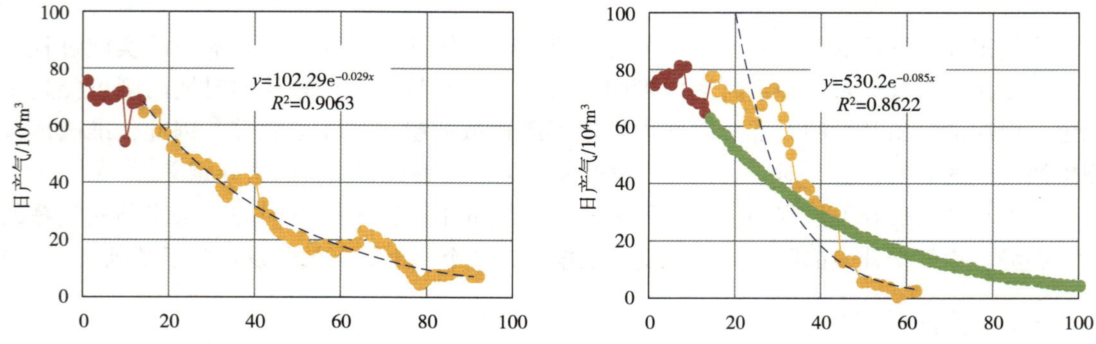

(a)雅克拉白垩系中气层天然气运行曲线

(b)雅克拉白垩系下气层天然气运行曲线

图3-69　雅克拉白垩系中、下气层天然气运行曲线

因此，判断上气层进入快速递减期后，月递减应在2.9%左右。再根据预测的稳产期末时间，结合递减率，预测出上气层后期的产量运行趋势(图3-70)。

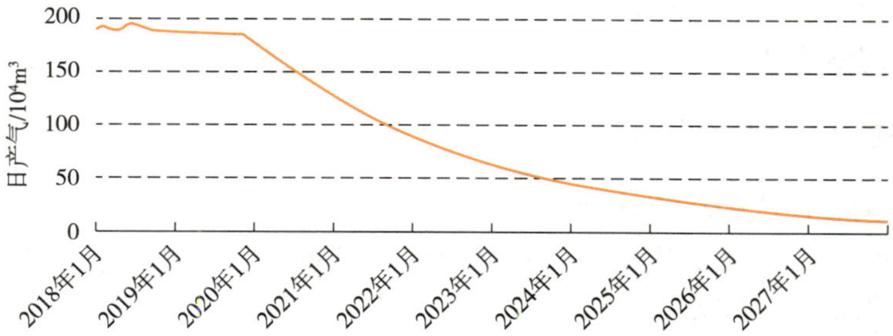

图 3-70 雅克拉白垩系上气层后期天然气产量运行预测

二、数值模拟法

数值模拟是预测油气藏开发趋势、剩余油气分布的一项重要技术，适用于油气藏开发全过程[20]。数值模拟主要有以下几个步骤。

（一）模型建立

建立气藏模型时，主要考虑模型、网格系统的选择。选择模型时，主要考虑以下因素：气藏的复杂性（非均质性、各向异性、分层情况、断层等）；布井情况及其对动态的影响；气藏内流体驱动机理；流体相数及相态特征；资料的可靠性和完整性；经济预测结果等。在选择网格系统时，主要根据气田实际情况，在气藏构造图上进行模拟网格的划分，选取矩形网格系统，在划分网格时遵循以下原则：网格方向尽可能与区域边界、井排方向平行或正交，网格边缘应尽可能与边界、断层重合；网格方向考虑气藏性质变化的方向，坐标系统平行或垂直于气藏中流体的主流动方向；网格方向、尺寸与现有井位和准备新钻井位相适应，井位尽可能布置在网格的中心，一个网格内只有一口井；在高产区、井密集区等区域使用密网格，而在边部和水区部位等区域使用较粗网格。

对雅克拉气藏进行数值模拟时，因对气藏地质特征已有相当程度的认识，并经过数年的开发，有一定的生产历史，积累了较多的生产动态资料；气藏生产过程中，地层压力低于泡点压力，气藏中存在油水气三相流动，因此选用斯伦贝谢公司的 Eclipse 300 组分模型，且在选择网格系统时，为使所划网格系统能尽量反映气藏非均质性、非均匀程度，模拟结果能充分体现地质因素和气井调整等各种开发因素对地下气水运动、气水分布的控制和影响，在模型网格划分时，纵向上分有 39 个模拟层；平面上模型网格划分采用等距的正交网格。单层网格总节点数为：156×100＝15600 个，39 个小层合计节点共 15600×39＝608400 个。

在选择好气藏模型和网格系统后，需进行 PVT 拟合，拟合结果符合 GB/T 26981—2020《油气藏流体物性分析方法》中规定的小于 3%的标准要求。

（二）生产历史拟合

所谓生产历史拟合就是用气田实际生产的动态数据资料，通过气藏模拟试运算，来检验和修正气藏静态的地质模型，同时弄清楚气藏内部压力和流体动态分布状况，使计算机模型与实际气藏保持一致，这个步骤在整个气藏模拟过程中的作用非常重要，最终模拟结果往往取决于此，只有动态历史拟合成功，才能证明气藏跟模拟的实际气藏是一致或者相近的，才能保证后面模拟预测的结果有实际意义。这个过程占气藏数值模拟研究 70% 以上的工作量，它既是一个参数调整的过程，也是对气藏从定性认识到定量认识不断深入的过程。

三、单井生产预测叠加法

单井生产预测叠加法是在统计分析大量生产数据的基础上，对不同构造位置、不同井型、不同生产层位、不同见水状况的气井分别进行预测，再将预测结果叠加起来，从而预测整个气藏的开发趋势。此方法适用于开发中后期。

单井生产预测主要分两种情况。

（一）已见水井生产预测

对于已见水井的生产预测，主要分三个步骤：

（1）拟合前期各参数变化规律：分析本井见水后稳定工作制度下的生产数据，拟合得到油压、日产气、含水、气液比等参数变化规律；

（2）根据规律预测后期各参数变化：根据步骤（1）得出的各参数变化规律，预测后期油压、日产气量、含水、气液比等参数运行情况，日产油量通过日产气及气液比计算；

（3）设置气井停喷临界条件：根据前期各气井停喷时的实际情况，选择油压或日产气为约束预测气井停喷时间。对于雅克拉气田，当气井油压低于 3MPa 或日产气低于 2 万 m^3 时，气井停喷。

根据以上三个步骤，可对雅克拉气田已见水井进行较为准确的生产预测。

2020 年初对上气层已见水井 YK31 井进行预测，因 YK31 井已于 2018 年 8 月见水，因此预测步骤为：

（1）首先选择 YK31 井见水后稳定工作制度下的生产数据，如图 3-71 所示，选择 2019 年全年的生产数据；

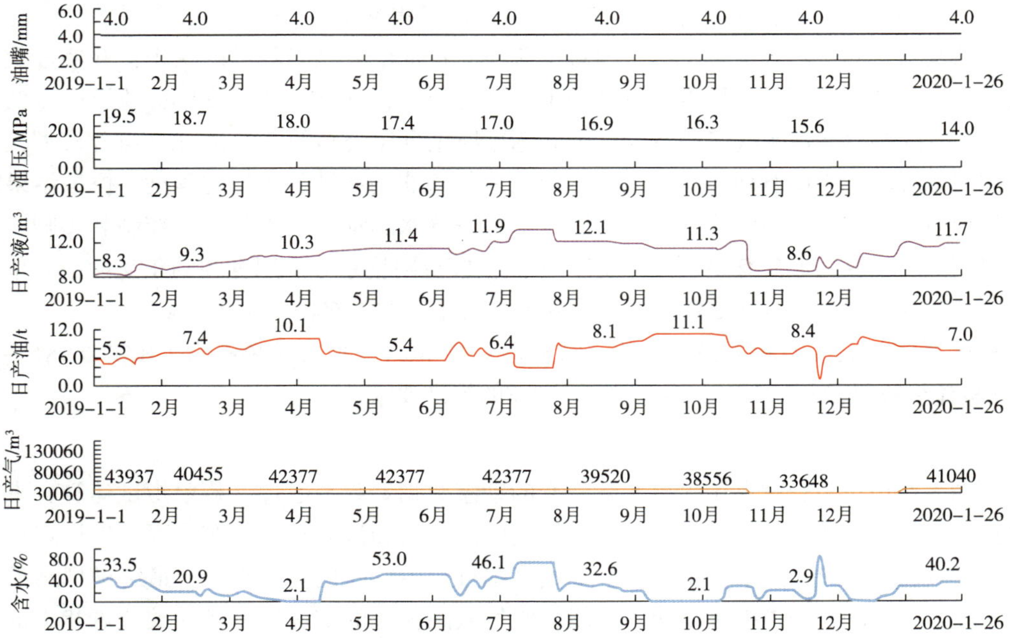

图 3-71 YK31 井 2019 年生产曲线

（2）根据选定的生产数据，拟合得到油压、日产气、含水、气液比等参数变化规律，如图 3-72 所示；

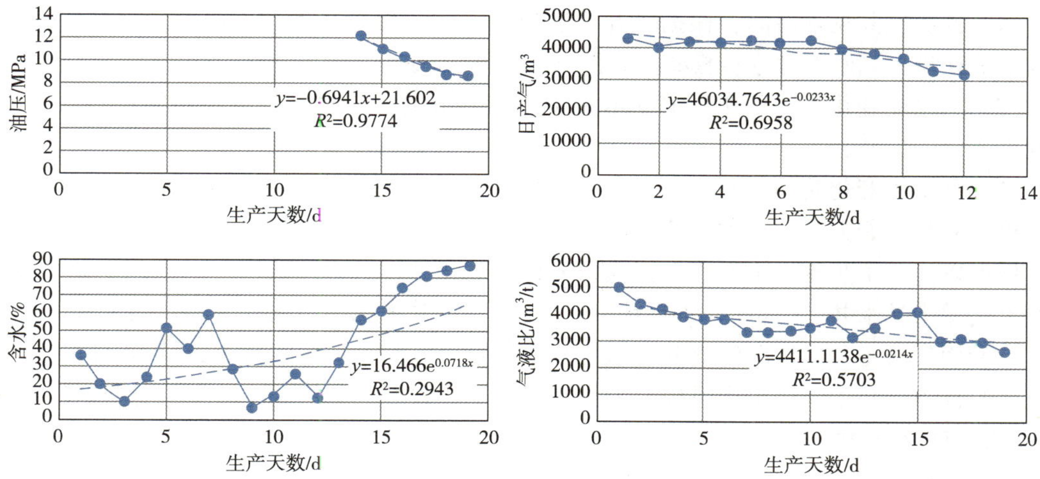

图 3-72　YK31 井生产参数拟合曲线

（3）根据各参数变化规律预测后期该井各参数变化，当油压低于 3MPa 或日产气低于 2 万 m^3 时，预测该井停喷，如图 3-73 所示。

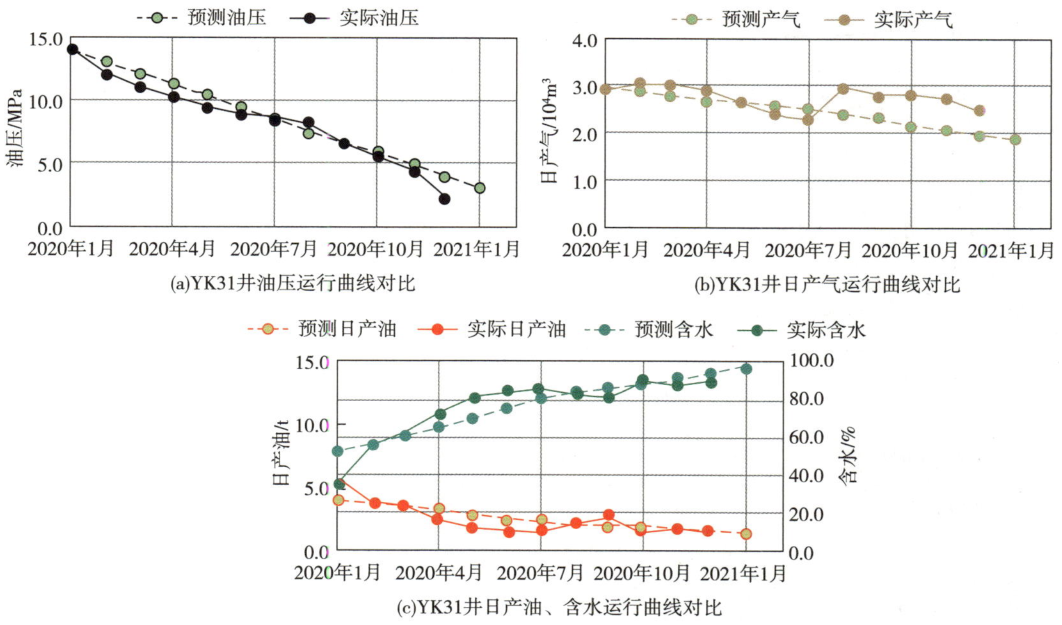

图 3-73　YK31 井预测生产趋势与实际生产情况对比

预测该井于 2021 年 1 月停喷，实际该井于 2020 年 12 月停喷，预测结果较准确，误差的原因为在实际生产过程中对该井进行了工作制度调整，导致气井油压下降速度较预测加快。

（二）未见水井生产预测

对于未见水井的生产预测，同样分为三个步骤。

（1）预测气井见水时间：根据气井构造位置、射孔层段等参数，结合隔夹层封挡性定量描述等认识，判断气井水侵模式，预测气井见水时间；

（2）见水前变化趋势预测：根据本井实际生产情况，按照已见水井相同的方法，预测气井见水前的生产趋势；

（3）见水后变化趋势预测：参考本井相似层位或同层相似气井见水后的生产规律，按照已见水井相同的方法，预测气井见水后的生产趋势。

根据以上三个步骤，可对雅克拉气田未见水气井进行较为准确的生产预测。如 2020 年中对上气层未见水井 YK28H 井进行预测，因 YK28H 井未见水，因此预测步骤为：

（1）用气藏工程方法预测该井见水时间，计算出该井见水时间为 2020 年 8 月 12 日；

（2）选择该井中气层生产时稳定工作制度下生产数据，如图 3-74 所示，选择该井 2019 年 5—12 月的生产数据；

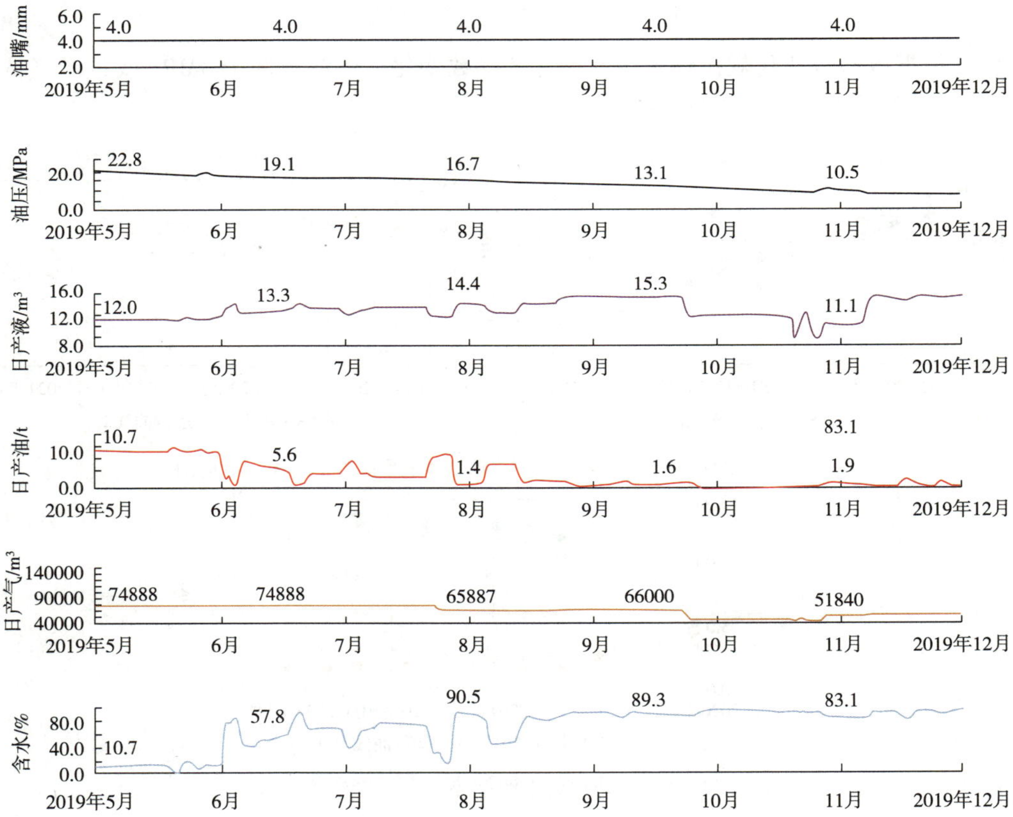

图 3-74 YK28H 井 2019 年生产曲线

（3）根据选定的生产数据，拟合得到油压、日产气、含水、气液比等参数变化规律，如图 3-75 所示；

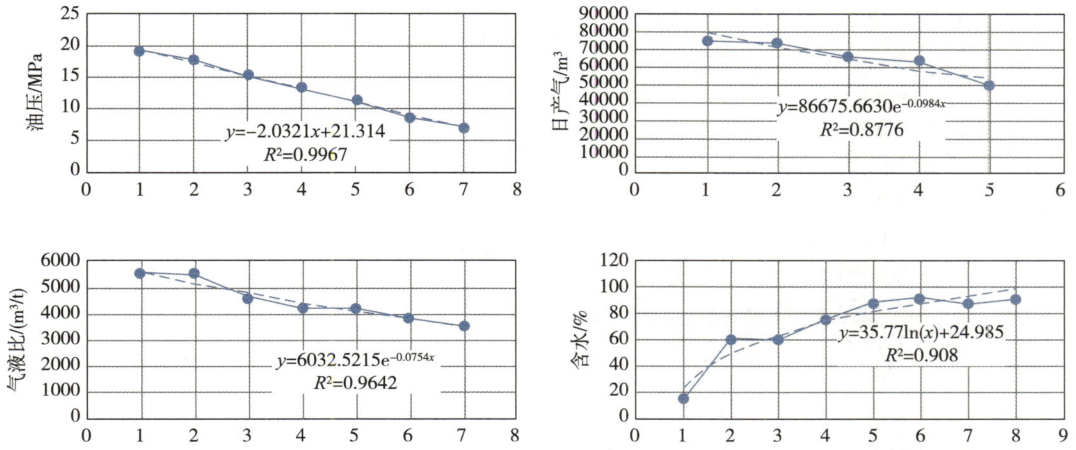

图 3-75　YK28H 井生产参数拟合曲线

（4）根据各参数变化规律预测后期该井各参数变化，当油压低于 3MPa 或日产气低于 2 万 m^3时，预测该井停喷，如图 3-76 所示。

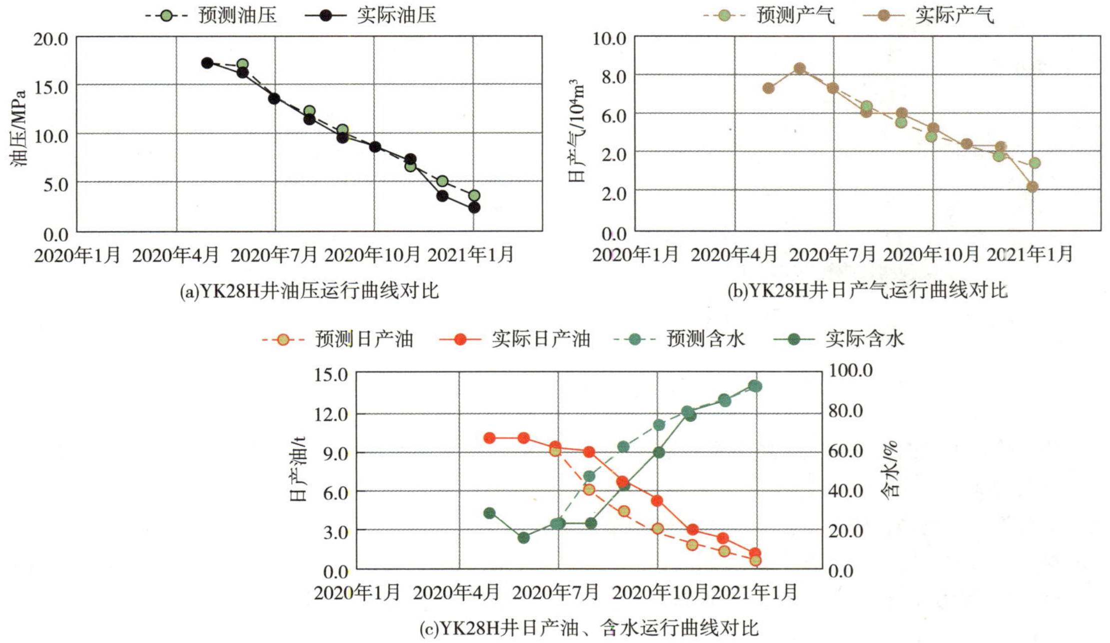

图 3-76　YK28H 井预测生产趋势与实际生产情况对比

预测该井于 2020 年 8 月 12 日见水，于 2021 年 1 月停喷，实际该井于 2020 年 8 月 8 日见水，2021 年 1 月 10 日停喷，与预测结果基本吻合。

根据两种预测方法，对区块所有气井生产趋势进行预测，如图 3-77 所示。

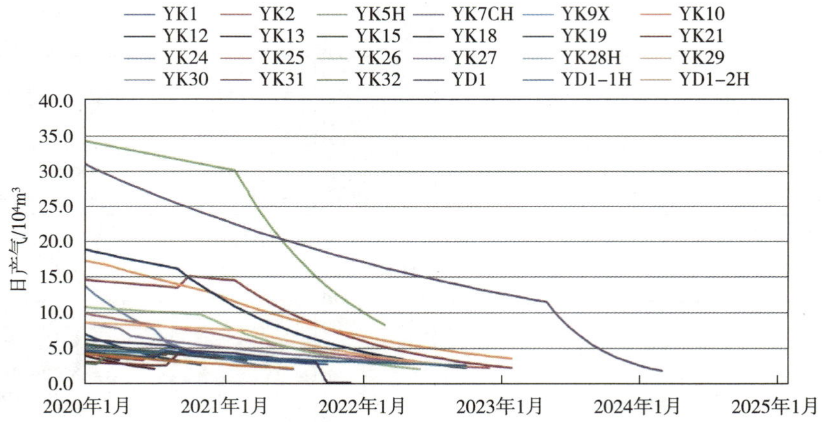

图 3-77　雅克拉各气井日产气量预测

对所有气井生产趋势进行预测后，将各气井产量运行数据进行叠加，可得到整个气藏的开发趋势。如 2020 年对雅克拉各气井进行生产预测后，叠加得出整个气藏 2020 年的产量运行趋势，与实际产量运行情况吻合度较高(图 3-78)。

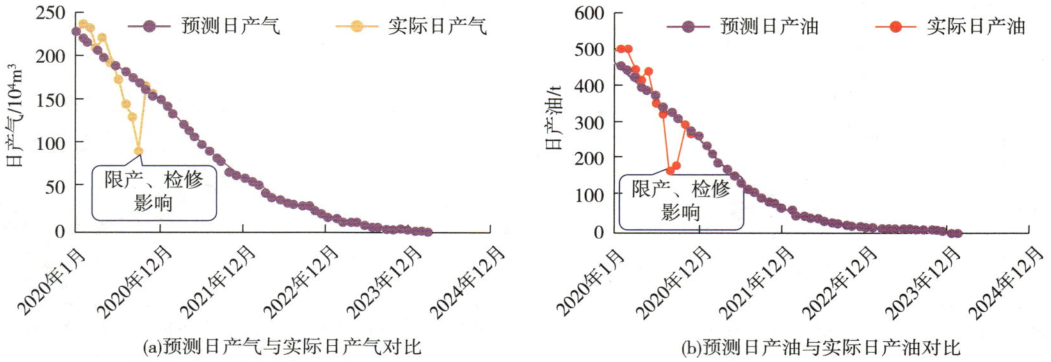

图 3-78　YK28H 井预测生产趋势与实际生产情况对比

参　考　文　献

[1] 孙龙德，宋文杰，江同文．塔里木盆地牙哈凝析气田循环注气开发研究[J]．中国科学(D 辑：地球科学)，2003(2)：177-182.

[2] 李士伦，王鸣华，何江川，等．气田与凝析气田开发[M]．北京：石油工业出版社，2004.

[3] 李宗宇，何云峰，姚田万，等．凝析气藏开发关键技术探讨——以雅克拉、大涝坝、轮台凝析气田为例[C]//中国石油学会天然气专业委员会，四川省石油学会．2015 年全国天然气学术年会论文集，2015：378-390.

[4] 陈文龙，吴迪，尹显林，等．水平井在凝析气田开发中的应用及效果评价[J]．天然气地球科学，2004(3)：290-293.

[5] 李宗宇，袁锦亮，何云峰，等．凝析气藏雾状反凝析控制技术探讨——以雅克拉凝析气藏为例[C]//中国石油学会天然气专业委员会，四川省石油学会，浙江省石油学会．2017 年全国天然气学术年会论文集，2017：843-851.

[6] 何云峰，姚田万，王利刚，等．凝析气藏开发中后期反凝析治理技术[J]．石油实验地质，2015，37(S1)：29-33.

[7] 李宗宇，何云峰，袁锦亮，等．凝析气藏雾状反凝析控制技术探讨[C]//中国石油学会天然气专业委员会，四川省石油学会．2016 年全国天然气学术年会论文集，2016：662-671.

[8] 米尔扎占扎捷 A. X. 天然气开采工艺[M]．朱恩灵，译．北京：石油工业出版社，1993.

[9] 范虎．塔河油田边底水凝析气藏开发特征研究[D]．荆州：长江大学，2012.

[10] 徐士胜，高洁，张艾．雅—大凝析气藏产水规律及其控制对策研究[J]．石油实验地质，2013，35(S1)：65-68.

[11] 李宗宇，张艾，何云峰，等．边水凝析气藏均衡水侵控制与水体利用技术探讨[C]//中国石油学会天然气专业委员会，四川省石油学会，浙江省石油学会．2017 年全国天然气学术年会论文集，2017：927-933.

[12] 周生田，张琪．水平井筒两相流压力计算模型[J]．石油大学学报(自然科学版)，1998(4)：46-47.

[13] 何云峰，姚田万，袁锦亮，等．雅克拉白垩系凝析气藏水侵特征及影响因素分析[C]//中国石油学会天然气专业委员会 2011 年学术年会论文集，2011：1-11.

[14] 陈元千，李璗．现代油藏工程[M]．北京：石油工业出版社，2001.

[15] 李传亮．油藏工程原理[M]．3 版．北京：石油工业出版社，2017.

[16] 黄炳光，刘蜀知，李晓平，等．气藏工程与动态分析方法[M]．北京：石油工业出版社，2004.

[17] 塔雷克·艾哈迈德．油藏工程手册[M]．3 版．北京：石油工业出版社，2009.

[18] 刘军文．基于体积平均法对高渗多孔介质渗流规律研究[D]．合肥：中国科学技术大学，2019.

[19] 陈元千，郭二鹏．对 Joshi 各向异性水平井产量公式的质疑、推导与对比[J]．新疆石油地质，2008(3)：331-334.

[20] 袁士义．油气藏工程技术进展[M]．北京：石油工业出版社，2006.

第四章　采气工艺技术

第一节　凝析气井射孔完井工艺技术

射孔完井是指在产层段下入油层套管，然后用水泥封固产层，再用专用的射孔工具射穿套管、水泥环以及部分产层岩石形成油气流通道，使得产层和井筒连通的完井方法，也就是封闭式井底结构的完井方法。射穿产层后油气井产能受井筒参数、产层压力、产层性质、射孔参数及质量的影响。石油天然气勘探开发中，射孔完井是主要的完井方式[1]。

一、射孔技术难点

常规射孔方法射孔，射孔能量要克服井筒中的液体层、套管钢材、水泥石，并在储层岩石中穿越一定深度，才能形成射孔孔道。不同井中要克服的障碍厚度不同，需要的能量不同。

(一) 液体层

井筒中液体层是射孔液。在井中下入射孔工具后，射孔时能量(子弹或聚能气流)穿越的液体厚度一般在20~80mm之间。克服液体障碍厚度后液体层要消耗部分能量。井筒内的液体对射孔孔道的形成和孔道质量影响大。液体随高速运动的子弹或气流进入射孔孔道，阻碍了射孔残渣的有效清除，液体进入岩石孔隙对油层产生污染，井中的液体层一定程度上决定了射孔的最终效果。

(二) 套管(钻具)层

一般情况下射孔要射穿套管，但在正常固井中，如果钻杆事故完井时，被固的是钻柱，要射穿的可能不是套管而是钻具。

套管本体厚度范围6~18mm，套管接箍处的厚度范围15~30mm。套管钢材强度范围较大，介于276~1035MPa之间，套管硬度在HRC18~24之间。

钻杆本体厚度9~12mm，钻杆接头厚度22~34mm。钻杆钢材的强度、硬度与套管无大差别。

射孔时消耗在克服钢材障碍上的能量占总能量比重大。

(三) 水泥环

封固套管的水泥环厚度一般在30~80mm之间，个别情况下可达200mm以上。水泥环强度与中软、中硬岩石相似。水泥凝固时间越短，强度越低；时间越长，强度越高。水泥环抗挤压强度范围在几十兆帕之内。水泥环渗透性较低，是脆性体，在受到猛烈冲击时易裂开，对射孔不利。

（四）储层岩石

射孔就是在储层岩石中射出孔道，从孔道的边壁岩石孔隙或裂缝中渗出油或气，使油气井有一定工业产量。被钻开的储层岩石受钻井液污染影响，其渗透性比原始状态降低很多。钻井污染带厚度在1m以上，对产能有影响的严重污染带厚度范围在300~500mm之间。

二、射孔枪射孔工艺

射孔枪射孔是将射孔枪下到要射开的油气层部位，在地面控制点火引爆射孔弹，将套管、水泥石射穿，并在产层岩石中穿进一定深度，形成连接井眼和产层通道的一种工艺。射孔方法按封隔油气层方法和生产管需要可分为单管射孔、多管射孔、尾管射孔、封隔器射孔；按射孔工具又可分为电缆射孔、过油管射孔、油管传输射孔；按射孔工艺则可分为正压射孔和负压射孔。

（一）射孔枪

射孔工具是射孔枪。射孔枪分为电缆射孔枪和无缆射孔枪。电缆射孔枪分为有枪身式管式枪和无枪身式绳式枪。电缆射孔枪是靠电缆或钢丝绳送入井下，通过电缆用电点火击发。无缆枪是接在油管柱上送入井下的一种工具，也称为油管传输射孔枪。

（二）射孔弹

射孔时将射孔弹内的炸药点燃，产生高温高速的火药气流直接冲击到套管上，或是火药气流推动子弹高速运动打击在套管上。气流或子弹的能量将各种障碍打穿，形成射孔孔道。常用的射孔弹是聚能射孔弹，也有子弹式射孔弹。

（三）其他辅助工具

射孔方法有很多种，电缆射孔时用电缆将射孔枪送到井下，电缆的作用除控制射孔枪还用来点火击发射孔弹。

电缆还用来控制射孔枪在井中的深度，用电缆的长度确定射孔枪的井下位置。通常在射孔枪上装一个磁定位发射器，发出磁脉冲，测量套管接箍的位置，决定射孔枪身所处的井深。

（四）射孔过程中的污染

在射孔过程中，很多环节对形成的孔道有污染。污染源是井筒中的流体、射孔中的残渣及射孔孔道边壁压实。

1. 液体污染

井中的液体是射孔液。在正压射孔中，井筒液体压力高于地层压力，孔道一旦形成，井筒内液体马上侵入孔道，侵入地层孔隙，对地层造成污染。井筒液柱压力越高，污染越严重。

2. 射孔残渣污染

射孔时产生残渣，残渣包含套管钢材、水泥、地层岩石，残渣呈碎屑状态存在。残渣随高速运动的气流被冲到岩石上，细小的颗粒会进入地层的孔隙中堵塞孔隙，使岩石的孔隙度下降，造成污染。

3. 射孔孔道边壁压实

射孔孔道是被点燃的炸药猛烈燃烧，产生高温高压气流，冲击障碍物，将障碍物击碎而形成。高速气流冲击到岩石上，对岩石施加极大压力，岩石受到压力冲击，产生永久性塑性变形。变形导致孔道边壁上岩石被压紧，密度增加，孔隙缩小甚至闭合，这种现象称为孔道边壁岩石压实。射孔孔道边壁岩石被压实导致孔道周边储层渗透率降低，造成储层损害，进而阻碍油气渗流。

三、射孔参数优选

在射孔完井阶段能控制和影响的因素主要为孔眼密度、孔眼穿透深度 l_p、相位角、射孔孔径四项因素，利用射孔产生的射孔几何表皮系数、射孔压实损害表皮系数、径向渗流表皮系数、垂向渗流表皮系数、井眼表皮系数数学模型计算射孔形成的总表皮系数 S_{pf}，分析射孔孔径、相位角、孔眼密度、孔眼穿透深度对射孔表皮系数的影响，进而根据气井二项式产能方程，结合钻井污染表皮系数、射孔形成的表皮系数进行气井无阻流量计算以及不同生产压差下产量计算，分析四项因素对气井产能的影响，各项影响因素计算设计见表 4-1。

表 4-1 完井参数优化模拟计算设计表

<table>
<tr><th>项目</th><th>影响因素</th><th>射孔孔径/mm</th><th>相位角/(°)</th><th>孔眼密度/(孔/m)</th><th>孔眼穿透深度/m</th><th>生产压差/MPa</th></tr>
<tr><td rowspan="3">不同射孔参数组合对射孔总表皮系数的影响</td><td>孔眼密度</td><td>12</td><td>90</td><td>8、12、16、20、24、28、32</td><td rowspan="7">0.1、0.2、0.3、0.4、0.5、0.6</td><td rowspan="6">无</td></tr>
<tr><td>相位角</td><td>12</td><td>0、45、60、90、120、180</td><td>20</td></tr>
<tr><td>射孔孔径</td><td>8、12、16、20、24</td><td>90</td><td>20</td></tr>
<tr><td rowspan="3">不同射孔参数组合对气井无阻流量的影响</td><td>孔眼密度</td><td>12</td><td>90</td><td>8、12、16、20、24、28、32</td></tr>
<tr><td>相位角</td><td>12</td><td>0、45、60、90、120、180</td><td>20</td></tr>
<tr><td>射孔孔径</td><td>8、12、16、20、24</td><td>90</td><td>20</td></tr>
<tr><td rowspan="4">雅克拉凝析气田射孔参数对不同生产压差下射孔完井产量的影响</td><td>孔眼穿透深度</td><td>12</td><td>90</td><td>20</td><td rowspan="4">2、4、6、8、10、15</td></tr>
<tr><td>孔眼密度</td><td>12</td><td>90</td><td>8、12、16、20、24、28、32</td><td rowspan="3">0.3</td></tr>
<tr><td>相位角</td><td>12</td><td>0、45、60、90、120、180</td><td>20</td></tr>
<tr><td>射孔孔径</td><td>8、12、16、20、24</td><td>90</td><td>20</td></tr>
</table>

注：① 单项影响因素设计分别考虑钻井污染表皮系数 S_d 在 3、5、7、10 四种不同程度污染下的影响；
② 钻井污染带半径定义为 300mm。

储层污染带半径大小不会影响不同射孔参数组合情况下的表皮系数、气井无阻流量、射孔完井产量变化趋势，对孔眼密度、射孔孔径、相位角的优选不会产生影响，故每个单项影响因素设计分别考虑钻井污染表皮系数 S_d 在 3、5、7、10 四种不同程度污染下的影响。

雅克拉凝析气田储层物性及管柱参数见表 4-2，储层存在非均质性，且纵向上的非均质性略强于平面上的，但气层在总体上具有较好的连通性。在以下计算中，取垂向渗透率是水平渗透率的 0.7。

表 4-2　雅克拉凝析气田储层物性及管柱参数表

参数	数值	参数	数值
气层压力/MPa	58.3	射开厚度/m	20.0
气层温度/K	404.0	供气半径/m	300.0
相对密度	0.57	平均孔隙度/%	12.6
气体偏差系数	1.29	气体黏度/(mPa·s)	0.016
平均渗透率/$10^{-3}\mu m^2$	97.07	气层套管尺寸/mm	177.8
油层厚度/m	50.0	气井油管半径/m	0.0889

（一）不同射孔参数组合形成的表皮系数分析

1. 孔眼密度对射孔总表皮系数的影响

射孔孔径取 12mm，相位角取 90°，当孔眼穿透深度小于钻井污染带半径时，射孔总表皮系数 S_{pf} 较大，其值随着孔眼穿透深度的增加减小；孔眼穿透深度大于钻井污染带半径时，射孔总表皮系数 S_{pf} 较小，其值随着孔眼穿透深度的增加略有回升，但是回升幅度较小（见表 4-3、图 4-1）。孔眼穿透深度一定时，射孔总表皮系数 S_{pf} 随着孔眼密度增加逐渐减小。实际应用中，井下孔眼穿透深度大于钻井污染带半径，孔眼密度宜为 20~24 孔/m。

表 4-3　$S_d=3$，不同孔眼密度下射孔总表皮系数 S_{pf}

孔眼密度（孔/m）	$l_p=0.1m$，S_{pf}值	$l_p=0.2m$，S_{pf}值	$l_p=0.3m$，S_{pf}值	$l_p=0.4m$，S_{pf}值	$l_p=0.5m$，S_{pf}值	$l_p=0.6m$，S_{pf}值
8	10.14	1.93	1.40	1.20	1.11	1.09
12	6.03	0.79	0.58	0.54	0.57	0.61
16	3.96	0.21	0.16	0.21	0.29	0.38
20	2.71	-0.14	-0.09	0.02	0.13	0.23
24	1.88	-0.37	-0.25	-0.11	0.01	0.14
28	1.28	-0.53	-0.37	-0.20	-0.06	0.08
32	0.84	-0.65	-0.45	-0.27	-0.11	0.03

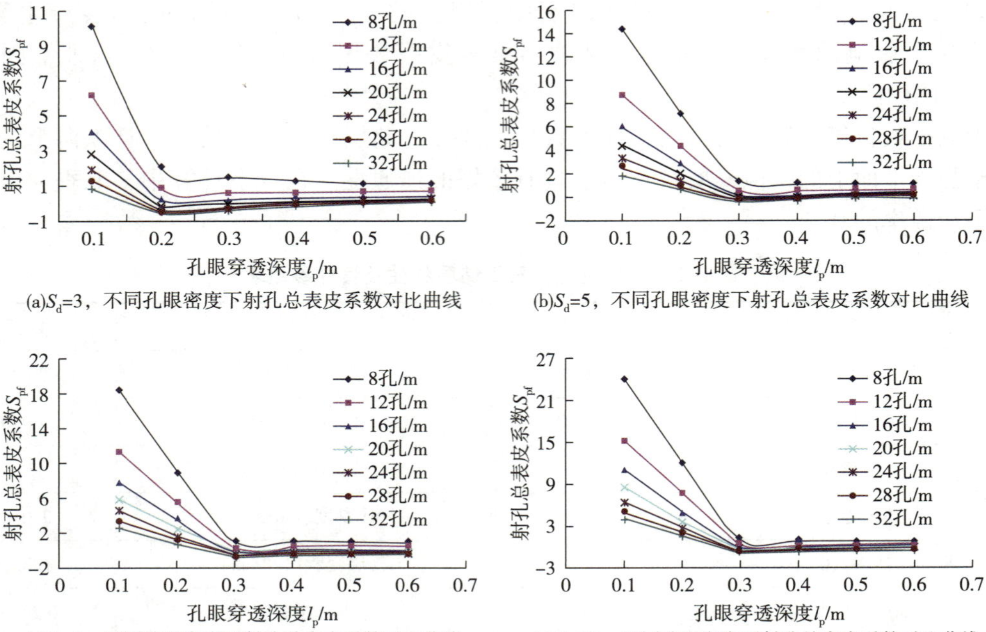

(a)S_d=3，不同孔眼密度下射孔总表皮系数对比曲线

(b)S_d=5，不同孔眼密度下射孔总表皮系数对比曲线

(c)S_d=7，不同孔眼密度下射孔总表皮系数对比曲线

(d)S_d=10，不同孔眼密度下射孔总表皮系数对比曲线

图 4-1 不同 S_d、不同孔眼密度 Den 下射孔总表皮系数对比曲线

2. 相位角对射孔总表皮系数的影响

射孔孔径取 12mm，孔眼密度为 20 孔/m 时，射孔总表皮系数随着孔眼穿透深度和相位角的改变，其变化的趋势基本一致(如图 4-2 所示)。孔眼穿透深度小于 0.3m，S_{pf}较大；孔眼穿透深度大于 0.3m，S_{pf}较小。在孔眼穿透深度一定时，相位角取 0°，射孔总表皮系数 S_{pf}最大；相位角取 45°时，射孔总表皮系数 S_{pf}最小。相位角依次取 45°、60°、90°、120°、180°、0°，射孔总表皮系数 S_{pf}逐渐增大。建议今后射孔采用的相位角取 45°、60°、90°中的一种。

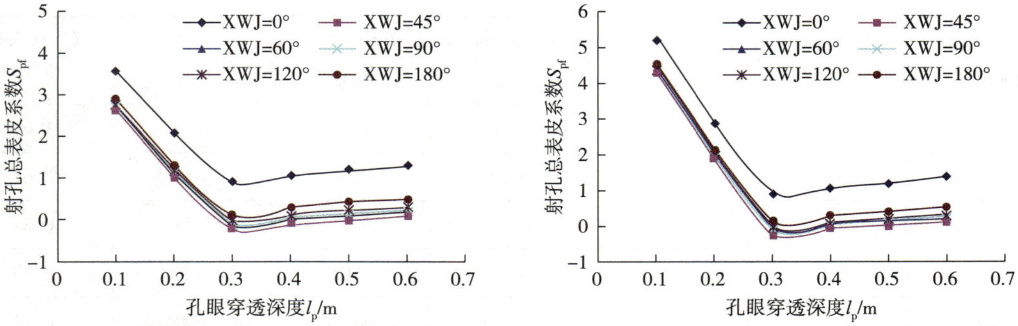

(a)S_d=3，不同相位角下射孔总表皮系数对比曲线

(b)S_d=5，不同相位角下射孔总表皮系数对比曲线

图 4-2 不同 S_d、不同相位角下射孔总表皮系数对比曲线

3. 射孔孔径对射孔总表皮系数的影响

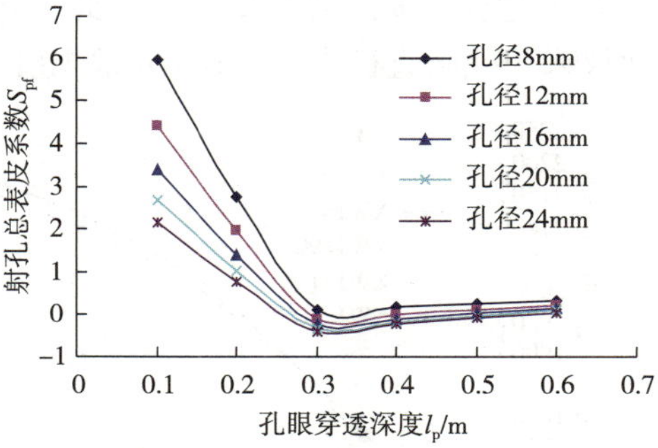

图 4-3 $S_d=5$，不同射孔孔径下S_{pf}对比曲线

孔眼密度等于 20 孔/m，相位角为 90°时，射孔总表皮系数 S_{pf}随着孔眼穿透深度 l_p 和射孔孔径改变，变化趋势一致(图 4-3)。孔眼穿透深度 l_p 小于 0.3m，S_{pf}较大；孔眼穿透深度 l_p 大于 0.3m，S_{pf}较小。孔眼穿透深度 l_p 一定时，射孔总表皮系数 S_{pf}随着射孔孔径的增加逐渐减小。在孔眼穿透深度 l_p 小于 0.3m 时，射孔总表皮系数 S_{pf}减小幅度较大；孔眼穿透深度大于 0.3m 时，即射孔深度穿透污染带后，射孔总表皮系数 S_{pf}急剧减小，进一步增加孔眼穿透深度 l_p，射孔总表皮系数 S_{pf}略有回升，但回升幅度小。由于大直径射孔弹在气层情况下的穿深很难达到 200mm 以上，宜采用孔眼直径为 12 ~16mm 常规射孔弹。

四项射孔参数当中，孔眼穿透深度 l_p 对射孔总表皮系数 S_{pf}的影响最大；其他三个参数，孔眼密度和射孔孔径对射孔总表皮系数的影响受到孔眼穿透深度制约，射孔总表皮系数大小与孔眼密度和射孔孔径大小负相关，即随着孔眼密度和射孔孔径增大，射孔总表皮系数减小，孔眼是否穿透钻井污染带对射孔总表皮系数影响明显，随相位角 45°、60°、90°、120°、180°、0°变化，射孔总表皮系数 S_{pf}逐渐增大。

根据上述计算，雅克拉射孔优选参数为：井下实际孔眼穿透深度应大于 0.3m，孔眼密度为 20 ~24 孔/m，相位角取 45°、60°、90°中的一种，采用孔眼直径 12 ~16mm 射孔弹，螺旋布孔格式。

(二) 不同射孔参数组合对气井无阻流量的影响

1. 孔眼密度对气井无阻流量的影响

射孔孔径取 12mm，相位角取 90°时，气井无阻流量大小随着孔眼穿透深度 l_p 和孔眼密度增加而增大。孔眼密度较小时，增加孔眼密度，可以较大提高气井产量；孔眼密度达到 20 孔/m，再增加孔眼密度，产量增幅减小。建议孔眼密度为 20 ~24 孔/m、射孔穿透深度 300mm 以上。

2. 相位角对气井无阻流量的影响

射孔密度为 20 孔/m，射孔孔径为 12mm 时，气井无阻流量大小随着孔眼穿透深度 l_p 和相位角改变基本一致，如图 4-4(a)所示。无阻流量随着孔眼穿透深度 l_p 增加而增大；孔眼穿透深度一定，相位角为 0°时，气井无阻流量最小；相位角大于 0°，气井无阻流量随着相位角的改变变化小，如图 4-4(a)所示。建议相位角取 45°、60°、90°中的一种。

3. 射孔孔径对气井无阻流量的影响

射孔孔眼密度为 20 孔/m，相位角为 90°时，气井无阻流量大小随着孔眼穿透深度 l_p 和射孔孔径改变趋于一致，如图 4-4(b)所示。孔眼穿透深度 l_p 小于钻井污染带半径 r_d时，气井无阻流量小；孔眼穿透深度 l_p 大于钻井污染带半径 r_d，即孔眼穿透污染带后，气井无阻流量显著增加，但是随着进一步增加孔眼穿透深度 l_p，气井无阻流量与孔眼穿透深度 l_p 关系曲线趋于平缓，增幅变小，因此，在实际应用过程中不应扩大深穿透来提高气井产量。建议采用孔眼直径为 12 ~16mm 常规射孔弹。

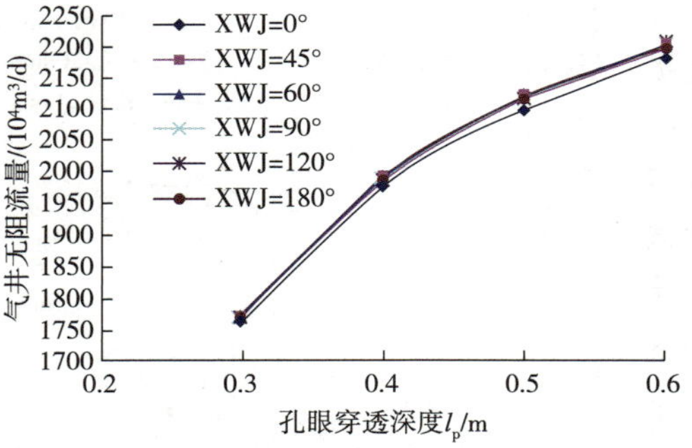

(a)S_d=7，不同相位角下气井QAOF对比曲线

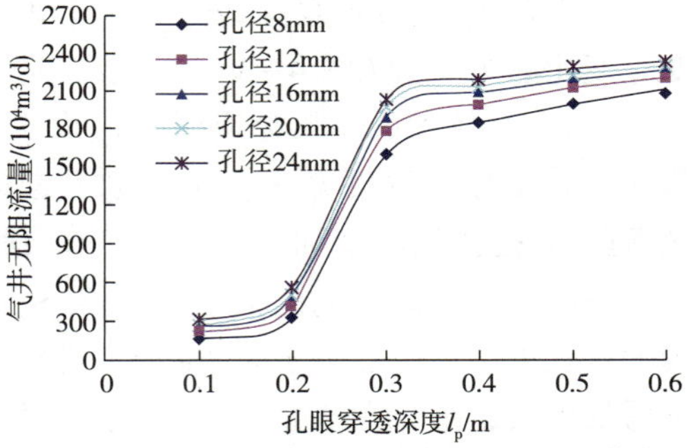

(b)S_d=7，不同射孔孔径下气井QAOF对比曲线

图 4-4　S_d = 7，不同相位角下、不同射孔孔径下气井 QAOF 对比曲线

四项射孔参数对气井无阻流量的影响结果表明：所有射孔参数中，孔眼穿透深度 l_p 对气井无阻流量的影响最大，但孔眼穿透深度 l_p 到一定值后，气井无阻流量与它的关系曲线趋于平缓。其他三个参数中，孔眼密度和射孔孔径对气井无阻流量的影响相对于相位角对气井无阻流量的影响大，且气井无阻流量随着孔眼密度和射孔孔径的增加而逐渐增大。相位角取 0°时，气井无阻流量最小；相位角大于 0°，气井无阻流量随着相位角的改变小。

（三）射孔参数对不同生产压差下射孔完井产量的影响

1. 不同生产压差下孔眼穿透深度对气井产量的影响

射孔孔眼密度为 20 孔/m，相位角为 90°，射孔孔径为 12mm 时，不同生产压差下气井产量随着孔眼穿透深度改变，变化的趋势基本一致，如图 4-5(a)所示，即在相同的生产压差下，气井产量随着孔眼穿透深度的增加而增大。在孔眼未穿透钻井污染带时，气井产量较小；孔眼穿透钻井污染带，气井产量显著提高，特别是在较大生产压差下，孔眼穿透污染带前后，气井的产量差异更明显。在孔眼穿透污染带半径后，再进一步增大孔眼穿透深度，气井产量曲线趋于平缓，气井产量无显著的提高，因此，在实际应用过程中不应扩大深穿透来提高气井产量。

2. 不同生产压差下孔眼密度对气井产量的影响

孔眼穿透深度 l_p = 0. 3m，相位角 90°，射孔孔径 12mm 下，不同生产压差下气井的产量随着孔眼密度的改变变化趋势基本一致，如图 4-5(b)所示，在相同的生产压差下，气井产量随着孔眼密度增加而增大，孔眼密度从 8 孔/m 增至 20 孔/m 时产量增幅较大，进一步增加孔眼密度产气量增加趋于平缓。

3. 不同生产压差下相位角对气井产量的影响

孔眼穿透深度 l_p = 0. 3m，射孔孔径 12mm，孔眼密度为 20 孔/m 下，不同生产压差下气井的产量随相位角的变化趋势基本一致，如图 4-6(a)所示。总体来说，相位角的改变对不同生产压差下气井的产量影响不大，同一生产压差，不同相位角下气井的产能曲线趋于平行。相位角 45°时，气井产量最高，相位角依次取 45°、60°、90°、120°、180°、0°，气井产量逐渐降低。

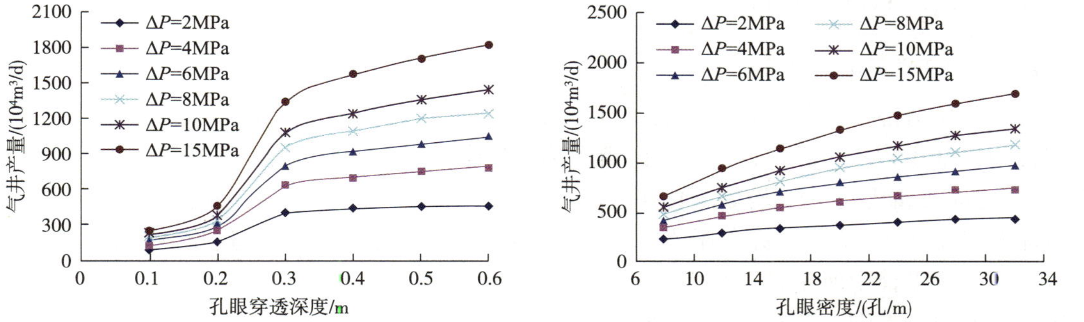

(a)S_d=3，不同孔眼穿透深度、不同生产压差下气井产量对比　(b)S_d=3，不同孔眼密度、不同生产压差下气井产量对比

图 4-5　$S_d=3$，不同孔眼穿透深度、不同孔眼密度下气井产量对比曲线

4. 不同生产压差下射孔孔径对气井产量的影响

在孔眼穿透深度 $l_p=0.3$m，相位角 90°，孔眼密度 20 孔/m 下，不同生产压差下气井的产量随着射孔孔径变化的趋势基本一致，如图 4-6(b)所示，即在相同的生产压差下，气井产量随着射孔孔径增加而增大，当射孔孔径大于 12mm 时，同一生产压差下，产量曲线趋于平缓。

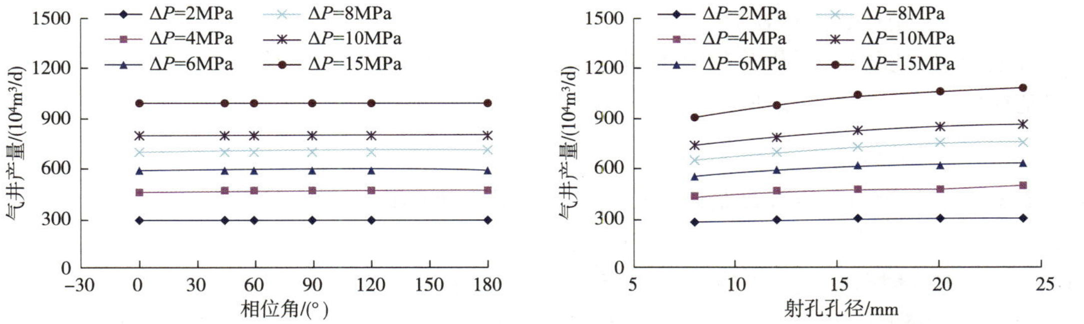

(a)S_d=10，不同相位角、不同生产压差下气井产量对比　(b)S_d=10，不同射孔孔径、不同生产压差下气井产量对比

图 4-6　$S_d=10$，不同相位角、不同射孔孔径下气井产量对比对比曲线

同一生产压差下，四项射孔参数中，孔眼穿透深度对气井产量影响最大；其他三个射孔参数中，孔眼密度对气井产量影响相对较大，孔眼密度大于 20 孔/m 后影响较平缓；气井产量随着射孔孔径增大而增加，当射孔孔径大于 12mm 时，产量曲线趋于平缓；相位角几乎不影响气井的产量，曲线略有波动，相位角依次取 45°、60°、90°、120°、180°、0°，气井产量逐渐降低。

综合上述分析，雅克拉凝析气田射孔参数优选为：井下实际孔眼穿透深度应大于 0.3m，孔眼密度为 20~24 孔/m，相位角取 45°、60°、90°中的一种，采用射孔孔径为 12~16mm 的射孔弹。

四、最优射孔参数优选

（一）最佳射孔负压差

射孔负压值是实施负压射孔的关键，一方面要保证孔眼清洁、冲刷出孔眼周围的破碎压实带中的细小颗粒，满足这一要求的负压称为最小负压；另一方面，负压值又不能超过某个值，以免造成地层出砂、垮塌、套管挤毁、封隔器失效和其他方面的问题，对应的这一邻近值称为最大负压。合理射孔负压值的选择应当是既高于最小负压又不超过最大负压[2]。

射孔负压设计中所用岩石弹性模量、抗拉强度、泊松比等岩石力学参数，是利用我国塔里木、四川、大港、冀东等17个低渗砂岩油田（区块）近1200块岩心孔隙度、渗透率、岩石力学参数拟合经验公式(4-1)~式(4-3)，根据雅克拉两个气田的渗透率、孔隙度参数计算获得。

$$E=-1749.2\times\ln K+14232 \tag{4-1}$$

$$C=-19.139\times\ln K+189.43 \tag{4-2}$$

$$\mu=0.0029\times\ln K+0.2151 \tag{4-3}$$

式中 E——弹性模量，GPa；

K——储层渗透率，$10^{-3}\mu m^2$；

C——抗拉强度，MPa；

μ——泊松比，无因次。

根据产层厚度和地层相关参数不同，计算优选雅克拉凝析气田各主力气层进行射孔负压控制在19.8~21.6MPa之间。

（二）最优射孔参数

根据上述大量的分析计算结果，得出井下射孔深度的设计原则如下：

(1) 不清楚污染深度的井，采用笼统设计、宁大勿小的原则，要求井下穿深要大于300mm，即选择射孔弹地面混凝土靶的穿深大于600mm；

(2) 污染深度已量化的井，要求井下穿深要大于污染深度50mm，即选择射孔弹地面混凝土靶的穿深大于2×(污染深度+50)mm。

优选雅克拉凝析气田各主力气层射孔负压见表4-4。

表4-4 雅克拉凝析气田各主力气层射孔负压参数统计表

气田	井号	射孔井段套管					射孔枪型	射孔相关参数
		下入深度/m	套管尺寸/mm	钢级	壁厚/mm	固井质量		
雅克拉	YK8	5393	177.8	P110	12.65	优		DP127深穿透射孔弹，实装60发，孔眼密度16孔/m
	YK9X	5408	177.8	P110	12.65	良好	YD-127	电缆传输射孔，16孔/m，实射236发/14.5m，发射率100%

第二节 凝析气井防腐完井工艺技术

一、凝析气井主要腐蚀因素

根据雅克拉气田深层凝析气井的天然气和地层水组分分析结果，地层产出流体中影响油套管及井下工具腐蚀的介质主要有：H_2S、CO_2、含 Cl^-浓度较高的地层水等。

其中：

（1）CO_2 含量：

雅克拉气田 CO_2 含量较高，一般为 1.27%～3.55%，平均为 1.76%，个别达 6.63%，不含或只含极微量的 H_2S；因此，酸性气体的腐蚀可能主要来自 CO_2。

（2）Cl^-含量：

雅克拉气田地层水矿化度为 100～120g/L，Cl^-含量在 66～74g/L 之间，其水型为 $CaCl_2$ 型。高 Cl^-含量会加剧油套管腐蚀，凝析油的存在则有助于减缓 Cl^-腐蚀。

二、主要腐蚀性组分的腐蚀机理

（一）CO_2 腐蚀

1. 腐蚀机理

CO_2 溶于水形成碳酸，金属在碳酸水溶液中发生电化学腐蚀。在没有电解质（水）存在时，干燥的 CO_2 本身并不腐蚀金属。但是随着油气田开发的进行，含水率逐渐上升，CO_2 溶解于水，变成碳酸，具有较强的腐蚀性[3]。

有水情况下，CO_2 腐蚀过程包括铁的阳极溶解和氢的阴极扩散。其反应如下：

阳极反应：$Fe \longrightarrow Fe^{2+}+2e^-$

阴极反应：pH 值<5　$2H^++2e^- \longrightarrow H_2$　$2H_2CO_3+2e^- \longrightarrow H_2+2HCO_3^-$

pH 值>5　$2H_2O+2e^- \longrightarrow H_2+2OH^-$　$2HCO_3^-+2e^- \longrightarrow H_2+2CO_3^{2-}$

总体反应：$Fe+CO_2+H_2O \longrightarrow FeCO_3+H_2$

当溶解盐超过某一值后，盐将沉淀，形成保护膜。低温下生成 $FeCO_3$ 膜，高温下生成 Fe_3O_4 膜，使腐蚀减缓。

CO_2 的腐蚀现象主要包括均匀腐蚀、点腐蚀（坑蚀）。其中点腐蚀是最严重的腐蚀现象，预测和控制均十分困难。点腐蚀呈轮癣状腐蚀和台面状坑蚀，台面状坑蚀是腐蚀最严重的一种情况，这种腐蚀的穿透率很高，给油田生产造成巨大的经济损失。

2. CO_2 腐蚀影响因素分析

（1）CO_2 分压影响：

CO_2 溶解在水相中生成碳酸，与管壁发生化学反应，产生 CO_2 腐蚀。水相中 CO_2 的含

量与气液平衡中 CO_2 的分压紧密相关(如果没有自由气体存在，水中 CO_2 含量将由与水相保持接触的气相 CO_2 压力来决定)。因而，预测 CO_2 腐蚀速度可以气相中的 CO_2 分压为基础：

$P_{CO_2}>0.2MPa$，严重腐蚀；$P_{CO_2}=0.02\sim0.2MPa$，有腐蚀；$P_{CO_2}<0.02MPa$，没有腐蚀。

当 $P_{CO_2}=0.05\sim0.1MPa$ 且有地层水存在时，将地层水中 Ca^{2+}、HCO_3^- 的摩尔浓度乘以其电价数后相比，由其比值大小可以判断腐蚀的强弱。

$Ca^{2+}/HCO_3^-<0.5$ 时，腐蚀速率较低；$Ca^{2+}/HCO_3^->1000$ 时，腐蚀速率中等；$0.5<Ca^{2+}/HCO_3^-<1000$ 时，腐蚀速率较高。

(2) 温度的影响：

温度对 CO_2 腐蚀的影响比较复杂，在目前气井的井深温度范围内，不能判定是低温还是高温腐蚀严重。一般说，在低 pH 值时，不利生成碳酸铁膜或其他保护膜，那么随温度增加腐蚀严重；在较高 pH 值时，高温促使生成稳定的碳酸铁膜或其他保护膜，随温度增加腐蚀显著降低。最严重的腐蚀区间是 60~80℃，具体腐蚀峰值温度与水中溶解物、流动状况有关。

(3) Cl^-浓度影响：

Cl^-本身不产生腐蚀，但 Cl^-半径小，极性强，是活性阴离子，迁移率高，易穿透腐蚀产物，在产物膜和金属界面富集，优先进入点蚀和垢下缝隙形成闭塞电池。碳钢的腐蚀速度则随着 Cl^-含量增加而急剧增加，气田 Cl^-含量大于 74000mg/L，Cl^-特有的破钝作用，形成腐蚀小孔，在活化状态而发生腐蚀，形成 $FeCl_2$，$FeCl_2$ 水解成酸性 H^+浓度增大，酸度增大，加快了金属溶解腐蚀，从而进一步加速了腐蚀点(孔)蚀的形成。

(4) pH 值的影响：

CO_2 对金属的腐蚀在很大程度上取决于 pH 值。地层水的 pH 值为 5~7。但是当 CO_2 溶于水时，pH 值会降低。计算 CO_2 腐蚀速率时，其精度与 pH 值有关。实验室容易测到准确 pH 值，现场测量十分困难，常常要根据水分析和温度来计算。当水相是地层盐水时，油管内水的矿物组分浓度变化不大。但随温度压力降低会形成凝析水，凝析水中不含盐类溶解物。当有 CO_2 或 H_2S 溶于凝析水中时，pH 值显著降低。因此钢表面吸附凝析水时，具有较强的腐蚀性。

(5) 流动状态的影响：

流动对腐蚀的影响可分为下述两种情况：

无腐蚀产物膜：在低 pH 值和凝析水情况下，没有腐蚀产物膜生成或生成的腐蚀产物膜易被冲刷掉。在这种情况下，流动对腐蚀有显著影响。紊流使金属表面传质交换加快，由此加速腐蚀。

有腐蚀产物膜：在高 pH 值和地层盐水情况下，有腐蚀产物膜生成、腐蚀产物膜稳定，不易被冲刷掉。在这种情况下，流动对腐蚀没有显著影响。

在含油、气和水多相流的情况下，流动对腐蚀的影响决定于流态。

(二) 地层水化学组分及其对腐蚀的影响

地层水中所含无机盐离子影响系统的 pH 值，并由此可能加剧或减缓腐蚀。地层水中常见的无机盐离子等组分见表 4-5。

表 4-5 地层水中常见的组分

组分类型	组分类型	组分类型
CO_2	Cl^-	$CH_3COOH(HAc)$
H_2CO_3	Na^+	$CH_3COO^-(Ac^-)$
HCO_3^-	K^+	H_2S
CO_3^-	Ca^{2+}	HS^-
H^+	Mg^{2+}	S^-
OH^-	Ba^{2+}	HSO_4^-
Fe^{2+}	Sr^{2+}	SO_4^{2-}

地层水中可能不同程度地溶解有氯化物、硫酸盐、碳酸盐等可溶性盐类，它们对油、套管及设备的腐蚀大致有下列类型：对某些钢材的应力腐蚀及应力腐蚀开裂，在与 H_2S 和 CO_2 共存时，相互作用，加剧腐蚀和应力腐蚀开裂。

Cl^-浓度对金属腐蚀速率有一定的影响。常温下加入 Cl^-，会使溶液中 CO_2 的溶解度降低，使碳钢腐蚀速度降低。图 4-7 表明：在高矿化度介质中，Cl^-的含量在 4%左右时，N80 和 P110 钢的腐蚀程度较严重。当 Cl^-的含量在 0~4%时，随着 Cl^-含量的增大，对钢材的腐蚀速度增大。当 Cl^-含量大于 4%时，随着 Cl^-含量的增大，对钢材的腐蚀速度下降。

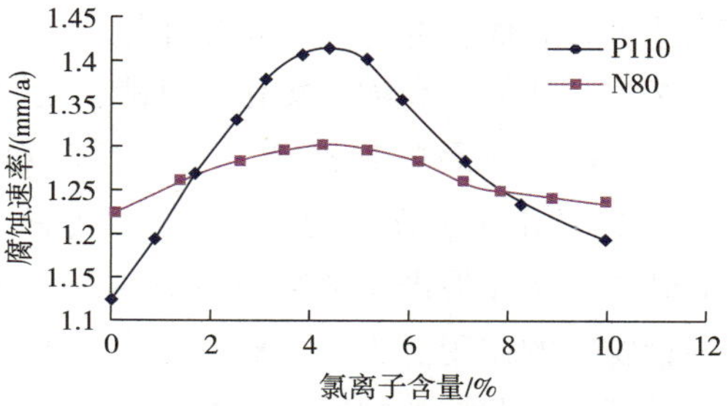

图 4-7 Cl^-浓度对腐蚀速率的影响

在含 H_2S 的腐蚀介质中，Cl^-使金属的腐蚀速度加快，因为 Cl^-增加了溶液的导电性，并使溶液中 H^+活度加大、导电性增强，阻止致密的 FeS 的生成，使腐蚀加速。当 Cl^-浓度很高时，金属腐蚀反而减缓。原因是 Cl^-吸附能力强，大量吸附在金属表面，完全取代了吸附在金属表面的 H_2S、HS^-。

（三）多腐蚀性组分共存对腐蚀的影响

地层流体中可能有 H_2S、CO_2、地层水、盐粒子、细菌等多组分共存的腐蚀。某些组分共存时的相互作用可能是加速腐蚀或减缓腐蚀。

1. H_2S 和 CO_2 共存对腐蚀的影响

由于腐蚀性组分的相互作用，电化学腐蚀并不是完全取决于 H_2S、CO_2 的含量或其分压，而与每口井、每个气藏的具体动态腐蚀环境有关。目前对 H_2S/CO_2 共存时的腐蚀机理还没有形成统一的认识，实验室评价与现场情况可能会有较大的差别，软件预测与现场差别会更大，软件预测可能会过高估计腐蚀严重度。

H_2S 对 CO_2 腐蚀的影响具有双重作用，H_2S 既可以通过阴极反应加速 CO_2 腐蚀，也可以通过 FeS 的沉积而减缓腐蚀，其变化与温度和 H_2S 含量等直接有关。一般情况下，低温(30℃)时，少量 H_2S(0.2%)将使 CO_2 腐蚀成倍加速，而高含量 H_2S(例如 21.5%)则使腐蚀速率降低；高温下，当 H_2S 含量大于 2.1%时，腐蚀速度反而比纯 CO_2 低；温度超过 150℃时，腐蚀速度则不受 H_2S 含量影响。同时，在低浓度 H_2S 时，由于 H_2S 可以直接参加阴极反应，导致腐蚀加剧；高浓度 H_2S 时，由于 H_2S 可与铁反应生成 FeS 膜，从而减缓腐蚀。

以下为 CO_2/H_2S 比对腐蚀类型影响的经验法则：

$P_{CO_2}/P_{H_2S}>500$，以 CO_2 腐蚀为主；

$20<P_{CO_2}/P_{H_2S}<500$，两种腐蚀都有，即混合腐蚀；

$P_{CO_2}/P_{H_2S}<20$，以 H_2S 腐蚀为主。当 H_2S 含量较低（$70mg/m^3$）和较高（$6000mg/m^3$）时腐蚀速率较低。

根据地层流体中的 CO_2、H_2S 含量，其 P_{CO_2}/P_{H_2S} 总体上远大于 500，因此雅克拉气田的腐蚀以 CO_2 腐蚀为主，基本可以不考虑 H_2S 的影响。

2. H_2S、CO_2 与氯化物共存对腐蚀的影响

Cl^- 对钢铁的影响随材质不同而不同，可导致钢铁发生严重的孔蚀、缝隙腐蚀等局部腐蚀。成膜理论认为，由于 Cl^- 半径小、穿透能力强，故它最容易穿透保护膜内极小的孔隙，到达金属表面，并与金属相互作用形成可溶性化合物，使保护膜的结构发生变化，金属产生腐蚀。此外，高浓度氯化物可能引起耐蚀钢或高强钢的应力腐蚀开裂。

3. Cl^-、Ca^{2+}、Mg^{2+} 含量对腐蚀的影响

Cl^- 的影响表现为两个方面：一方面，降低试样表面钝化膜形成的可能性或加速钝化膜的破坏，从而促进局部腐蚀损伤；另一方面，使得 CO_2 在水溶液中的溶解度降低，有缓解碳钢腐蚀的作用。当 Cl^- 含量较低（5000mg/L）时，N80 钢表面腐蚀产物膜较致密，附着力也较高，因此抗蚀性好；当 Cl^- 含量增加一倍后，试样表面腐蚀产物膜的致密性降低，其保护作用下降，由此导致钢的腐蚀速率增大；进一步提高 Cl^- 含量，溶液中 CO_2 含量降低，pH 值增大，$CaCO_3$ 的沉积倾向增加，由此抑制了全面腐蚀的发生，因而均匀腐蚀速率呈下降趋势。

Ca^{2+}、Mg^{2+} 对试样的腐蚀行为由下述原因决定：一方面，Ca^{2+}、Mg^{2+} 离子的存在增大了水溶液的硬度，导致 CO_2 溶解在水中的亨利常数增大，在其他条件保持不变的情况下，Ca^{2+}、Mg^{2+} 含量增加使得溶液中的 CO_2 含量减少；另一方面，Ca^{2+}、Mg^{2+} 含量的增加会使溶液结垢倾向增大，由此会加速垢下腐蚀，以及产物膜与缺陷处暴露基体金属间的电偶腐蚀。这两方面的影响因素使得全面腐蚀速率降低而局部腐蚀增强。

三、凝析气井防腐完井工艺技术

经过长期研究和现场试验，总结出雅克拉凝析气藏油套管腐蚀主要有以下原因：高温（井筒温度 65～134℃）、高压（50MPa 以上）、高含 CO_2（含量 2%以上，分压 0.55～2.7MPa）、高 Cl^-（$6.7\times10^4mg/m^3$）的恶劣环境，尤其是 CO_2 腐蚀特别严重，属于强 CO_2 腐蚀环境。通过调研与室内实验评价，进一步丰富完善了井下安全阀、封隔器等完井工具，最终形成了气层附近 13Cr×FOX 不锈钢套管+13Cr×FOX 封隔器+13Cr×FOX 油管+13Cr×FOX 井下安全阀+FF 级采气树、环空加注缓蚀剂的防 CO_2 腐蚀完井工艺技术集成。

（一）管材设计

早期试采时，未考虑到气藏高含 CO_2，套管主要采用 J55、N80 和 P110 材质，油管主要采用 P105、P110、3SB 和 EUE 材质。由于 CO_2 含量高，普通材质管材不抗腐蚀，腐蚀速度快，对气井生产造成严重影响。

1999 年在 YK1 井试验应用了不锈钢油管，发现不锈钢油管总体上不存在严重的腐蚀情况，仅仅在部分设备的内外表面上有轻微的锈迹，不锈钢油管等对 CO_2 腐蚀具有有效的抑制作用。室内实验则证实不锈钢在其表面能形成钝态覆膜，有抑制 CO_2 腐蚀的效果。SM13CrM110 管材在雅克拉凝析气田环境下使用寿命能够达到 15 年。所以无论从室内实验还是从现场应用来看，在雅克拉凝析气田，不锈钢管材比普通碳钢管材具有无法比拟的可行性和优越性。

所以油管及封隔器、井下安全阀等井下工具均选用 13Cr 材质，气层套管材质选择加入 Mo 元素高级 13Cr（HP－13Cr），防止 CO_2 腐蚀。为降低成本，只在气层附近套管采用 13Cr（HP－13Cr）管材，气层以上套管采用 P110 管材。同时由于雅克拉凝析气田储层埋藏深，地层温度高、压力大，为保证安全生产、延长气井的工作寿命、减少套管维护工作量，密封要求比油井更高，故油管及气层附近套管应选用气密性好的 FOX 扣。

（二）完井管柱设计

1995 年以前采用光管柱完井：S15 井 1990 年 11 月采用普通 P110 套管+普通 P110×EUE 光油管柱+EE 级采油树完井试采，由于长期地层出砂和 CO_2 腐蚀，导致油管腐蚀断脱、套管腐蚀破裂，最终在 1994 年 10 月发生井喷着火事故，压井后报废。

鉴于 S15 井教训，1995 年开始边研究、边引进、边试验。经过 YK1、YK2 井全面试验应用和开发方案优化研究，进一步丰富完善井下安全阀、封隔器等完井工具。为保证采气生产管柱密封可靠，防止地层腐蚀介质对套管的腐蚀，要求选用 FOX 气密扣，封隔器、井下安全阀等井下工具也要求采用 FOX 气密扣，保证管柱密封性。同时采用封隔器封隔油套环空，保护套管不承受高压和腐蚀介质的影响，在封隔器以上油套环空加注缓蚀剂，进一步保护套管不受地层流体腐蚀。

（三）采气树设计

雅克拉凝析气藏静压高于 50MPa，流经采气井井口装置的流体最高温度达 70℃，故选择合适的井口装置是保证雅克拉凝析气田安全高效生产的关键。选型依据气藏工程研究及试采资料：原始地层压力 58.3MPa、采气井井口压力 30～42MPa、流经采气井井口装置的流体最高温度为 70℃、最低环境温度－27.4℃，CO_2 井口分压 0.7MPa 以上。根据雅克拉凝析气田主要井口参数及 SY 6137—2005 的规定，选择国产型号为 KQ70/78－65 型（耐压 70MPa）或国外 10M（10000psi，耐压 69MPa）型 FF 级采气井口装置，并要求尽量引进采用高压及防腐性能更优越的国外采气井口，有效防止 CO_2 及冲刷腐蚀。同时为保证井控安全，采用了采气树加井下安全阀、地面安全阀全方位控制井口的技术。

第三节 凝析气田储层保护工艺技术

储层伤害贯穿于油气开发的整个过程，在凝析气井生产过程中，可能发生反凝析或水锁污染，降低油气井产能甚至停喷，在修完井作业过程中，压井液对储层的伤害会严重降低气井产能，甚至无法恢复生产。因此，储层保护对于油气田的稳产增产、提高采收率具有重要意义。

储层伤害涉及的影响因素比较多，有客观的油藏地质条件原因，也有施工作业中的人为因素。客观潜在损害因素主要包括储层物性和地层流体性质，如储层的岩性、骨架颗粒特征、胶结特征、黏土矿物及地层微粒特征、储集空间，以及地层油气水性质等。外在因素主要是在钻井、完井、试油、大修、措施作业等过程中由于工作液侵入而导致储集层近井壁带流体渗流能力的下降。

在储层保护方面，主要是基于修井液、完井液性能优化，结合凝析气井的特点，形成了不同时期多种储层保护液技术[4,5]。

一、ADG077 型储层保护液

2007 年对雅克拉等凝析气藏储层开展了五敏性实验评价(表 4-6)，并对各种添加剂进行室内实验评价优选，研发出 ADG077 型储层保护液。

表 4-6 凝析气藏五敏数据表

区块	速敏程度	水敏程度	盐敏程度	酸敏程度	碱敏程度
雅克拉	弱	弱	中等偏弱	中等	弱
大涝坝	无	中等偏弱	中等偏弱	中等	弱
S3 井区	弱	中等偏弱	中等偏弱	中等偏弱	弱

ADG077 型储层保护液是一种多元复合阳离子非离子活性体系，呈中性到弱碱性，有很好的阻垢、缓蚀、防凝析油乳化、解除水锁与黏土稳定作用。主要成分 NMD0612 为一种超微分子，遇水瞬间增黏，使地层向非润湿转变；FDH-4 为一种表面活性剂。

对各井修井统计数据分析，其中使用 ADG077 系列修井液($100m^3$)的 DLK6 井的产量恢复程度达到了 90%以上，并且轻油替喷开井一次性投产成功，其他各井均使用了气举诱喷方式(表 4-7)。

表 4-7 不同压井液使用效果数据表

井号	作业时间	作业内容	修井液	产量恢复	开井投产情况
DLK6	2008. 2	检管	ADG077	90. 4%	轻油替喷开井一次性成功
DLK5	2007. 11	检管	清水	54. 6%	轻油替喷失败，后采气举作业，最大举深 4000m
YK1	2004. 3	检管	盐水	84. 4%	轻油替喷失败，后采取液氮诱喷，最大举深 3000m

二、新型低伤害压井液

在储层五敏性、储层伤害因素评价的基础上，对各种添加剂进行室内实验评价优选和配方优化后研发新型低伤害修井液，相对于 ADG077 型储层保护液，其各种添加剂更具有性价比优势。

2010 年，YK1 井检管作业中使用新型低伤害压井液（共 $150m^3$），作业过程漏失压井液 $17m^3$，从作业前后生产数据来看，油产量恢复率约 93%，气产量恢复率约 92%（表 4-8）。新型低伤害压井液具有较好的现场应用效果，且性价比高。

表 4-8　YK1 井作业前后生产数据对比表

参数	油嘴/mm	油压/MPa	含水率/%	日产油/t	日产气/10^4m^3
作业前	9	31.6	4.8	66.5	28.3
作业后	9	31.9	3.8	62.1	25.9
差值	0	0.3	-1.0	-4.4	-2.4
恢复率				93.3%	91.6%

三、无（低）渗漏压井液

随着地层压力不断下降，作业过程中压井液漏失增大，作业成本增加，污染加重；2012 年引进了无（低）渗漏压井液。无（低）渗漏压井液利用高吸水高分子材料控制压井液体系中的自由水，并通过物理脱水作用在孔眼或井壁上形成暂堵层，并利用井下高温引起暂堵层的化学反应，使暂堵层形成胶质的人工井壁，暂堵层一旦形成，可有效地阻断压井液的渗漏，解决了压井液渗漏的技术难题，作业后以很小的生产压差（约 1MPa）即可解除暂堵层恢复生产，达到保护储层的目的。无（低）渗漏压井液有盐水和淡水两种配方体系，抗温上限为 140℃，岩心渗透率恢复值大于 85%。

2012 年在 YK10 井检管作业中，使用了无（低）渗漏压井液，作业后轻油（密度为 $0.79g/cm^3$）替喷、返液 $10m^3$，油压由 1MPa 上升至 5MPa，开井成功。作业后，油产量恢复率 106%，气产量恢复率 106%（表 4-9）。

表 4-9　YK10 井作业前后生产数据对比表

参数	油嘴/mm	油压/MPa	含水率/%	日产油/t	日产气/10^4m^3
作业前	7	31.7	4.5	40.1	15.96
作业后	7	31	0.7	42.5	16.88
差值	0	-0.7	-3.8	2.4	0.92
恢复率				106%	106%

第四节　凝析气井排液采气工艺技术

国内外凝析气藏的开发表明，生产过程中往往存在不同程度的地层出液和井底积液的问题，特别是进入生产中后期。井底积液后，将增加对产层的回压，使生产压差降低，降低气井的生产能力。随着气井产量的降低，携液能力进一步变差，井底积液会在较短时间内恶性增加，最后导致气井停喷，即“气井水淹”。“气井水淹”多发生在低压井内，往往少量的液体就会使低压气井停喷。气井停喷后，井筒内的液柱会使井底附近地层出现伤害，含液饱和度增大，气相渗透率降低，气井产能及最终采收率均降低。

一、气井积液机理

气井产液来源主要有两种：一是地层中的游离水或烃类凝析液与气体一起渗流入井筒，液体的存在会影响气井的流动特性；二是地层含有水蒸气或气态重烃的天然气流入井筒，由于压力温度降低，出现凝析液。

气井积液是指气井中由于气体不能有效携带出液体而使液体在井筒中聚积的现象，根据产水气井在流动断面上气相和液相的流速以及气相与液相含量的不同，可将井筒内的流型划分为泡状流、段塞流、环流和雾流。

气井投产初期，井筒内气体流速较高，油管内的流型主要为雾流；生产一段时间后，产量下降，从储层到井口的流型会随着气体流速的降低而变化，井口附近一般为雾流，下部为过渡流；而后产量继续降低，导致产量不稳定，过渡流会成为段塞流；随着产量的持续降低，气体无法将液体携至地面，段塞流形成泡状流，若采取措施不当，气井产量会持续降低。

图 4-8 描述了气井的积液过程，多数气井在正常生产时的流态为环雾流，液体以液滴的形式由气体携带到地面，气体呈连续相而液体呈非连续相。当气相流速太低，不能提供足够的能量使井筒中的液体连续流出井口时，液体将与气体呈反方向流动并积存于井底，气井中将存在积液。

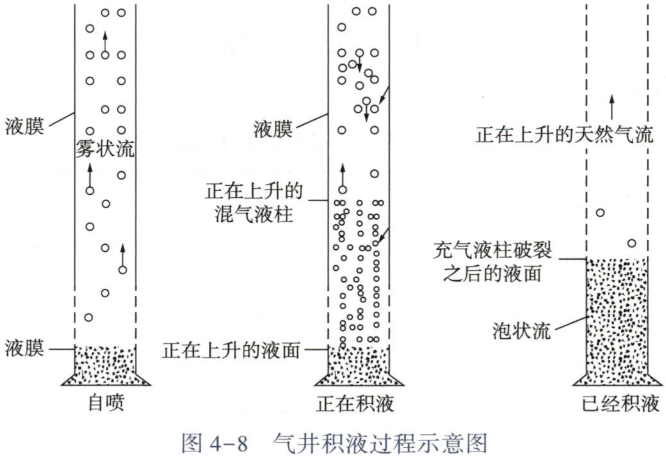

图 4-8　气井积液过程示意图

对于积液来源于凝析水的气井，在积液过程中，由于天然气通常在井筒上部达到露点，液体开始滞留在井筒上部。当气井流量降低到不能再将液体滞留在井筒上部时，液体泡沫随之崩溃，落入井底，井筒下部压力梯度急剧增高。一般来说，只需少量积液就会使低压气井停喷。

井筒积液将增加对气层的回压，限制井的生产能力，甚至使气井完全停喷。另外，井筒内的液柱会使井筒附近地层受到伤害，含液饱和度增大，气相渗透率降低，产能降低。

二、气井积液判别方法

在气井生产过程中，随着产液量增大、地层能量降低到一定程度时，积液不可避免，积液预测是掌握气井生产的重要手段。目前主要的诊断方法包括生产情况分析和临界携液流量计算。

（一）生产曲线和压力梯度曲线分析

根据气井积液流动状态分析可知，正常生产气井的递减为一条平滑的曲线。当井底发生积液时，产水气井的产气量不足以将产出水携带至地面而开始发生积液，以至于井底流压变大，梯度曲线不稳定，生产压差变小，产气曲线和油压会偏离原来趋势突然下降，放大油嘴后油压、产气量、产液量会有所上升，如图4-9所示。利用井筒压力梯度曲线和生产动态判断气井积液情况：35口气井进行积液判断，不积液井23口，初步积液井3口，积液井9口，如图4-10所示。

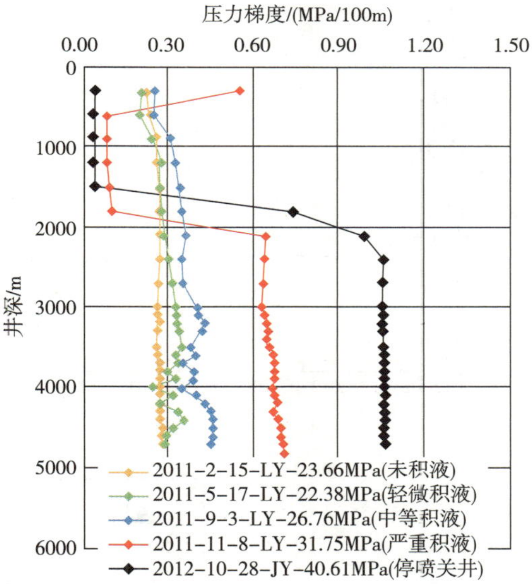

图4-9　积液气井压力梯度曲线图

（二）临界携液流量法

临界携液流量计算模型也是最常用的判断井底积液的方法，国内外学者在气井积液预测方面做了大量的工作，提出了适应不同气井的临界携液流量模型。常见的临界流速模型有Duggan模型、Turner模型、Coleman模型、Nosseir模型，李闽模型、杨川东模型等[6]。Duggan模型基于统计数据得到了气井临界流量表达式，后五种模型以液滴模型为基础，以井口或井底条件为参考点，推导出了临界流量公式[7]。

1. Duggan模型

1961年，Duggan经过对现场大量数据的整理，提出了最小气体流速的概念。Duggan认为，气井最小气体流速是保证气井无积液生产的最低流速。经过统计分析，Duggan指出，1.524m/s的井口流速是气井生产的最低流速，小于这个生产速度，气井就会出现积液。

2. Turner 模型

Turner 在 1969 年提出了液滴模型，认为液滴模型可以准确地预测积液的形成。Turner 假设液滴在高速气流携带下是球形液滴，通过对球形液滴的受力分析，推导出了气井携液的临界流速公式。液滴受力如图 4-11 所示。

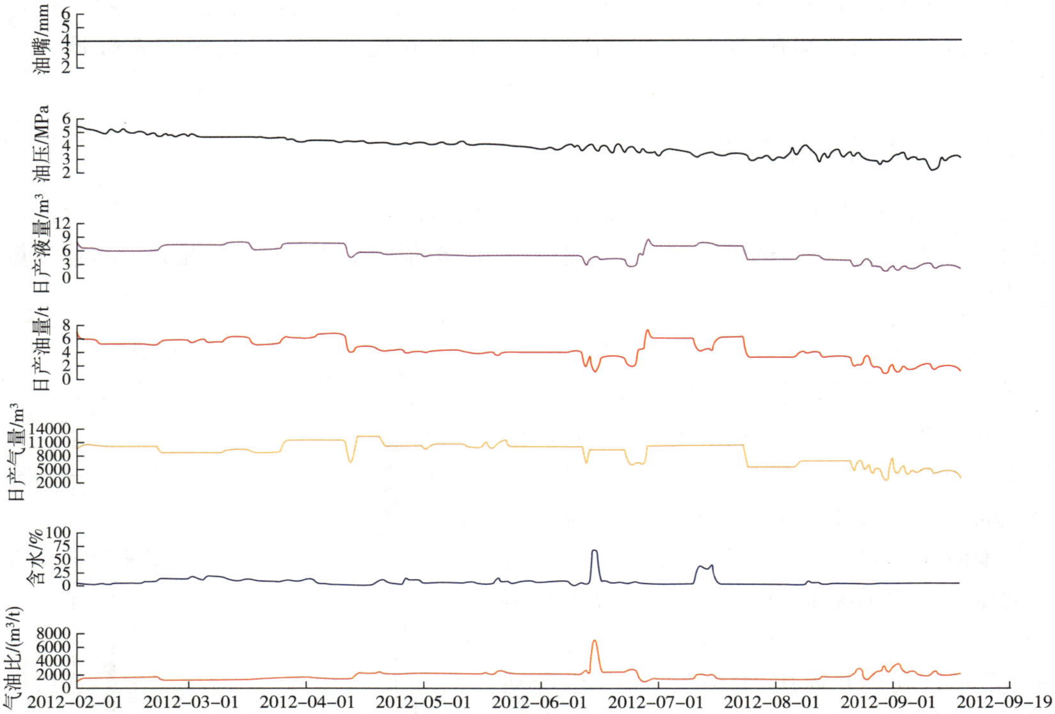

图 4-10　积液气井生产曲线示意图

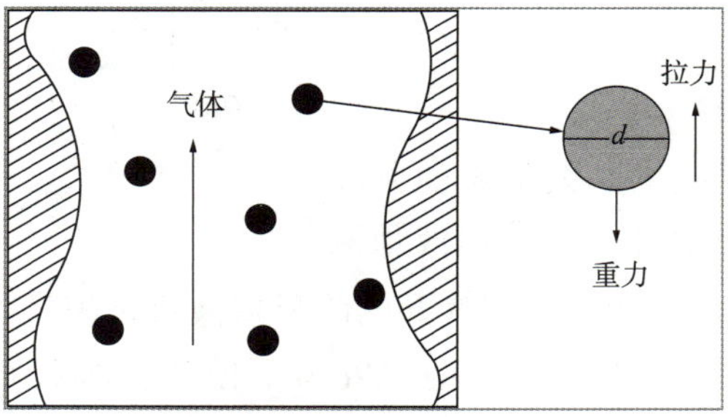

图 4-11　Turner 液滴物理模型及其受力分析

气体对液滴的曳力 F 为：

$$F=\frac{\pi}{4}d^2C_d\frac{u_{cr}^2}{2}\rho_g \tag{4-4}$$

液滴的沉降重力 G 为：

$$G=\frac{\pi}{6}d^3(\rho_l-\rho_g)g \tag{4-5}$$

式中 u_{cr}——气井携液临界速度，m/s；

d——最大液滴直径，m；

C_d——曳力系数；

ρ_l——液体的密度，kg/m^3；

ρ_g——气体的密度，kg/m^3。

Turner 假设拖曳系数等于 0.44，在完全湍流状态下是合理的。

根据气体对液滴的曳力 F 等于液滴的沉降重力 G，气井携液临界速度为：

$$u_{cr}=\left[\frac{4gd(\rho_l-\rho_g)}{3C_d\rho_g}\right]^{0.5} \tag{4-6}$$

式(4-6)表明，液滴直径越大，使它向上运动的气流速度就越高。如果能够确定最大液滴直径，就可以计算出使所有液滴向上运动的气流临界速度。

气流的惯性力和液体表面张力控制着液滴直径的大小。气流的惯性力试图使液滴破碎，而表面张力试图使液滴聚集，韦伯数综合考虑了这些力的影响。当韦伯数超过 20 到 30 的临界值时，液滴将会破碎，不存在稳定液滴。最大液滴直径由下式确定：

$$We=\frac{u_{cr}^2\rho_g d}{\sigma}=30 \tag{4-7}$$

式中 We——韦伯数；

σ——气水界面张力，N/m。

由式(4-7)求出 d，并代入式(4-6)，则临界流速变为：

$$u_{cr}=5.5\left[\frac{\sigma(\rho_l-\rho_g)}{\rho_g^2}\right]^{0.25} \tag{4-8}$$

由式(4-8)可知，压力越低，临界流速越大。因此，低压气井临界流速大，而产气速度又较低，更易积液。

理论上，气井的最小排液速度等于这个最大稳定液滴的自由降落速度。但 Turner 等实验结果表明，前者要比后者高 16%左右。考虑安全方面，Turner 等建议取安全系数为 20%，则有：

$$u_{cr}=6.6\left[\frac{\sigma(\rho_l-\rho_g)}{\rho_g^2}\right]^{0.25} \tag{4-9}$$

气井携液临界流量为：

$$q_{cr}=2.5\times10^4\frac{Apu_{cr}}{ZT} \tag{4-10}$$

式中 q_{cr}——气井携液临界流量，$10^4m^3/d$；

A——油管面积，m^2；

p——压力，MPa；

T——温度，K；

Z——气体偏差系数。

由式(4-10)可知，临界流速、临界流量与压力、温度有关，与气液比无关，应把井筒中临界流速和临界流量最小的位置点作为它们的计算条件。为方便起见，对于仅产生少量液体(主要是凝析液)的气井，可根据井口条件来预测临界流速和临界流量，这类气井需经过几天时间才能完全积液或停喷；而对于产出大量液体(主要是自由液体)的气井，可根据井底条件来预测积液的产生，这类气井在产气量降到临界流量之后几小时便会停喷。虽然气液比对积液的临界流量没有什么影响，但当天然气流量降低到临界流量以下时，气液比就会直接影响气井积液或停喷所需要的时间。

另外，油管直径对临界流量有明显的影响。如果井筒上部和下部的直径差别较大，那么直径最大的地方容易积液。为有效地排除一口井的水，必须将油管下到产层底部。

用式(4-6)计算临界流速时，需要相应压力温度下的液体密度和表面张力，近似计算时，可采用以下数据：

对水：$\sigma=0.06\mathrm{N/m}$，$\rho_1=1074\mathrm{kg/m^3}$。

对凝析油：$\sigma=0.02\mathrm{N/m}$，$\rho_1=721\mathrm{kg/m^3}$。

当水和凝析油同时存在时，为安全起见，应采用水的密度和表面张力。

对于一口气井，当产量降到临界流量之后，将开始积液并停喷。如果关井一段时间，停喷后气井的井底附近地层能量得以恢复，则仍然可以间歇生产。间歇生产所需的气量小于气井携液临界流量。

3. Coleman 模型

Coleman 观察 Turner 数据，发现 Turner 模型是在井口压力大于 3.4475MPa 的情况下得出的，而积液井井口压力一般低于 3.4475MPa。此时的曳力系数是 0.2，而不是 0.44。Coleman 等得出了水合凝析液的最小临界流量的相似表达式。实际上，Coleman 等的公式与 Turner 等的公式类似，只是没有像 Turner 模型中乘以 1.2 作校正。缺省数据与 Turner 等的方程中相同，Coleman 等的最小临界流速和流量方程分别为：

$$u_{cr}=5.5\left[\frac{\sigma(\rho_1-\rho_g)}{\rho_g^2}\right]^{0.25} \tag{4-11}$$

$$q_{cr}=2.5\times10^4\frac{Apu_{cr}}{ZT} \tag{4-12}$$

4. 李闽模型

李闽认为，被高速气流携带的液滴在高速气流作用下，其前后存在一个压力差，在此压力差的作用下液滴会变成椭球体形状(图 4-12)[8]。扁平椭球液滴具有较大的有效面积，更容易被携带到井口，因此所需的临界流量和临界流速都小于球形模型的计算值。

李闽模型推导出了低压气井的临界流速公式：

$$u_{cr}=2.5\left[\frac{\sigma(\rho_1-\rho_g)}{\rho_g^2}\right]^{0.25} \tag{4-13}$$

其气井流量公式沿用 Coleman 等流量方程(4-12)。

5. 模型对比和优化

为优选出适于雅克拉气田的临界流量计算方法，首先根据井筒压力梯度曲线判断出气井的实际积液情况，然后分别预测气井积液情况，并与气井的实际积液情况进行对比，最

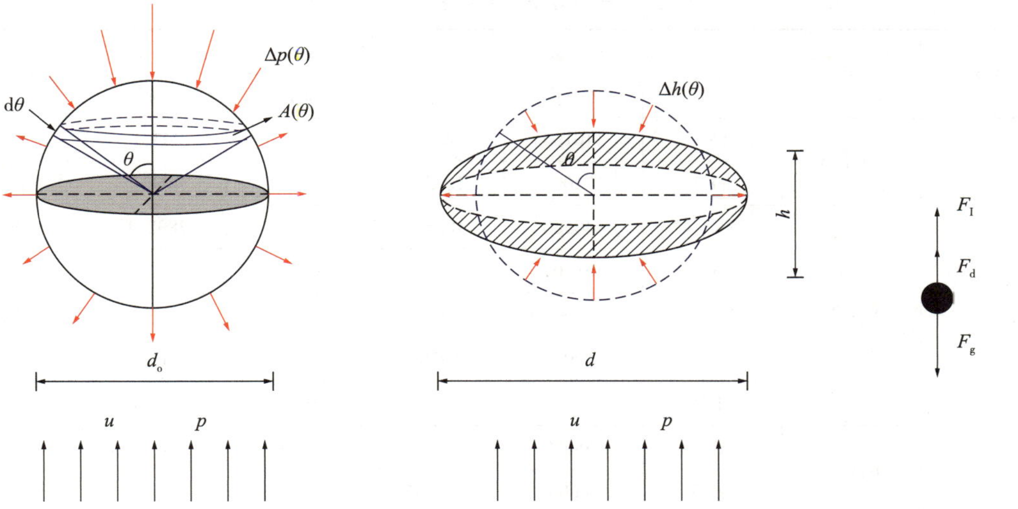

(a)液滴表面压力分布 (b)液滴变形 (c)液滴受力

图 4-12 李闽模型液滴受力分析图

终选出最佳的临界流量计算模型。

根据雅克拉各气井的井筒压力梯度分布曲线，判断出气井的实际积液情况，部分气井的实际积液情况见表 4-10，气井产出流体的物性参数和油管参数见表 4-11。

表 4-10 部分气井实际积液情况表

井号	油压/MPa	产气量/(m^3/d)	产水量/(m^3/d)	气井状态
YK9X	24.9	58600	32.3	积液
YK11	6.5	19600	16.1	积液
YK10	28.3	169000	35.5	不积液
YK17	24.5	149000	43.3	不积液
YK18	21.8	45600	25.2	不积液

表 4-11 气井产出流体的物性参数和油管参数表

井名	原油相对密度	天然气相对密度	水密度/(kg/m^3)	油管内径/mm
YK9X	0.7743	0.654	1073	76(0~591.5) 62(~5235.43)
YK11	0.7856	0.651	1072	62(0~5274)
YK10	0.7913	0.642	无数据	76(0~2702.64) 62(~5235.35)
YK17	0.7909	0.645	1070	76(0~5188.38) 62(~5238.53)
YK18	0.7836	0.732	1079	76(0~98.29) 62(~5215.31)

根据表 4-10 和表 4-11 所提供的数据，以及各井的井筒压力温度分布数据，分别用 Turner 方法、Coleman 方法、李闽方法这三种模型根据井口条件计算雅克拉气田共 16 口井的临界携液流量，得到的结果见表 4-12。

表 4-12　三种方法计算临界携液流量结果

区块	层系	井名	产气量/(m^3/d)	临界携液流量/(m^3/d)			气井状态
				Turner	Coleman	李闽	
雅克拉白垩系	K_1y 合采	YK1	110100	69286	57737	26341	不积液
		YK2	171000	107586	89655	40901	不积液
	K_1y 上	YK5H	440580	102549	85457	389864	不积液
		YK8	158900	115257	96047	43817	不积液
		YK10	169000	106697	88914	40563	不积液
		YK12	219000	69362	57801	26369	不积液
		YK15	189600	70558	58798	26824	不积液
	K_1y 下	YK7CH	155000	105601	88001	40146	不积液
		YK9X	58600	111157	92631	42259	不积液
雅东	K_1y 上	YK11	19600	62283	519021	23678	积液
		YK13	118000	108396	90330	41209	不积液
		YK17	149000	104767	87306	39829	不积液
		YK21	80000	109495	91246	41627	不积液
		YK16	81000	72179	60149	27440	不积液
	K_1y 下	YK19	42000	106010	88342	40302	不积液
		YK20	76800	102817	85681	39088	不积液

根据表 4-12 中的数据绘制出三种方法的临界流速-实际流量对比示意图，分别如图 4-13(a)(b)(c)所示。在三张图中，对角线的左上方区域表示气井不积液，右下方区域表示气井存在积液，对角线附近区域表示气井处在初步积液的临界状态。通过对比可知，对于雅克拉气田的气井积液预测，Turner 方法和 Coleman 方法均存在较大偏差，临界流量计算结果普遍偏大，只有李闽方法的积液预测结果与实际积液情况最相符。把李闽方法用于现场临界流量预测时，计算结果可能偏于下限，可以作为下限参考值。

（三）动能因子法

以气井自身的能量带水采气是最经济、最方便的排液采气方式，目前常用计算气井携液临界流量来诊断气井是否积液，从而确定排液采气措施实施的时机。计算气井的临界流量方法，如 Turner 模型、李闽模型等都是以理想化的雾流流态模型来计算的[9]。实验研究发现，环膜流和段塞流流态下也有一定的携液能力，特别是环膜流可以依靠气液两相剪切力的作用将分布在油管壁上的水环全部带出而不产生滑脱，能够使气井稳定连续排液。

气井带水的好坏或天然气带水能量，主要与气体流速和气体的相对密度相关，这些控制着气水在井筒的流动特性。根据室内气水两相垂直管试验数据，它们之间的关系可用动能因子 F 表示，经恒等变化后，即为伯努利方程的动能项，其物理意义是单位流体所具有的动能。

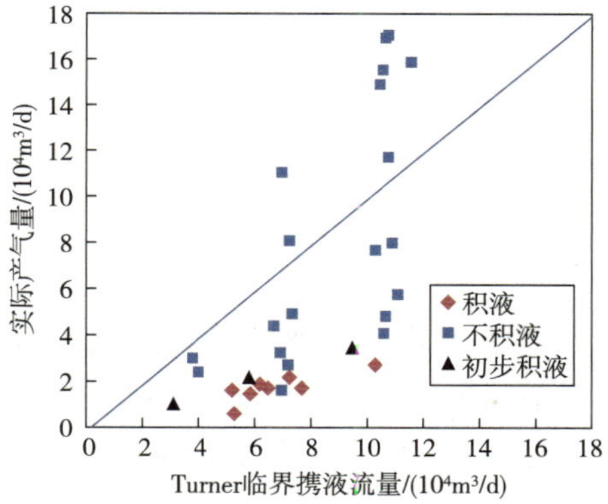

(a)Turner方法临界流速-实际流量对比示意图

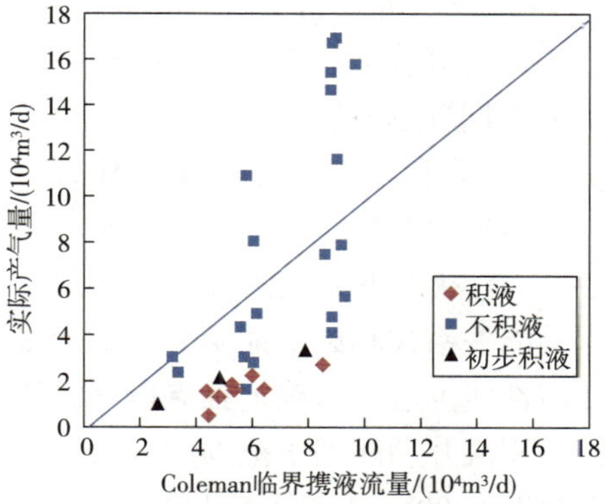

(b)Coleman方法临界流速-实际流量对比示意图

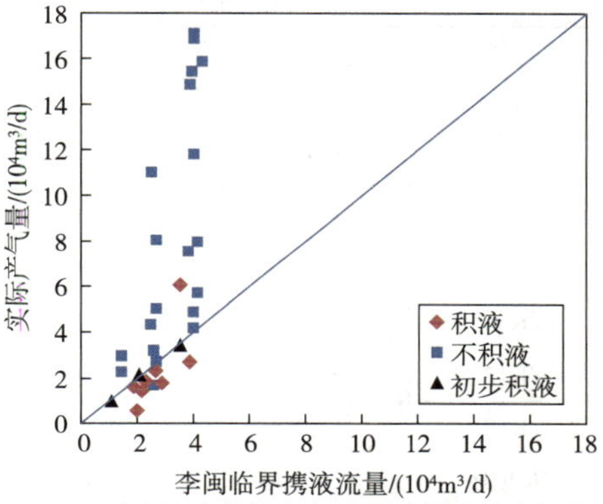

(c)李闽方法临界流速-实际流量对比示意图

图 4-13　Turner 方法、Coleman 方法、李闽方法的临界流速-实际流量对比示意图

动能因子反映气水两相在油管内的流动特征，反映气井的能量，从而反映生产气井的携液能力，其公式表示为：

$$F=v_g\sqrt{\rho_g} \tag{4-14}$$

其中，

$$v_g=\frac{1}{1.98\times10^8}\frac{Q_g}{D_{ti}^2}\frac{Z_{wf}T_{wf}}{P_{wf}} \tag{4-15}$$

$$\rho_g=3484\frac{\gamma_g P_{wf}}{Z_{wf}T_{wf}} \tag{4-16}$$

将式(4-15)、式(4-16)代入式(4-14)可得：

$$F=2.9\times10^{-8}\frac{Q_g}{D_{ti}^2}\sqrt{\frac{\gamma_g Z_{wf}T_{wf}}{P_{wf}}} \tag{4-17}$$

式中　F——动能因子；

v_g——气体在油管鞋处的流速，m/s；

ρ_g——气体折算至油管鞋处的密度，kg/m³；

Q_g——日产气量，m^3；

γ_g——气体的相对密度，无因次；

T_{wf}——油管鞋处的温度，K；

P_{wf}——油管鞋处的流动压力，MPa；

D_{ti}——油管内径，m；

Z_{wf}——P_{wf}状态下的气体压缩因子，无因次。

根据动能关系式和试验证明，动能沿油管自下而上递增，只要油管鞋处满足携液要求即整个井筒都能携液。为确定雅克拉气田的动能因子范围，分析计算出 16 口井的井底处动能因子，不积液井动能因子范围为 6. 35～59. 96，积液井的动能因子为 4. 64～6. 00，动能因子的界限值取 6. 00，具体见表 4-13、图 4-14。

表 4-13　气井动能因子计算表

区块	层系	井名	产气量/(m^3/d)	偏差系数	动能因子	气井状态
雅克拉白垩系	K_1y 合采	YK1	110100	1. 10	22. 29	不积液
		YK2	171000	1. 07	35. 14	不积液
	K_1y 上	YK5H	440580	1. 07	59. 96	不积液
		YK8	158900	1. 03	33. 33	不积液
		YK10	169000	1. 08	34. 36	不积液
		YK12	219000	1. 05	45. 76	不积液
		YK15	189600	1. 11	37. 98	不积液
	K_1y 下	YK7CH	155000	1. 07	21. 15	不积液
		YK9X	58600	1. 04	12. 19	不积液
雅东	K_1y 上	YK11	19600	0. 94	4. 64	积液
		YK13	118000	1. 06	24. 57	不积液
		YK17	149000	1. 03	21. 00	不积液
		YK21	80000	0. 99	11. 70	不积液
		YK16	81000	1. 01	17. 56	不积液
	K_1y 下	YK19	42000	0. 94	6. 35	不积液
		YK20	76800	0. 93	11. 76	不积液

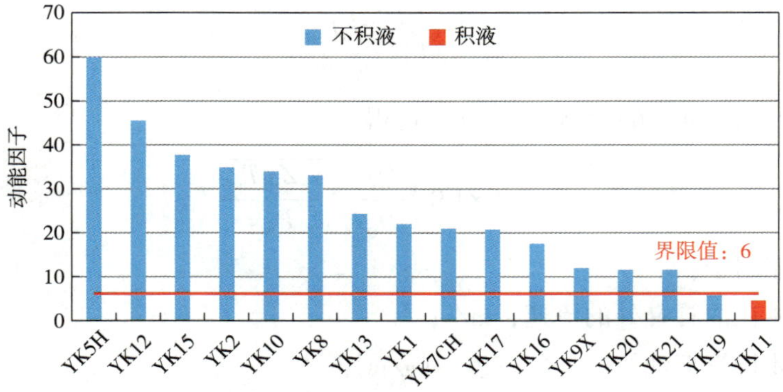

图 4-14　雅克拉区块动能因子分布范围图

三、中低含水期气井排液采气工艺

根据凝析气藏综合含水数据，将凝析气藏开发阶段分为低含水期、中含水期、高含水期三个阶段，见表4-14。

表 4-14 凝析气藏不同含水阶段划分统计表

开发阶段	综合含水/%	开发阶段	综合含水/%
低含水期	<20	高含水期	>60
中含水期	20～60		

从2008年开始，先后进行了放喷排液、泡沫排液、柱塞气举排液、机抽排液、连续油管气举排液、气举阀+小油管排液、涡流排液等多种排液采气技术试验，取得了一定的认识与效果。

（一）放喷排液采气技术

放喷排液是增加压差、提高产气量以增大携液能力、排除井底积液的方法，先后在雅克拉、大涝坝和轮台等多口积液凝析气井使用104井次。以2012年为例，实施放嘴排液采气27井次。

放喷排液采气技术只宜在未见水或见水初期气井积液使用，在气井大量见水后使用易造成气井水淹，且排液有效期会越来越短。由于雅克拉、大涝坝和轮台气田是带边底水的油气藏，每次放喷排液都伴有边底水锥进，含水升高，井筒积液越来越严重，最终导致停喷。

（二）泡沫排液采气技术

泡沫排液的实质就是将表面活性剂(起泡剂)从携液能力不足的生产井井口注入井底，借助天然气气流的搅拌作用使之与井底积液充分接触，减少液体表面张力，产生大量的、较稳定的含水泡沫，减少气体滑脱量，使气液混合物密度大大降低，以大幅降低自喷井油管内的摩阻损失和井内重力梯度。

通过开展泡沫排液采气试验(表4-15)，取得了以下认识：

(1)对于非地层出水的积液井用泡排方式进行泡沫排水采气，可以达到目的，但需要考虑井筒积液中含水量对泡排棒发泡性能的影响，必要时向井筒中加注油田水，使泡排剂充分发挥起泡性能，提高泡排效果。

(2)对于地层出水较快的井，泡排作业后会很快因产地层水而再次积液，泡排虽有一定效果，但持续时间较短，有的井甚至几小时内即恢复至泡排前的状态，此类井不宜进行泡排作业。

(3)泡排棒用量对泡排效果影响较大，泡排作业前要准确计算井筒积液量及泡排棒用量，在投棒作业过程中，摸索投棒技巧，确保每次泡排能按方案正常投入泡排棒，保证加药浓度，提高泡排效果。

表 4-15　泡沫排液采气试验情况表

井号	泡排棒类型	试验时间	含水率/%	应用情况与效果分析
YK8	XH-2-8A	2007.8	0.03	含水一度上升至 90%以上，消除了井筒中原有积水
DLK7	XH-2-8A	2007.8	8	有一定增产、助排效果，但有效时间较短
S3-1	GP-1	2009.1	1.5	油压上升，含水上升至 39.8%，投棒后有效期 7~10d
S3-3H	GP-1	2009.1—3	13~90	有效期短、效果不明显
YL2	GP-1	2009.1	1	效果不明显
DLK5	GP-1	2009.2—3	15~35	含水上升，有效期短
DLK1X	GP-1	2009.3	1	效果不明显，积液中含水较少
S45	GP-1	2009.3	16	含水上升，有效期短

（三）柱塞气举排液采气技术

柱塞气举是利用柱塞在被举升液体和气体之间起分隔作用，减小气相和液相的滑脱损失，依靠气体来举升液体的一种间歇举升方式。

2010 年 4 月在 DLK9 井开展了柱塞气举排液采气试验。该井位于大涝坝凝析气田，井深 5211m，因井筒积液严重，2009 年 12 月停喷关井。2010 年 4 月 1—6 日完成柱塞承接器的下入和井口、设备的改装后进行了 5 次开井诱喷调试(包括 1 次气举)，仅 4 月 21 日开井感应到柱塞到达井口，但 22 日开井后 1min 感应到柱塞到达井底目标位置，说明柱塞在井口附近。从调试情况来看，柱塞难以到达井口，未达到排液采气目的。通过试验取得了以下认识：

1. 完井管串带有封隔器、柱塞与油管间隙较大

该井带有封隔器，柱塞举升能量主要来自柱塞承接器以下流体的弹性能量；且柱塞与油管之间存在较大间隙(毛刷 2mm、钢体 3.5mm)，柱塞下部气体很易上窜，柱塞下部液体中溶解气量小，液体压缩系数小，在关井恢复能量过程中，储存能量有限，液体在柱塞上升过程中能够提供的能量有限，因此需要恢复到较高压力才能将柱塞举升至井口。

2. 地层对井筒能量补充困难

由于该井周围地层存在水锁和多相流效应，渗流阻力大，地层流体不能及时有效地补充柱塞在举升过程中井筒能量的衰减。

（四）机抽排液采气技术

机抽排液采气工艺是针对有一定产能，动液面较高，邻近无高压气源或采取气举法已不经济的水淹井，采用井下分离器、深井泵、抽油杆、脱节器、抽油机等配套机械设备，进行排液采气的生产工艺。

2008 年对 DLK7 井和 YK15 井进行排液采油气试验，出液基本为水，排液效果都较差(表 4-16)。目前常规的气锚很难达到气井机抽排液的气液分离要求，气锁比较严重。机抽排液在凝析气藏应用效果较差，适应性不高。

表 4-16 试验井排液采油气统计

井号	工作制度(泵径×冲程×冲次)/(mm×inch×spm)	油压/MPa	总液量/(t/d)	油量/(t/d)	水量/(m^3/d)	气量/(m^3/d)	含水率/%
DLK7	38×5×3	1.3	12.2	0.6	11.6	3761	95.1
YK15	38×5×3	0.08	3.2	2.3	0.9	0	28.0

(五) 连续油管气举排液

针对生产过程中停喷的井，可采用连续油管气举排液诱喷恢复自喷生产，具有可不动现有油管柱及封隔器的优点，先后在雅克拉、大涝坝、轮台等凝析气井现场应用14井次，应用效果较好，但费用较高，只能作为诱喷恢复生产的措施，用于排液采气生产经济可行性不高。

(六) 气举阀+小油管排液采气技术

小油管是一种提高气井自身能量带液采气能力，延长自喷带液采气期的常规排液采气工艺。其理论依据是气液两相垂直管流理论，即气井垂直管流的稳定带液最小气量，与油管截面积(管径的平方)成正比。管径越小，稳定带液需要的气井产量越小。对于产能较低，但递减缓慢的产液气井，采用或更换小油管可延长气井自喷生产时间，是一项有效的利用气井自身能量排液采气工艺方法。

2011年，在DLK5井进行了气举阀+小油管排液探索试验，未恢复该井自喷能力。试验分析认为：排液能力需与地层供液能力相匹配，且排液需与解水锁相结合，才可能取得较好的排液采油气效果。

(七) 涡流排液采气技术

利用井下涡流工具改变流体介质运动方式，使原有的垂直向上紊流流态变为使流体流动截面积减小的螺旋状向上层流态，从而有效降低了油管的流动摩阻与滑脱损失，充分依靠气体自身膨胀能量提高了流体的携液举升能力。先后在S3-5H等井完成了涡流排液试验(表4-17)，安装涡流工具后，试验井生产情况得到了显著改善，有效解决了井筒积液问题。

表 4-17 涡流排液效果统计表

井号	投放时间	延长自喷期/月	累增油/t	累增气/10^4m^3	生产情况							
					时间	油嘴/mm	油压/MPa	日产液/t	日产油/t	日产气/m^3	气油比	含水率/%
S3-5H	2012年8月	30	5700	1600	投前	4	11.8	10.1	2.7	7500	2778	73
					投后	4	13.1	13.4	4.9	13200	2694	63
					差值	0	1.3	3.3	2.2	5700	-84	-10

续表

井号	投放时间	延长自喷期/月	累增油/t	累增气/10^4m^3	生产情况							
					时间	油嘴/mm	油压/MPa	日产液/t	日产油/t	日产气/m^3	气油比	含水率/%
S3-6H	2013年2月	19	7000	1800	投前	4	17	9.4	6.9	17000	2464	27
					投后	4	18.1	11.8	9.1	21000	2308	23
					差值	0	1.1	2.4	2.2	4000	-156	-4
DLK7	2013年1月	26	9806	1067	投前	5	7.8	23.2	13.9	10000	719	40
					投后	5	8.4	30.1	18.8	12000	638	38
					差值	0	0.6	6.9	4.9	2000	-81	-2
YK11	2014年10月	9	1600	890	投前	4	4.9	18	3.9	18100	4641	78
					投后	4	5.6	17.8	4.7	18100	3851	74
					差值	0	0.7	-0.2	0.8	0	-790	-4
S3-1	2015年6月	—	9	17	投前	12	0.4	9.8	0.7	7623	10890	93
					投后	12	0.7	8.6	0.9	8910	9900	90
					差值	0	0.3	-1.2	0.2	1287	-990	-3
YL2-2H	2015年5月	—	30	13	投前	6	2	3.8	3.5	12510	3574	8
					投后	6	3	5.3	3.5	18972	5421	34
					差值	0	1	1.5	0	6462	1846	26

从试验情况来看，放喷排液、泡沫排液、机抽排液、气举阀+小油管排液、柱塞气举排液等都存在一定局限性，不能很好地适用于雅克拉凝析气田，而涡流排液能有效排出井筒积液，可作为深层凝析气井排液采气的有效手段。

四、中高含水期气井排液采气工艺

针对中孔中渗、中高产液、埋藏深(5000m)的雅克拉凝析气藏，通过前期探索试验，认为气举排液采气技术是最适应中高含水期的主导工艺技术，是使积液停喷井复产、提高凝析气藏采收率的最有效方式。

通过李闽模型计算各气井临界携液产气数据，结合各排液采气适用条件，绘制雅克拉气井排液采气方式优选图版(图4-15)，由图版可以看出气举排液采气工艺适用范围最广。

(一)气举排液采气技术原理

气举排液采气的主要作业是通过在封隔器以上的油管进行穿孔，然后从套管注气，油管采气。主要技术原理一方面是通过注气增大油管内气体流速，提高气体携液能力；另一方面是降低井筒流体密度，导致井筒压力损失减小，起到类似增大生产压差的作用。气举排液采气的优点主要有：①费用低(直接作业费21万元)；②效果好(可释放7MPa左右地层压力)。

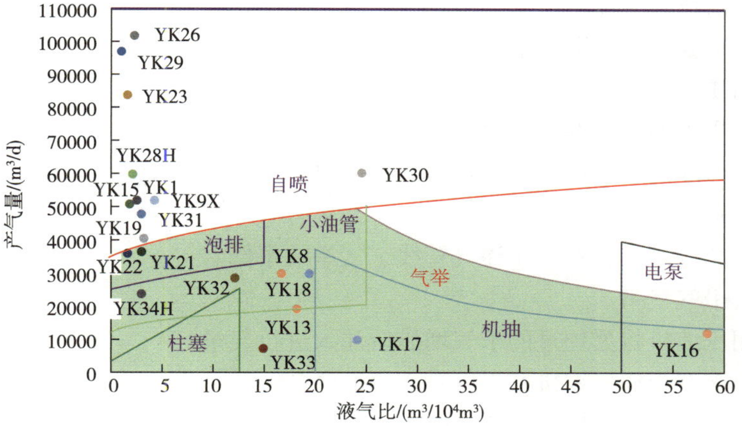

图 4-15 雅克拉气井排液采气方式优选图版

(二) 气举排液采气工艺关键技术

1. 地质潜力评价技术

通过水淹模式成果，结合构造、物性特征，划分出七种气举潜力类型，识别出 33 口气举潜力井。按照数模法和气藏工程法两种方法计算出 33 口气井剩余气储量。根据计算结果(表 4-18)，对不同模式的单井潜力及整体潜力进行排序，并按照顺序进行推广应用。

表 4-18 雅克拉气井气举排液采气地质潜力排查表

参数	水平井局部水淹型	局部高底水锥进型	斜坡底水锥进型	低渗弱供液型	弱边水型	边水推进型	潜山强底水型
井数/口	3	3	4	1	6	12	4
剩余储量/亿 m^3	0.73	0.52	0.6	0.13	0.8	1.38	0.3
累产量/亿 m^3	31	0.65	9.8	0	10.45	34.78	0.67
剩余可采/亿 m^3	0.41（排名 3）	0.29（排名 5）	0.33（排名 4）	0.07（排名 7）	0.44（排名 2）	0.76（排名 1）	0.16（排名 6）
单井剩余可采气/亿 m^3	0.14（排名 1）	0.1（排名 2）	0.08（排名 3）	0.07（排名 4）	0.07（排名 5）	0.06（排名 6）	0.04（排名 7）

2. 气举排液采气方式及适用性评价

综合考虑雅克拉深层凝析气田地质特征、生产动态、地面配套等因素，形成了具有特色的 4 种气举排液采气方式，分别是东输干气气举、邻井高压湿气气举、增压机干气气举、本井湿气气举。

(1) 东输干气气举。

原理：利用处理后的东输干气环空注气气举。

适用条件：产液量小的气井。

优点：无附加设备，成本最低。

缺点：干气重复处理，适用范围窄。

（2）邻井高压湿气气举。

原理：邻井生产的高压湿气分离去除液相后注入环空气举。

适用条件：1km 内有满足注气需求的高压气源井及注气管线。

优点：成本较低。

缺点：需配套分离设备及高压注气管线、气举效率低。

（3）增压机干气气举。

原理：利用压缩机将处理过的干气增压后注入进行气举。

适用条件：配有干气压缩机及干气供气源的气井。

优点：适用范围最广，排液效果最好。

缺点：干气重复处理，成本较高。

（4）本井湿气气举。

原理：将本井产出的低压湿气分离，去除液相后注入环空气举。

适用条件：配有湿气压缩机。

优点：正常生产过程不需外来气源。

缺点：气举效率低，成本最高。

统筹考虑注气后井筒流体密度变化与实际生产数据，通过井筒压力平衡方程，求出气举压力，并得到不同日注气量条件下，气举压力与日产气、日产液关系图版。由图 4-16 可以看出，气举压力低于 6MPa、日产液小于 $25m^3$ 的气井可以使用东输干气气举，其他气井只能使用邻井高压湿气气举或者增压机干气气举。

3. 气举排液采气关键参数研究

（1）最优气举深度。

井筒积液液面：要求气举深度在井筒积液液面以下 1500m，根据雅克拉多口停喷井测静压情况，井筒积液深度大多在 2000～3000m 之间，因此，气举深度确定在 3500～4000m 之间；

地层出砂界限：雅克拉区块气井的临界出砂压差为 17MPa，允许最大气举掏空深度小于 4500m；

套管强度影响：雅克拉区块气井大多为 7 寸套管完井，7 寸套管抗外挤强度 74.3MPa，允许最大气举掏空深度小于 4500m；

考虑长期生产：气举深度要满足 2～3 年后地层压力及井筒液面变化要求。

综合考虑上述因素，雅克拉凝析气井最优气举深度为 3500～4000m。

（2）最优注气量。

通过井筒压力平衡方程，用压力梯度替换其中的压力，得到气举后井筒压力梯度随注气量的变化曲线，并得出不同产液量下的最优注气量。

产液 $10m^3/d$，气举注气量 $5000m^3/d$；

产液 $20m^3/d$，气举注气量 $10000m^3/d$；

产液 30m³/d，气举注气量 15000m³/d；

产液 50m³/d，气举注气量 20000m³/d。

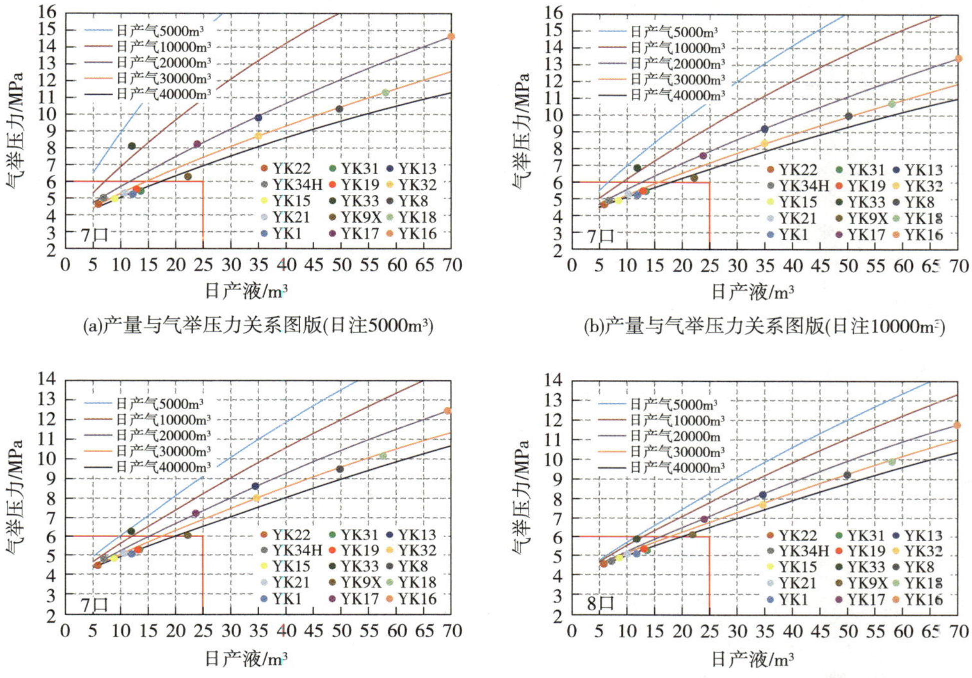

(a)产量与气举压力关系图版(日注5000m³)

(b)产量与气举压力关系图版(日注10000m³)

(c)产量与气举压力关系图版(日注15000m³)

(d)产量与气举压力关系图版(日注20000m³)

图 4-16　不同日注气量下产量与气举压力关系图版

(3) 气举卸荷压力。

停喷气井气举启动时，需要排除油套环空中的液体，随气举深度的增加，气举启动卸荷压力逐渐升高；

气举深度在 3500～4000m 时，气举卸荷压力为 30.7～34MPa。

(4) 正常气举压力。

利用井筒压力平衡方程计算出不同日注气量条件下，气举压力与日产气、日产液关系图版。

随注气量增加，正常气举压力降低(YK33)。

正常气举压力低于 6MPa 的井可以采用东输干气气举，正常气举压力高于 6MPa 的井只能采用邻井湿气气举或者增压机干气气举。

(5) 注气管柱配套。

前期自喷阶段采用井下安全阀+封隔器管串；

后期积液停喷，采用目前生产管柱油管穿孔方式进行气举；

油管 1m 范围内布 4 个 8mm 的孔，面积上减少比例为 0.084%，经验值在面积减少比例低于 5%条件下都是安全的，因此穿孔后对油管抗拉强度的影响甚微。

（三）气举排液采气应用效果

2020 年优选了四种水淹模式的四口停喷气井进行气举排液采气试验，四口试验井均成功复产，其中 YK22、YK34H 井有效期已超过 12 个月，目前持续有效，见表 4-19。

表 4-19 气举排液效果统计表

序号	井号	潜力类型	气举方式	气举日期	日增产		备注
					增油/t	增气/10^4m^3	
1	YK22	局部高底水锥进型	东输干气气举	2020-1-5	4	2. 5	持续有效
2	YK34H	水平井局部水淹型	增压机干气气举	2020-1-27	3	2. 5	持续有效
3	YK17	弱边水型	增压机干气气举	2020-11-30	1	0. 4	评价有效
4	YK8	边水推进型	增压机干气气举	2020-12-9	0. 8	1. 5	评价有效
合计					8. 8	6. 9	

参 考 文 献

[1] 万仁溥. 现代完井工程：英文版[M]. 北京：石油工业出版社，2012.

[2] 徐睿. 射孔负压优化设计研究[D]. 成都：西南石油大学，2014.

[3] 窦高磊，陈力博，卢川. 油气田开发中二氧化碳腐蚀的危害性现状分析[J]. 云南化工，2018，45(6)：99-100.

[4] 李红梅，鄢捷年，舒勇，等. 保护低渗凝析气藏储层的低损害修井液[J]. 钻井液与完井液，2010，27(6)：12-15.

[5] 张凤英，鄢捷年，杜春朝，等. 雅克拉-大涝坝凝析气田油溶暂堵型低伤害修井液[J]. 钻井液与完井液，2009，26(4)：38-39.

[6] 高武彬，李闽，洪舒娜，等. 用白庙气田气井资料对携液模型进行对比分析[J]. 新疆石油地质，2009，30(3)：366-368.

[7] 向耀权，辛松，何信海，等. 气井临界携液流量计算模型的方法综述[J]. 中国石油和化工，2009(9)：55-58.

[8] 李闽，郭平，张茂林，等. 气井连续携液模型比较研究[J]. 西南石油学院学报，2002(4)：30-32.

[9] 李闽，郭平，刘武. 气井连续携液模型比较研究[J]. 断块油气田，2002(6)：39-41.

第五章　高压凝析油气集输处理技术

针对凝析气田高产、高压、高温、高 CO_2、强冲刷的特点，形成了“高压集输+深冷处理+水合物防治+信息与自动化集成技术”的高压凝析气集输处理关键技术，充分利用地层能量，降低能耗；建立了以提高丙烷收率和降低能耗为目标的最佳工艺操作参数，实施后实现了 C_3 平均收率 95%，C_{3+} 平均收率 94.12%，保障了资源效益最大化。

第一节　高压集输工艺技术

根据雅克拉凝析气田所处戈壁荒漠环境及井口压力高等特点，采用一级布站、高压油气混输、站内计量的工艺，简化流程，便于管理，还为天然气处理装置充分利用高压气井压力能、降油气处理能耗创造了条件。

一、一级布站高压集输工艺

综合考虑天然气处理站进站压力的要求和高压集输管道工程造价等因素，经比选后确定集输进站压力为 8.0~9.1MPa；为防止高压集输水合物冻堵，根据各井口压力不同和集输半径不同(集输半径最小 0.6km，最大超 10km)等，差异化应用了不保温、不加热、井口加热(应用最多)、回流伴热、二级节流、井下节流、中途二次加热等多种集输工艺。较典型集输工艺流程主要有以下几种。

(一) 井口不加热集输工艺流程

对于井口产量高、温度高、集输管道末端温度高于水合物形成温度(20℃)的高压气井，通常采用井口不加热集输工艺流程，油气生产介质经井口采气树节流后，通过保温集气管道输往雅克拉站，如图 5-1 所示。

(二) 井口加热集输工艺流程

对于集输管道末端温度不能满足水合物形成温度(20℃)要求的高压气井，通常采用井口加热集输工艺流程，油气生产介质经井口采气树节流后，再经井口加热炉升温，通过保温集气管道输往雅克拉站，如图 5-2 所示。

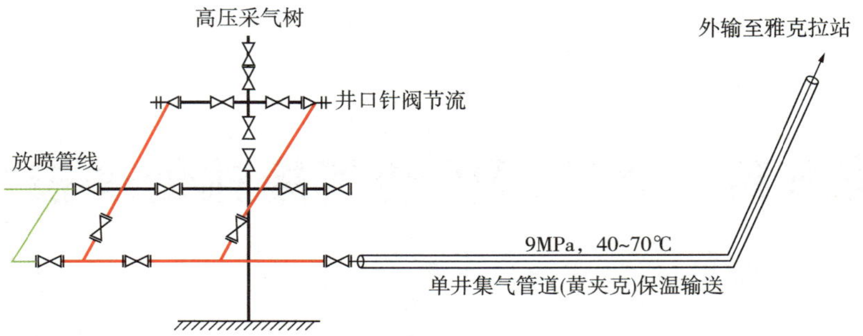

图 5-1　保温输送示意图

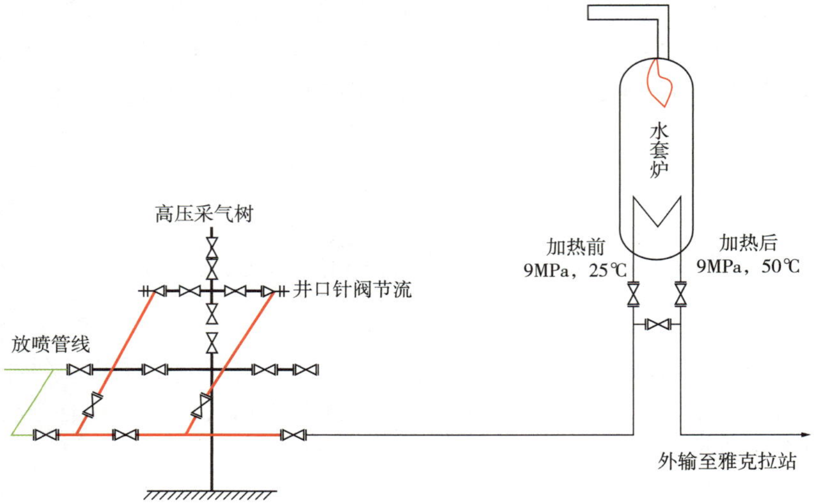

图 5-2　井口加热输送示意图

（三）井口加热炉后二级节流工艺

对于采气树与井口加热炉之间管段易发生冻堵的高压气井，通常采用井口加热炉后二级节流工艺。油气生产介质先在井口经采气树节流至 16MPa 左右，经井口加热炉升温至 50℃左右后，再经加热炉后角阀二级节流至 9MPa 左右输往雅克拉站处理；另外，部分气井还需通过回流伴热流程对采气树至井口加热炉管段进行伴热保温，以解决水合物冻堵问题，如图 5-3 所示。

二、高低压分离计量工艺

（一）高压气井进高压阀组计量

高压凝析气井经油气混输后直接进站轮井计量，分离后的天然气经调压由 9.0MPa 降为 6.0MPa 后进入高压凝析气处理系统，分离后的凝析油经节流进入凝析油稳定系统稳定和脱水。其中，计量阀组的设计进站压力最高为 9.0MPa，后期为使部分中低压井顺利进站，高压阀组最低进站压力可降至 6.0MPa，从而实现井口压力能的梯级高效利用，如图 5-4 所示。

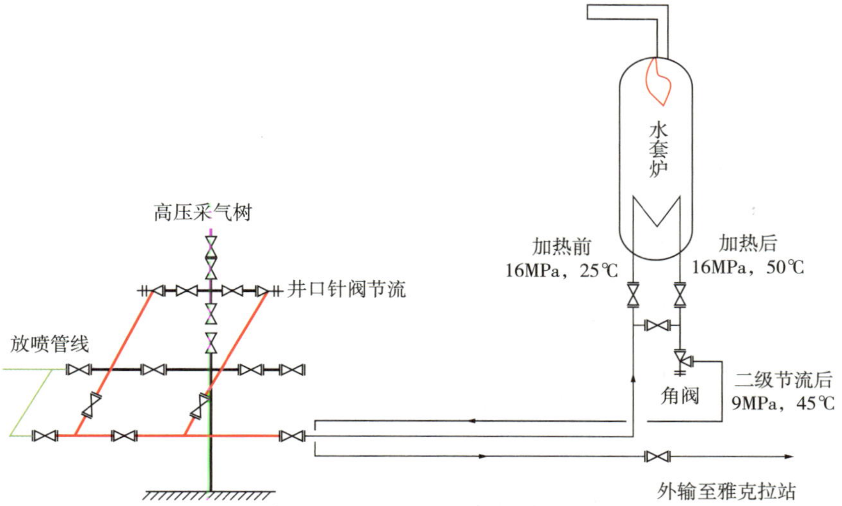

图 5-3　二级节流+回流伴热工艺输送示意图

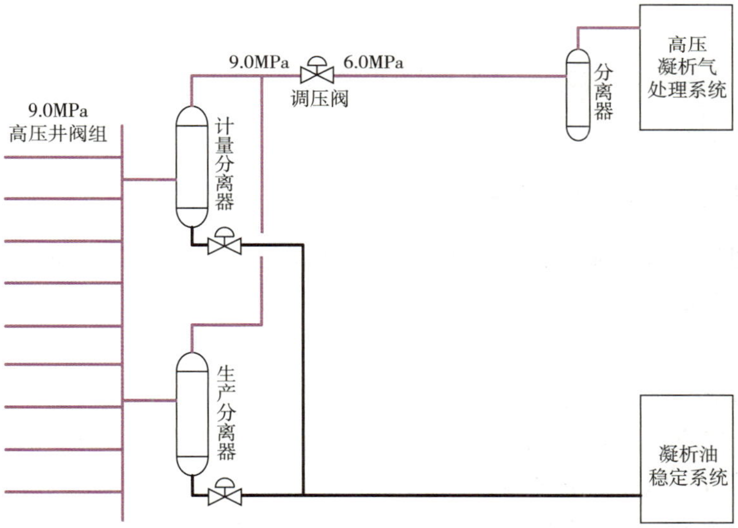

图 5-4　高压进站阀组流程示意图

（二）低压气井进低压阀组计量

随着气田逐年开发，部分凝析气井含水上升、油压下降，已无法满足 6.0MPa 最低进站压力要求。为保障低压凝析气井的正常生产，雅克拉站后续将扩建低压进站阀组，将进站压力降至 1.6MPa 左右(最低 0.15MPa)，从而大幅延长低压凝析气井的自喷生产周期，保障低压气井的正常生产。

低压井进站流程为低压井油气混输井站后进行轮井计量，分离后的低压天然气经天然气压缩机增压至 6.0MPa，再经冷却和分离后进入高压凝析气处理系统处理，分离后的凝析油进入低压凝析油稳定系统处理，如图 5-5 所示。

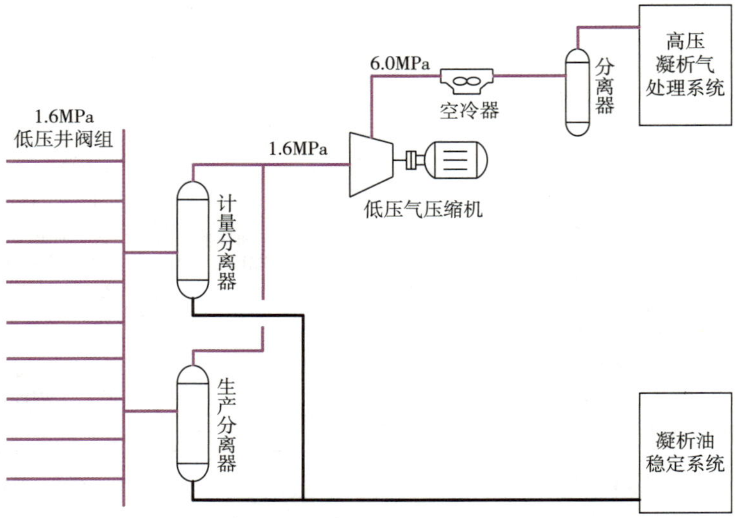

图 5-5　低压进站阀组流程示意图

第二节　高标准的设备设施选择

一、站内关键设备设施选择

天然气处理装置运行时效主要取决于关键设备设施，其中关键设备设施主要包括膨胀机、热媒炉、站控系统、自控阀。

（一）膨胀机的选择

国产膨胀机适合小型规模、其核心机械构件国产、配套设施采取进口组装的设备。在2004年以前，国产的膨胀压缩机处理量达不到雅克拉集气处理站的设计要求，国内150万 m^3 以上规模全部进口。因此，最终选用美国MAFI膨胀机组，由主机、润滑系统、密封气系统、PLC控制系统及配套自控阀组成，具有流量大、机构简单、体积小、效率高和运转周期长等特点，适用于大中型深冷低温制冷设备。

（二）热媒炉的选择

依据调研结果，热媒系统德国进口品牌运行稳定，使用效果较好。选用德国AKB热媒系统，由热媒炉、导热油储罐、膨胀罐、导热油中温泵、导热油高温泵、PLC控制系统组成。整套系统由北京超拓引进，现场组撬安装，具有工艺成熟、运行稳定、加热效率高、能耗低、故障率低等特点，比较适合油气处理装置使用。

（三）站控系统的选择

国外品牌霍尼韦尔（Honeywell）Experion PKS、横河R3、福克斯波罗Foxboro I/A Series等为大多数化工企业所使用，成熟度高。根据塔里木油田使用情况，占83%以上，国产品牌浙大中控/和利时/航天五院主要应用于小型站场，天然气处理站使用较少。因此，最终选用美国霍尼韦尔公司的 Experion PKS 系统，是第 4 代集散控制系统代表，新技术基于 Microsoft 公司 Windows 操作系统的服务器，利用高速动态缓存区采集实时数据，提供报警、显示操作、历史数据采集、报表报告等服务功能。搭配高度可靠和高度集成的 FSC 安全系统，满足装置安全性和连续性生产的要求。

（四）自控阀的选择

国产自控阀门普遍存在同质化、质量一般、使用年限短、故障率高、基本只能生产用于常压常温工况等问题，而进口自控阀如 Orbit 轨道球阀，故障率低、密封性好、使用寿命可达 20 年、专业生产高压低压高温等特殊工况使用的自控阀，Fisher 自控阀则具备适合高压处理站场、阀体材质优良、控制精度高、密封性较好、故障率低、执行机构运行稳定等优点。因此，最终选用 Orbit 轨道球阀/Fisher 自控阀。雅克拉使用 Orbit 轨道球阀在装置中用于分子筛时序阀，开关频繁，使用率高。选用 Orbit 轨道球阀并由厂家到现场根据运行工况进行定制选型，保证了阀门的故障率低、全寿命周期使用寿命最长。

二、集输防腐管材选择

形成了应对气田“两高一强”典型腐蚀问题的耐腐蚀材质优选应用技术，确定了材质优劣排序：316L（双金属）、22Cr、高压玻璃钢、13Cr（井口）、06Cr13、高压柔性复合管、1Cr13、3Cr、L360、16Mn，如图 5-6 所示。

图 5-6 高压玻璃钢内衬、大曲率半径弯头及承插连接、范斯通法兰连接示意图

首次选择高压玻璃钢作为气田集气管材。高压玻璃钢选用 AMERON 公司产品，设计压力 12.5MPa，设计温度 93℃，采用芳胺固化玻璃钢管材，达到长期工作温度 85℃要求；管线壁厚 12mm，其中 0.5mm 富含环氧树脂内衬，解决管道内壁冲刷腐蚀问题，采用 135°大曲率半径弯头，肘部加厚处理解决管道弯头严重腐蚀问题，非金属本体之间承插连接，与金属管之间范斯通转换法兰连接，解决连接强度与气密性，同时在制管中添加炭黑填料，配套安装绝缘短节，消除静电腐蚀。通过两年的使用评价，参与制定了 GB/T 29165.2—2012《石油天然气工业 玻璃纤维增强塑料管 第 2 部分：评定与制造》，为高压玻璃钢在油气田高压集输工艺中的应用提供了规范标准。同时，在气田柔性复合管的实验评价的基础上，参与制定了柔性复合管的行业标准 SY/6662.2—2012《石油天然气工业用非金属复合管 第 2 部分：柔性复合高压输送管》。

根据雅克拉气田腐蚀环境实情，为进一步加强单井管线管材择优，强化腐蚀治理源头把控。2016年开始，采气厂结合基建处、防腐中心进行柔性复合管新材质试验，选材重点进行柔性复合管抗气体渗透、耐温、抗磨蚀、抗静电腐蚀、接头材质及接头密封方式等因素评价，确保各项管材指标有效应对腐蚀环境侵蚀，最终确定天然气高压柔性复合管在雅克拉气田的实用性。该系列管材选用超高相对分子质量聚乙烯作为内管材料，可有效地降低气体的分子渗透，适用于油气田开发中天然气集输或油气混合集输管网，以及含二氧化碳和硫化氢气体注入输送管网，具有耐腐蚀的特点。

高压玻璃钢、柔性复合管的利用，有效缓解了油气集输管线长期存在的腐蚀问题，得到了油田广泛推广，现在全采气厂管辖内共有高压玻璃钢管线7条52km，柔性复合管30条73km。

第三节　高压凝析气处理工艺

雅克拉集气处理站于2005年11月29日建成投运，设计日处理天然气260万m^3，年产凝析油17万t，年产液化气5.2万t、轻油4.9万t，设计C_{3+}收率86.1%，是一座集凝析气处理、凝析油稳定、轻烃回收、产品外输、西气东输为一体的大型高压集气处理站。雅克拉气田的H_2S含量较低，CO_2含量低于3%，并含有微量汞，处理站工艺相对较为简洁。总体工艺为：各气井高压混输进站后在计量单元进行油气计量和气液分离，液相进入凝析油稳定单元脱水和稳定，气相则进入凝析气处理系统脱水、脱汞和脱烃处理。

一、大型高压分子筛脱水工艺

天然气脱水是天然气净化处理的必要步骤，也是保障后续天然气冷凝回收轻烃流程安全运行(不发生冻堵)的必要条件。国内外大型高压天然气处理装置脱水工艺，通常以采用三甘醇脱水较多(如牙哈、雅克拉2等)，而小型低压天然气处理装置以固体吸附法较多(如分子筛吸附法等)。

雅克拉集气处理站设计有以回收C_3为主的轻烃回收装置，在5.9MPa条件下的最低制冷温度为-80℃，为满足装置轻烃回收过程中的制冷和防冻堵需求，经工艺比选后采用高压分子筛脱水工艺。该站的大型高压分子筛脱水工艺是国内最大、最先进的高压天然气分子筛脱水装置(设计处理规模260万m^3/d，设计压力6.0MPa)之一。工艺上采用双塔+轨道球阀+差压再生+高压冲泄压安全保护等复合工艺，较三塔流程工艺简单、投资更省；自控上采用压差报警+温度报警+开关指示报警+时序联锁控制等多重安全保护，实现全自动控制，工艺+自控的有机结合，并连续十年安全平稳高效运行。

(一) 分子筛脱水流程

雅克拉站采用的是两塔差压再生高压分子筛脱水工艺流程，吸附压力5.9MPa，再生压力2.8MPa，流程(图5-7)运行切换主要由再生→冷吹→升压→并流→切换→泄压→再生几个步骤进行循环。

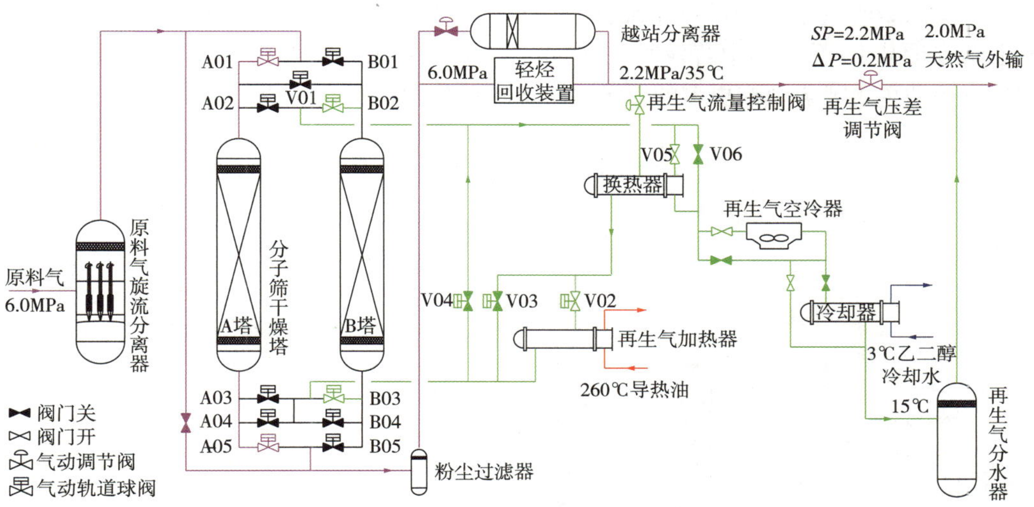

图 5-7　雅克拉站两塔差压再生高压分子筛脱水工艺流程图

该脱水工艺结合新疆气候及轻烃回收装置自身工艺特点，具体优化如下：

(1) 关键阀门保障：高压(5.9MPa)、高温(280℃)和高压差(2.8MPa)状态下，各切换阀门气密性和可靠性直接关系到系统正常运行。故采用进口 ORBIT 专用轨道球阀作为切换阀，减少了阀门故障或内漏而导致的装置故障率。

(2) 冷吹气空冷：后期还通过技改，在再生气加热器前增设了冷吹气空冷器及变频和温控系统，以解决由于冷吹气温度偏高造成冷吹时间过长的问题。

(3) 再生气辅冷：冬季采用空冷器冷却，夏季采用空冷器+冷却器冷却(站内设有乙二醇冷水机组)，以确保再生气冷却系统全年稳定运行。

(4) 换热器回收热量：热吹时采用换热器回收热量达 60%左右。

(5) 合理设置旁通应急流程：将越站分离器与轻烃回收装置并联设计，并增加干燥塔旁通流程，在装置或干燥塔临时检修期间能向下游用户临时供气。

(二) 效果与认识

该装置建成投运后已平稳运行 12 年，系统采用全自动控制，运行非常稳定。经过长期跟踪对比，该站的大型高压分子筛工艺主要具有以下特点和优势。

1. 两塔流程较三塔流程投资更少

图 5-9 和图 5-8 对比，三塔流程多一个干燥塔，且所需的关键切换球阀也较两塔流程多 9~12 个(两塔流程 13~15 个阀，三塔流程 24~25 个阀)，则球阀+执行机构的费用较两塔流程要多 40%左右。阀门越多，故障的概率越高；塔越多，相应流程越复杂，运行操作越难。虽然三塔流程相对能耗更低，但两塔流程投资更省 30%，优势明显。

2. 差压再生较同压再生效果更优

相对于差压再生，同压再生流程干燥塔的吸附压力与再生压力基本相同(图 5-9)，不需要充压和泄压流程，对切换阀门的密封性要求也更低，投资更省。其主要缺点：一是同压再生采用未脱水且含有大量轻烃的原料气(湿气)作为再生气气源，再生效果差(水露点较差压再生高 20℃左右，深冷要求无法满足），且能耗较高；二是用湿气进行冷吹将分子筛的吸附容量减少(分子筛中若残留 1%的水分，则其吸附容量就相应减 1%)，将造成干燥塔的运行周期更短或需填充更多的分子筛，运行风险和投资成本高。

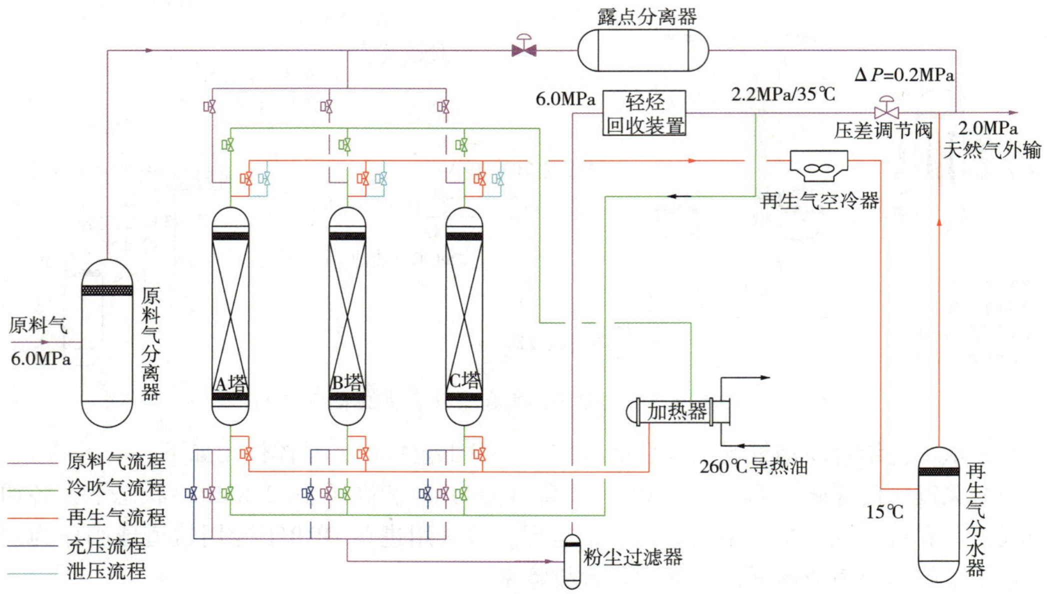

图 5-8　分子筛三塔差压再生流程图

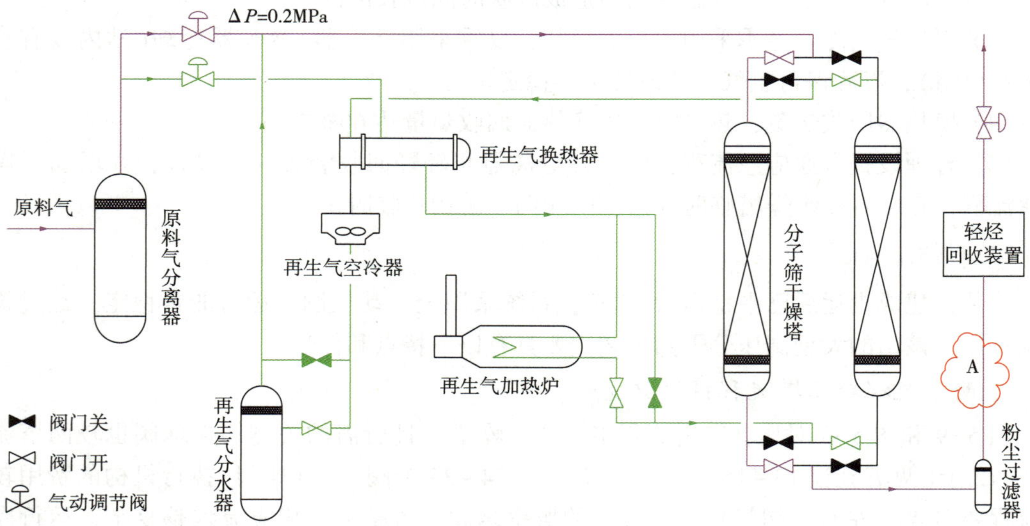

图 5-9　同压再生分子筛脱水工艺流程示意图

3. 再生气差压回收工艺更实用

雅克拉站的分子筛干燥的再生气量约为 30 万 m^3/d，若采用压缩机增压回收工艺，则投资和运行维护成本将增加数百万元，设备运行维护困难。故该站采用通过再生气压差调节阀产生 0.2MPa 左右的压差，使再生气经过冷却和分离脱水后，能通过压差控制自动进入外输气管网回收。同时，站内加热炉用气也尽量使用再生气，尽量减少再生气回收量，既能确保外输气水露点达标，又能实现大量再生气的低成本自动回收，效果较好。

4. 各种保护措施是重要保障

一是旋流分离器保护：在干燥塔前设置两台旋流分离器，使原料气进入分子筛前先高效脱除游离水和重烃，有效避免分子筛进油后发生中毒和结焦，能有效延长分子筛使用寿命和提高分子筛的吸附脱水效果。

二是压差保护：吸附与泄压过程均采用从上向下流动，以避免吸附床层动荡或翻动；还设置合理时间(25min)避免高压状态下充泄压过快而发生危险，并采用时序控制+压差联锁+阀位状态联锁保护，避免冲压或泄压不足、压差过高或切换过程阀位状态不正常而造成事故。

三是温差保护：干燥塔底部采用加厚瓷球垫层缓冲加热和冷吹时的温度冲击，避免分子筛大量破损；并采用时序控制+温差联锁+阀位状态联锁保护，既避免加热再生温度不够影响脱水效果，又防止冷吹温度不够造成制冷单元温度大幅波动而影响装置平稳运行和轻烃收率。

综上所述，雅克拉站的两塔差压再生高压分子筛脱水工艺具有规模大、压力高、工艺可靠、投资较少、运行成本低、自动化程度高、热能利用率高、脱水露点深度高、操作维护简单、再生气自动回收等优点，效果好，运行可靠。

二、浸渍硫活性炭脱汞工艺

2008 年 8 月和 2009 年 1 月，投产仅三年的雅克拉站陆续发生数次冷箱刺漏事件，致使轻烃装置累计停产 50 天，经济损失巨大。历经波折和数次抢修，最终发现为汞腐蚀所致，并于 2009 年 9 月建成中国石化首套、国内第二套天然气脱汞装置，也是国内最大的油田天然气脱汞工艺，天然气中汞含量脱除率达 99%，彻底消除了轻烃装置的汞腐蚀风险，有力保障了气田的高效开发和处理装置的安全平稳运行，为我国气田天然气脱汞积累了宝贵的经验。

（一）汞腐蚀案例

天然气脱汞是气田开发过程中容易被忽略的薄弱环节。天然气中的微量汞对轻烃装置的铝制换热器(简称冷箱)具有极强腐蚀性，将造成冷箱腐蚀穿孔，引发气体泄漏、装置停产，造成巨大的经济损失和安全隐患，危害极大。

2008 年 8 月 6 日，雅克拉站主冷箱物流一出口封头(运行工况：5. 8MPa，-30℃)焊缝出现刺漏，经协调厂家到现场进行补焊和堆焊恢复生产，造成轻烃装置和西气东输供气被迫停运一周。由于未发现汞，当时厂家维修人员和现场技术人员均判断为冷箱封头制造工艺存在缺陷或封头母材存在夹层等缺陷所致。

2009 年 1 月 14 日，大修投运 5 个月的主冷箱再次刺漏，在随后连续半月的抢修补焊和投运过程中，又连续发生十余次刺漏，最终在一次较大的刺漏抢险过程中，在裂缝附近获得 193. 94g 固态汞块，揭开了冷箱频繁刺漏的神秘面纱。后经专业机构检测，雅克拉站原料气中汞含量为 73. 76μg/m^3，分子筛脱水后的天然气汞含量为 30. 93μg/m^3，其汞含量之高在国内极为罕见。

（二）汞腐蚀机理

汞(Hg)是一种重金属元素，俗称水银，常温下呈液态，银白色，易流动，密度 13.55g/cm^3(20℃)，沸点 356.58℃，凝点－38.87℃。汞能溶解多种金属(如金、银、钾、钠、锌等)，溶解后生成的汞合金又称汞齐。一般来说，与汞性质相近的金属易于溶解，铊在汞中的溶解度最大，铁在汞中的溶解度最小。在 20℃时，Al 在汞中的溶解度约为 2.3×10^{-3}%。

汞在天然气中含量为 28～3000000μg/m^3。一旦轻烃装置的天然气中含汞，尽管其含量极微，在一定条件(压力、温度)下，天然气中的微量汞将会与轻烃一同被冷凝，并在冷箱的管束(集流汇管)底部或封头等部位不断聚集；然后与铝合金反应生成附着力很小的汞齐，使铝合金表面致密的氧化铝膜脱落，使其抗腐蚀性能不断下降。汞齐中的一小部分铝还能与天然气中的微量的水反应生成 $Al(OH)_3$，生成的 $Al(OH)_3$ 不溶解于汞而浮在汞表面。这样就会有新的(再下一层的)铝溶解于汞中，然后又与水反应生成 $Al(OH)_3$。反复下去，汞不会减少，铝却因不断与天然气中微量的水反应而不断变薄，直至腐蚀开裂。即：

$$Al+Hg \longrightarrow AlHg$$

$$2AlHg+6H_2O \longrightarrow 2Al(OH)_3+3H_2+2Hg$$

大量研究资料表明[1]，液体金属汞还能致使固体金属铝发生液体金属脆(断)现象，即固体金属和液体金属(如 Hg、Ga)接触而引起强度和韧性降低或低应力脆断的现象，致使铝制换热器腐蚀开裂，发生刺漏。

（三）脱汞方案比选

目前，天然气脱汞工艺主要分为不可再生工艺和可再生工艺两大类。不可再生工艺以浸渍硫的活性炭脱汞为主，可再生工艺以脱汞型分子筛吸附脱汞为主。雅克拉站天然气脱汞流程于 2009 年 9 月建成投运(图 5-10)，同年 10 月大涝坝站天然气脱汞流程也建成投运。天然气中汞含量脱除率约为 99%，彻底消除了轻烃装置的汞腐蚀风险，冷箱再未发生汞腐蚀刺漏现象，有力保障了气田的高效开发和高压油气处理装置的安全平稳运行。

图 5-10　雅克拉站、大涝坝站天然气脱汞工程示意图

三、膨胀机制冷+DHX 回收轻烃工艺

目前，轻烃回收方法大致可分为压缩法、油吸收法、吸附法和膨胀机制冷法四类。其

中膨胀机制冷法具有制冷效率高、制冷温度低、轻烃收率高、处理规模大、适应性强、稳定性好等优点，应用最广。

雅克拉集气处理站首次在国内大型高压天然气处理装置中采用了高压双膨胀机并联制冷+DHX(直接换热工艺)回收轻烃工艺技术，系统最低制冷温度为-80℃。核心技术包括：双膨胀机并联控制技术、紧急停车联锁保护技术、单机或双机+J-T 阀运行技术等，雅克拉站轻烃装置设计 C_3 收率 86.1%，实际 C_3 收率为 95%左右。

(一) 流程简介

雅克拉站采用了双膨胀机制冷+DHX 工艺回收轻烃，设计原料气进站压力 9.1MPa，原料气制冷前压力 5.9MPa，处理规模 260 万 m^3/d，其处理规模和运行压力均创造了当时采用 DHX 工艺轻烃装置的国内之最。其中，两台膨胀机为美国 MAFI-TRENCH 公司产品[处理量：$130\times10^4(m^3/d)$/台]，为并联运行设计，可满足不同处理量的运行工况。其工艺流程示意如图 5-11 所示。

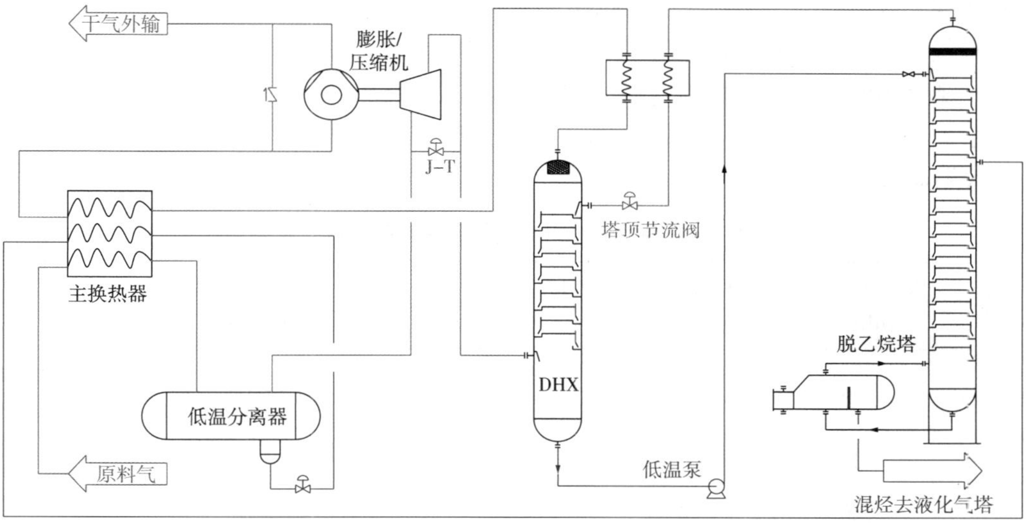

图 5-11 DHX 工艺流程示意图

(二) 运行模式

雅克拉站设计处理规模为 $260\times10^4m^3/d\pm20\%$。若按单膨胀机模式设计，则需要一台处理量为 $260\times10^4m^3/d$ 的膨胀机；若按双膨胀机模式设计，则需要两台处理量为 $130\times10^4m^3/d$ 的膨胀机。由于透平膨胀机都有一个最佳负荷范围，负荷过低将可能造成转速过低或容易喘振等；负荷过高则可能造成转速过高或憋压等。若按膨胀机最低负荷 60%、最高负荷 100%计算，在不同处理气量下，则有如表 5-1 所示的运行模式对比。

对比两种膨胀机模式可知，当处理为 $(78\sim130)\times10^4m^3/d$ 和 $(130\sim156)\times10^4m^3/d$ 时，单膨胀机模式则只能采用 J-T 阀运行，轻烃收率较低，双膨胀机模式下可采用单膨胀机和单膨胀机+J-T 阀高效运行，轻烃收率将大幅提高。特别适合气田开发初期处理气量较低和气田开发中后期气量不足时的高效运行。

表 5-1　不同气量下单/双膨胀机运行模式对比表

序号	处理气量/($10^4m^3/d$)	双膨胀机模式	单膨胀机模式	备注
1	小于 78	J-T 阀	J-T 阀	78=130×0.6
2	78~130	单膨胀机		
3	130~156	单膨胀机+J-T 阀		
4	156~260	双膨胀机	膨胀机	156=260×0.6
5	260~312	双膨胀机+J-T 阀	膨胀机+J-T 阀	

2005 年 11 月至 2006 年 9 月，雅克拉站采用 J-T 阀制冷模式运行(期间美国进口膨胀机还未到货)，系统最低制冷温度为-66℃，C_{3+}收率仅为 46%；2006 年 9 月至今，雅克拉站一直采用双膨胀机模式运行，系统最低制冷温度为-80℃，C_{3+}收率为 95%，较设计值 86.1%高出近 9 个百分点。

对比同期投产的大涝坝站，雅克拉站膨胀机前后的压力跟大涝坝站基本相同，且雅克拉站原料气 C_{3+}体积含量较大涝坝站低 3.99%，但由于雅克拉站采用 DHX 工艺，其 C_{3+}收率较大涝坝站高 10%，万方气产液化气/轻烃量也高 0.64t/10^4m^3，效果十分显著。目前，该项技术已在塔河一、二、三号联轻烃站推广应用，相同工况下，轻烃收率能提高 10%~20%，效果显著(表 5-2)。

表 5-2　雅克拉站与大涝坝站轻烃收率对比表

名称	设计处理气量/($10^4m^3/d$)	原料气 C_{3+}体积含量/%	外输干气 C_{3+}体积含量/%	C_{3+}收率/%	万方气产液化气/轻烃/($t/10^4m^3$)	备注
雅克拉站	260	2.18	0.13	95	0.99	膨胀机+DHX(重接触塔+脱乙烷塔)
大涝坝站	25	6.17	0.91	85	0.35	膨胀机+脱乙烷塔
差值	235	-3.99	-0.78	10	0.64	

第四节　凝析油处理工艺

雅克拉凝析气田所产凝析油为淡黄-浅茶色、透明液体，平均密度 0.795g/cm^3，轻组分(C_1~C_5)含量高达 15%，具有“四低”(密度、黏度、凝固点和初馏点低)、“四少”(含盐量、含硫量、含蜡量及沥青质含量少)等特点。

为降低凝析油在储运过程中的轻组分挥发损耗，实现轻烃组分的高效回收和凝析油稳定系统的高效平稳运行，该站综合采用了多级闪蒸+微正压精馏稳定、稳定气多级增压回收、稳定塔干气气提、两级水洗脱盐等工艺，具有稳定效率高、轻烃收率高、能耗低、系统运行稳定等优点，技术水平居国内先进行列。

一、多级闪蒸+微正压精馏稳定

结合雅克拉处理装置采用油气处理和轻烃回收一体化设计的特点，为提高稳定效果、增加液化气、轻烃产量和经济效益，综合比选后，采用了多级闪蒸+微正压精馏的原油稳定工艺，以实现凝析油稳定，所产的轻烃和低压稳定气能直接进入轻烃装置回收处理（图 5-12）。

凝析油稳定的主要工艺流程为：计量分离器和生产分离器的凝析油经换热后依次进入一级闪蒸分离器（2.95MPa）、二级闪蒸分离器（0.80MPa）进行油、气、水分离（控制含水<0.5%），分离后的凝析油进稳定塔（0.25MPa/塔底 180℃）稳定，并经两级换热后进入凝析油储罐。凝析油稳定所回收的混烃经稳定塔回流罐脱水后增压进入液化气塔回收，一级、二级闪蒸气和稳定塔的稳定气经稳定气压缩机三级压缩至 6.0MPa 后进入天然气处理装置回收轻烃。

凝析油稳定过程中，通过多级闪蒸、逐级降压，既逐级最大限度地回收了稳定气，最终降低了稳定塔中的气量和负荷，提高了稳定效果，又逐级最大限度地保留了回收稳定气的余压，大幅节省了稳定气增加回收所需的能耗。

二、稳定塔干气气提工艺

雅克拉集气处理站地处新疆，冬季气温低（最低可达-30℃以下），且昼夜温差大，在冬季容易出现稳定塔空冷器即使处于电机全停状态下，仍然存在空冷器制冷量过大、塔顶气液化率过高、塔内不凝气量偏少，造成稳定塔塔压过低、后端压缩机进气压力频繁低压报警，甚至联锁停机等现象，严重影响凝析油稳定系统平稳运行。为此，该站于 2009 年底通过技术改造，在稳定塔塔底增设了一条干气气提流程（图 5-13），采用站内 0.4MPa 的燃料气作为气源，并根据最佳稳定塔压力需要自动控制补气的流量，既大幅提升了稳定塔的平稳运行能力，补充的干气又能起到气提的作用，大幅提升了凝析油稳定的轻烃产量。

经过试验运行和对比试验，气提流程投运后具有以下显著作用。

（1）能保持稳定塔压力：以前稳定塔压力受气温影响大，装置负荷低或夜间气温低时，稳定塔压力非常低，容易造成稳定气压缩机联锁停机。通过气提流程补气，使稳定塔压力恒定保持在 0.15MPa，保障了稳压机的平稳运行。

（2）降低了稳定气 C_{3+}组分含量：稳定塔塔顶气（稳定气）C_{3+}组分含量高达 50%，由于重组分含量高，稳压机入口缓冲罐轻烃凝液量较多，容易造成稳压机因高液位联锁停机，且这部分轻烃只能排往开式排放罐，绝大部分蒸发损耗。气提流程投运后，大幅稀释了稳定气，降低了稳定气中的重组分含量及稳压缩入口缓冲罐轻烃冷凝量，提高了机组运行的安全性，也降低了轻烃损耗量。

（3）能大幅提高稳定塔的轻烃产量：经稳定气的携带和降低轻烃组分分压作用，提高了稳定气中轻烃组分的总组分含量。通过优化塔顶空冷器后温度等措施，在塔底温度仅为 130℃时，稳定塔回流罐轻烃液相调节阀采出由原 3%~4%增至 6%~7%，日增轻烃 10t 左右，效果十分显著。

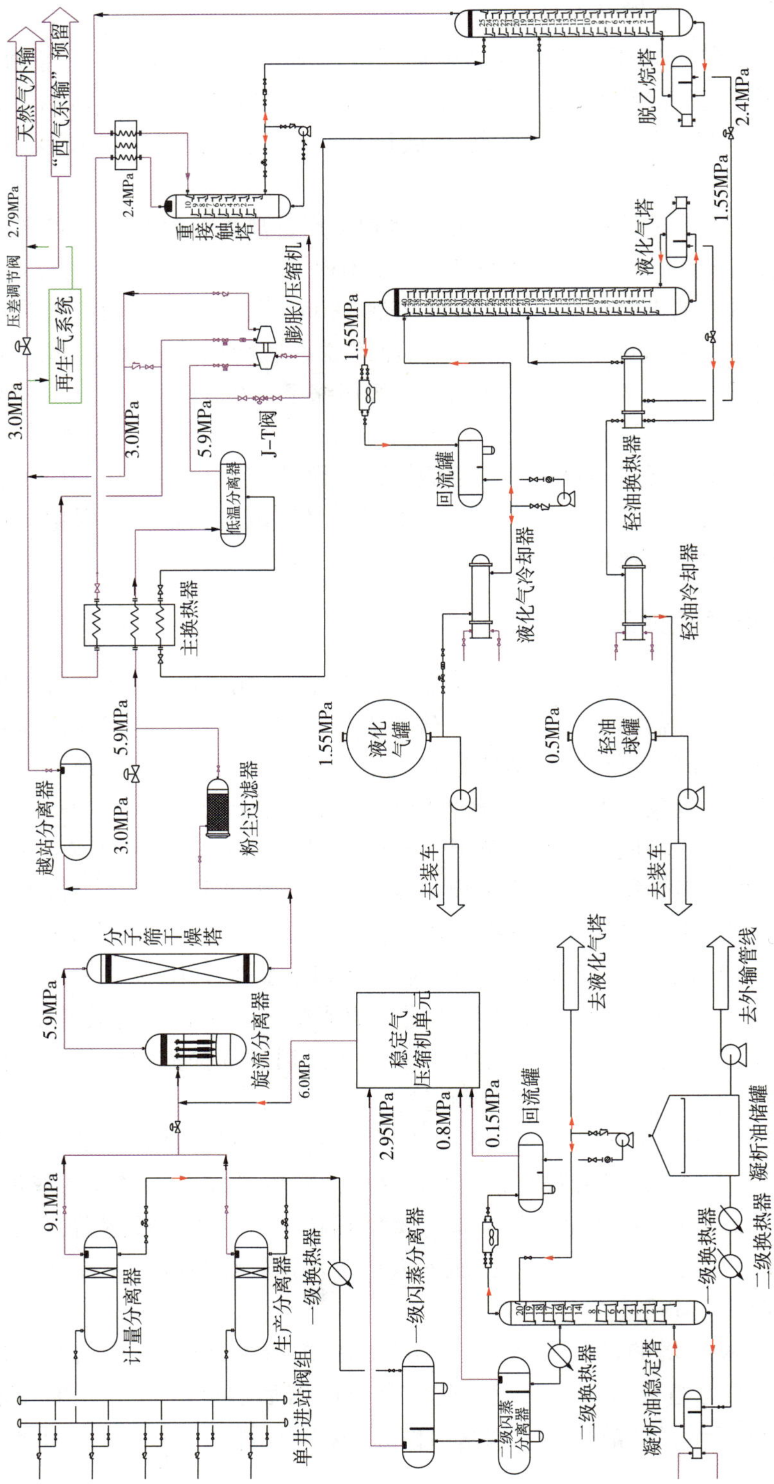

图5-12　雅克拉站工艺流程示意图

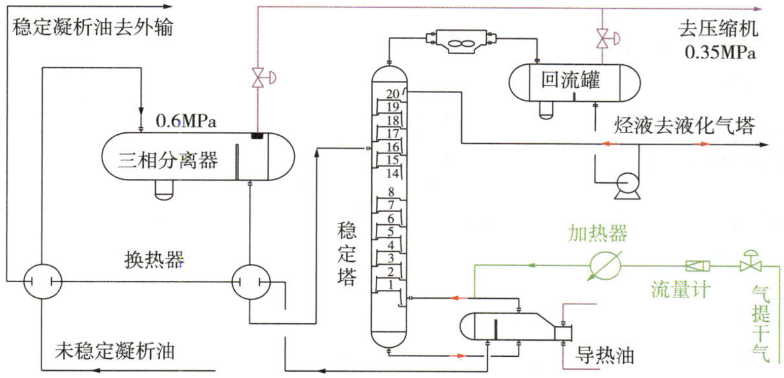

图 5-13 气提工艺流程示意图

三、稳定气多级增压回收技术

凝析油多级闪蒸和稳定过程中所产生的低压稳定气含有大量的轻烃组分，需采用稳定气压缩机将其增加至高压天然气后，再处理回收轻烃和干气，做到零排放。

雅克拉站凝析油稳定系统由于采用多级闪蒸+微正压精馏工艺，低压稳定气具有三个压力等级系统，即一级闪蒸气（2.95MPa）、二级闪蒸气（0.8MPa）和稳定塔回流罐的不凝气（0.25MPa），若采用国内常规的单级进气、单级或多级压缩的增压回收工艺，不仅能耗高，且压缩机也更大、投资更高。

经过充分比选和论证后，该站稳定气回收选用电驱压缩机（图 5-14、表 5-3，额定功率 160kW，排量 1752m^3/h），采用了先进的“三级进气+三级压缩”增压回收工艺，即稳定塔回流罐的不凝气（0.25MPa）经一级压缩后与二级闪蒸气（0.8MPa）混合，经二级压缩后又与一级闪蒸气（2.95MPa）混合，然后再经三级增压至 6MPa 后进入气体处理装置回收轻烃，相对于常规的单级进气增压回收方式，各级气体能量均得到梯级利用，其压缩机功能更先进、结构更紧凑、体积更小巧、运行更低耗。

表 5-3 压缩机工艺参数表

级数	进气		排气		输入功率/kW
	压力/MPa	温度/℃	压力/MPa	排量/（Nm^3/h）	
一级	0.20	50	0.7	490	17.8
二级	0.65	50	2.3	750	35.1
三级	2.25	50	6.1	2000	73.5

四、两级水洗脱盐工艺

雅克拉集输处理站凝析油稳定塔设计参数为 0.25MPa/180℃，当运行温度超过 130℃时，曾多次发生结盐堵塞重沸器和相关流程的问题，需停运系统或抽出重沸器管束进行洗盐处理，运行维护难度大，既影响稳定效果和轻烃收率，又存在安全隐患。大涝坝气田凝

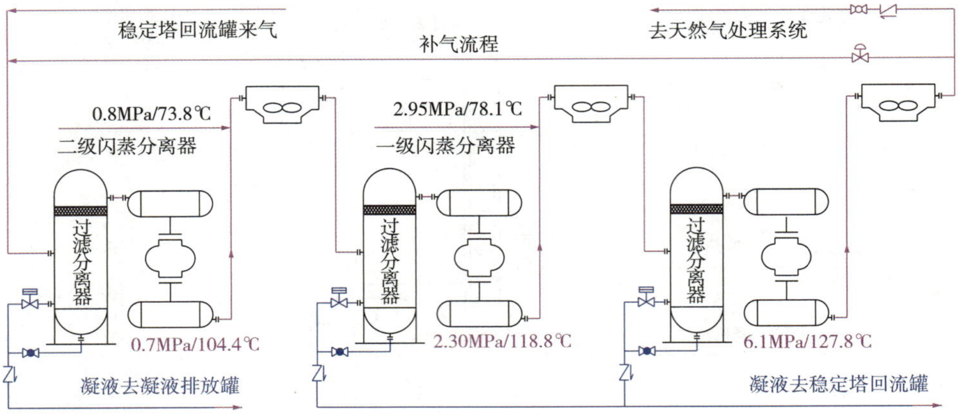

图 5-14　压缩机流程示意图

稳装置(设计 0.35MPa/195℃)投运后，当运行温度为 120℃时盐堵周期为 2d 左右，当塔温降至 90~100℃时盐堵周期约为 7d。轮南油田原稳装置自 1999 年投运后，将温度升至 115~120℃时，稳定塔和稳后泵过滤器每 4~5d(严重时 2d)就盐堵一次，每次洗盐解堵近 20h。由此可见，采用 100℃以上高温的稳定装置都因原油含水高矿化度出现了不同程度的盐堵问题，装置启停操作频繁，严重影响安全运行和轻烃收率。

为解决稳定塔高温运行盐堵问题，2009 年通过技术改造，增设了两级水洗脱盐流程(图 5-15)，并新增一台洗盐分离器(兼三级闪蒸分离器)。工艺流程为：清水经喂水泵提升二级闪蒸分离器出口的凝析油混合后进入洗盐分离器，洗盐后的污水再经循环泵提升进入二级闪蒸分离器进行二级洗盐，洗盐后的凝析油再进入原稳装置进行加热稳定。从实验结果(表 5-4)可知：雅克拉站的凝析油只需加入 5%~10%的清水即可达到含盐量低于 50mg/L 的技术指标。

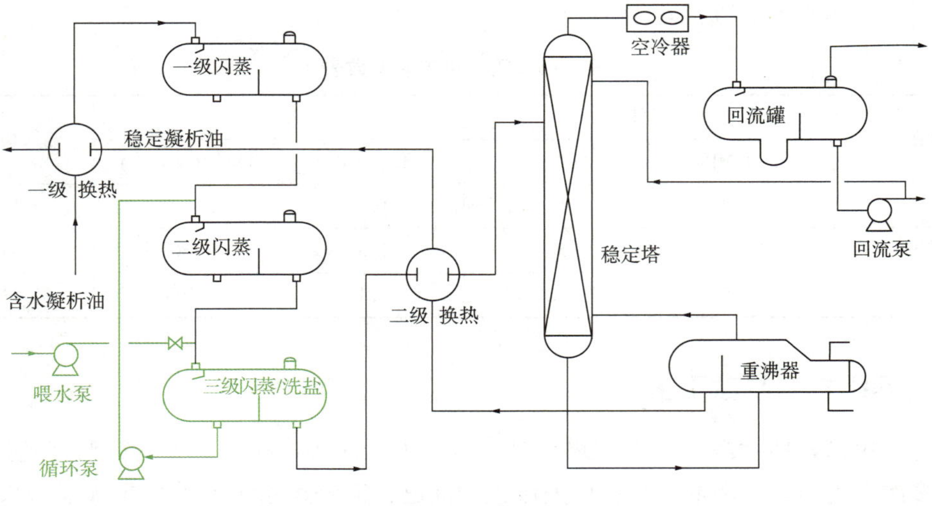

图 5-15　雅克拉站凝析油稳定系统两级水洗脱盐工艺流程示意图

表 5-4 水洗脱盐工艺用水量与效果对应表

油量/mL	处理温度/℃	沉降时间/min	原油含盐量/(mg/L)	脱盐用水	一级洗盐用水量/mL	二级洗盐用水量/mL	洗后油中含盐量/(mg/L)
200	74	15	110	清水	20	20	35.2
200	74	15	110	清水	10	10	46.5

清水洗盐工艺虽效果好，但能耗、药耗和污水处理成本较高，且加水后系统腐蚀风险(如暴氧腐蚀等)也较大。故当处理负荷高、稳定塔压力高于0.15~0.20MPa、需将温度升至130℃以上运行时，可加入适量清水洗盐，以防系统盐堵；当处理负荷不高、稳定塔压力为0.10~0.15MPa时，可将温度降低至120℃左右运行，也可起到相同稳定效果。这时不需加注清水，而将洗盐分离器作为三级闪蒸分离器进行脱水、脱盐，防止盐堵。

实际运行效果：该洗盐流程自2009年10月投运后，初期运行按设计量加注清水，后期逐步优化参数和加水量，最终实现了长期不加清水运行，该装置也再未发生盐堵问题，效果较为显著，凝析稳定系统运行更为平稳高效。

第五节 凝析气集输系统水合物防治

天然气从井口采出、处理和外输各个环节都不同程度含有水，在一定工况下天然气中的水会与烃类组分形成一种晶状复合物，外观形似松散的冰或致密的雪，该物质叫作水合物。水合物能堵塞管路、阀门、外输管线，影响天然气的开采、集输和加工，严重时会威胁安全生产。如在油气井开采过程中，由于地层和井筒的压力、温度等条件发生变化可能形成天然气水合物，造成地层油气藏流体通路以及井下油套管堵塞，导致气井不能正常开井或产量降低；在天然气地面集输过程中，由于节流、环境温度以及制冷工艺的影响，天然气集输管线中的温度、压力和饱和水含量等条件发生变化，很容易形成水合物，造成生产管线、阀门、计量仪表和处理设备堵塞，不仅会直接影响正常生产，而且还会带来严重的安全问题、环境污染问题、天然气资源浪费[2~4]。

一、雅克拉凝析气田水合物形成温度软件预测

根据雅克拉集气处理站天然气原料气气质分析报告，利用加拿大DBR公司Hydrate Version 5.3水合物预测软件对雅克拉气田典型气质在各种压力及抑制剂加量条件下的水合物形成温度进行了理论预测。雅克拉气田单井集输管线、集气处理站、外输管线中的天然气在不同压力条件下的水合物形成温度预测图表见表5-5、图5-16~图5-20。

由表5-5预测结果可知，雅克拉气田单井集输管线在6.0~16.0MPa的集输压力条件下，天然气水合物形成温度为15.78~21.45℃；集气处理站在1.0~6.0MPa的压力条件下，天然气水合物形成温度为1.35~15.78℃；外输管线中天然气在6.0~9.0MPa的压力条件下水合物形成温度为11.16~14.89℃。

表 5-5 雅克拉气田单井集输管线、集气处理站、外输管线中的天然气不同压力条件下的水合物形成温度预测

单井集输管线		集气处理站		外输管线	
压力/MPa	水合物形成温度/℃	压力/MPa	水合物形成温度/℃	压力/MPa	水合物形成温度/℃
6.0	15.783	1.00	1.352	6.0	11.157
6.5	16.328	1.25	3.22	6.2	11.469
7.0	16.819	1.50	4.755	6.4	11.77
7.5	17.263	1.75	6.052	6.6	12.059
8.0	17.667	2.00	7.173	6.8	12.339
8.5	18.036	2.25	8.156	7.0	12.609
9.0	18.375	2.50	9.03	7.2	12.87
9.5	18.688	2.75	9.813	7.4	13.123
10.0	18.979	3.00	10.522	7.6	13.368
10.5	19.25	3.25	11.167	7.8	13.605
11.0	19.504	3.50	11.757	8.0	13.835
11.5	19.742	3.75	12.301	8.2	14.058
12.0	19.967	4.00	12.803	8.4	14.275
12.5	20.181	4.25	13.268	8.6	14.486
13.0	20.384	4.50	13.702	8.8	14.691
13.5	20.578	4.75	14.106	9.0	14.891
14.0	20.765	5.00	14.484	—	—
14.5	20.944	5.25	14.839	—	—
15.0	21.117	5.50	15.172	—	—
15.5	21.285	5.75	15.486	—	—
16.0	21.447	6.00	15.783	—	—

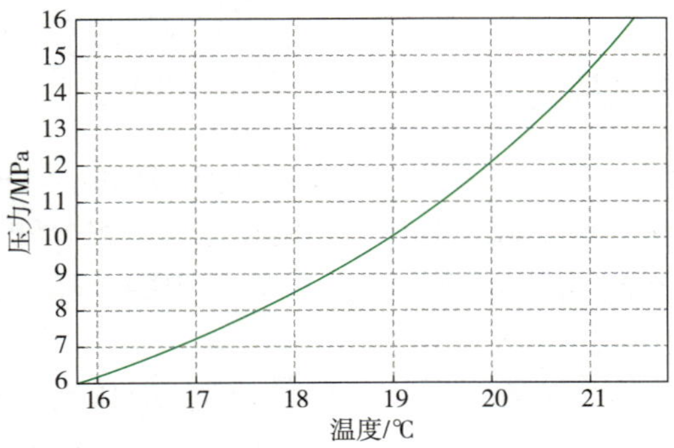

图 5-16 雅拉克气田单井集输管线中天然气不同压力条件下水合物形成温度预测曲线

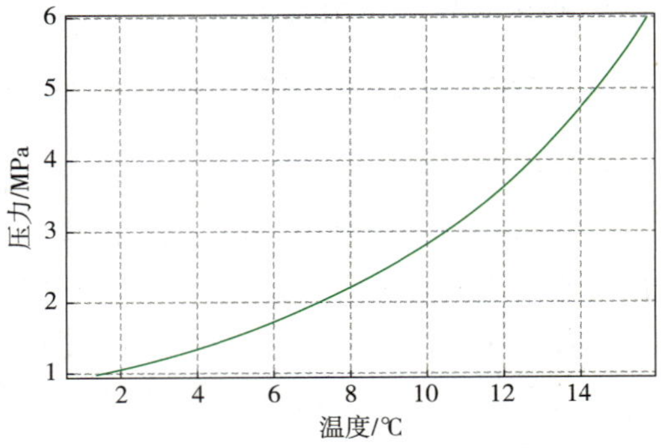

图 5-17 雅拉克气田集气处理站中天然气不同压力条件下水合物形成温度预测曲线

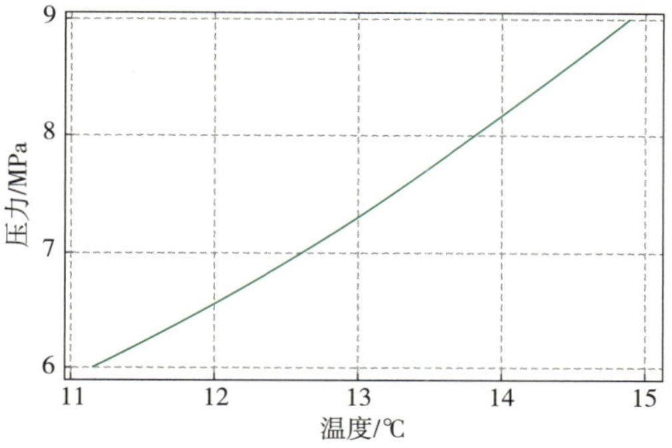

图 5-18　雅拉克气田外输管线中天然气不同压力条件下水合物形成温度预测曲线

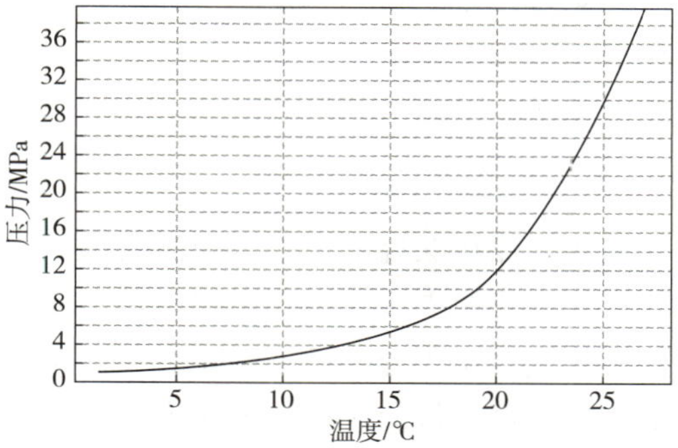

图 5-19　雅克拉气田原料天然气不同压力条件下水合物形成温度预测曲线

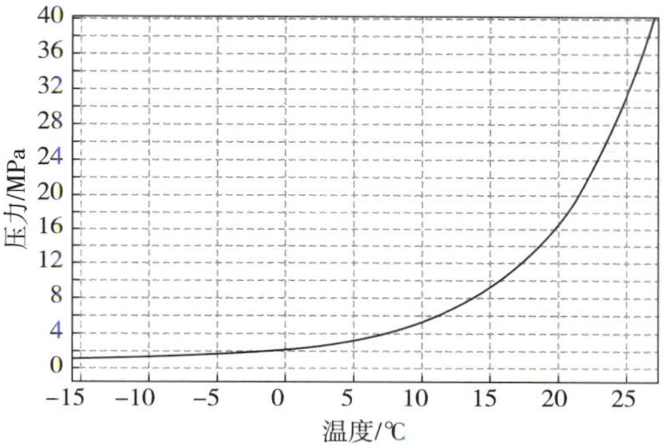

图 5-20　雅克拉集气处理站外输管线中干气不同压力条件下水合物形成温度预测曲线

YK8、YK12、YK13 三口井的井口温度已低于或接近于输压条件下的水合物形成温度，加之三口井的产气量较低，YK12 井井口油压较高，需节流，故生产过程中容易在井口至水套加热炉之间发生冰堵。

二、水合物常用的防治措施

采取有效措施抑制水合物的形成是实际生产中的重点工作。根据天然气水合物形成条件可知，天然气气体组成和水汽含量是形成水合物的内因，温度和压力等条件是形成水合物的外因。因此，防止天然气水合物形成主要从以上两方面考虑。目前国内外天然气水合物形成与堵塞防止措施主要有天然气脱水法、天然气加热保温法、加注化学抑制剂法等几种[5]。在实际生产过程中，通常还采用井下节流、定期清管通球、控制天然气产量、压力、节流温度等生产工艺参数和优选管道直径等办法。

（一）天然气脱水法

当天然气地面集输和加工处理操作温度低于水合物形成温度时，通常采用天然气脱水法，减少天然气中的水汽含量，降低天然气的水露点，防止液相水析出，使天然气失去形成水合物的基础，实现天然气干气输送，以满足天然气集输和加工处理过程中水合物形成防治需要，同时可减轻管道和设备腐蚀。天然气脱水目前主要采用溶剂吸收法、固体干燥剂吸附法和冷冻分离法三种，其中固体吸附法中的分子筛脱水法广泛应用在天然气深冷轻烃回收工艺中。

（二）加热(保温)法

天然气加热保温方法是目前湿气输送过程中防止井下和地面集输管线和设备发生水合物堵塞最主要的方法之一。天然气加热保温方法就是通过加热(保温)措施，使气体流动温度在天然气集输压力条件下的水合物形成平衡温度以上，需防止水合物形成或使生成的固体水合物分解。目前采用的加热方式主要有：蒸汽加热、水套炉加热、热水管线跟踪伴热、电热带加热和集肤效应电伴热等。对海底管线通常采用包裹绝热层保温；对陆地管线通常采用绝热或掩埋管线降低管线热量的损失。保温材料通常采用憎水型硅酸盐、聚氨酯泡沫等复合材料。对于天然气管线，通常采用节流前后天然气水套炉加热、蒸汽逆流式套管换热器加热，或敷设平行于集气管线的热水管线跟踪伴热，使气体流动温度保持在天然气水合物的生成温度以上。

水套加热炉是一种成熟的加热方式。该方式是对炉内水加热，再由水传给进入水套炉盘管的天然气，使天然气温度达到工艺所要求的温度。水套加热炉可以根据热量的大小选择一台或多台；水套加热炉的控制方式较为简单，可以实现无人值守；水套加热炉的布置灵活多变，不会影响站场的管线布置。水套加热炉加热安全性能高，且加热效果稳定，热效率可达 85%以上，经济性较强。

常压水套加热炉不属于压力容器，可采用负压燃烧方式，燃烧所需空气为自然进风，传热介质采用“水”或“水+乙二醇的水溶液”。火筒与烟管采用 U 形或类似结构，该系列水套炉的优点是结构简单，适应性强，密封效果好，热效率高；无须专人管理，只要定时巡回管理即可；一般设自动程序点火、火焰监测与熄火保护装置及负荷调节等措施保证燃烧安全，可实现水套加热炉的温度自动控制，从而实现安全运行。

目前国内外天然气气井和集输场站主要采用水套加热炉加热，以防止井口及阀门节流降温发生水合物堵塞，保证天然气湿气输送温度在水合物形成温度之上。

热水管线跟踪伴热是保持管线中天然气温度的另外一种加热方式。在天然气集输管线附近埋设低压热水管线，热水循环使用。与水套炉加热相比，热水管线跟踪伴热具有的优点有：①可以预热地层，避免了在开工期间注入大量化学药剂。②在延长停工期间天然气管线不需要卸压。③热量能够传递到上游位置。④由于系统在低压下循环热水，操作方便。

热水管线跟踪伴热缺点是设备费和操作费比水套炉加热方法高 20%~30%，再用泵循环热水，则更要耗电。为了保证循环水在短期停工期间不结冰，需要在循环水中加入约 20%的乙二醇及适量缓蚀剂。为防止传热短路，热水管线与天然气管之间应该有 3~7cm 的距离，回程冷水管线埋在热水管线对面。

电加热技术成熟、加热效果稳定、安全性强；但需有可靠的电源作保证，控制方式相对复杂，对于加热负荷较大的工况不适宜采用。目前国内天然气高压集输管线和地面场站易节流降温发生水合物堵塞的部位经常采用电热带加热保温，或采用集肤效应电加(伴)热。

电热带又分恒功率电热带和变功率电热带，恒功率电热带不受温度影响，其热量稳定且与长度成正比，当电热带交叉安装时局部管线温度有可能出现过热现象，且其局部损坏将影响其他部位的使用，优点是设计选型方便，一次投资较少。变功率电热带又称自限式伴热带，是指电热带的输出功率随被伴热介质温度升高而下降，反之则增加。系统核心部分由两根平行母线和发热元件构成，变功率电热带是整体发热，允许任意交叉重叠，并且在现场安装时可任意截其长度，从而减少不必要的浪费。电热带由无数并联结构组成，即使有局部损坏，也不影响其他部分的使用。自限式伴热带适合于短距离（1000m）、伴热温度不高（低于150℃）的输油气管线和地面设备加（伴）热，具有热效率高、节约能源、设计简单、施工安装方便、使用寿命长、可实现遥控和自动控制等特点。

（三）化学抑制剂法

化学抑制剂法是通过向系统中注入一定量的化学抑制剂，改变水合物形成热力学条件、结晶速率或聚集形态，来达到防止水合物的形成和聚集、保持流体流动的目的。该法是目前国内外油气集输和加工处理过程中防止水合物形成最主要的方法之一。水合物抑制剂主要有热力学抑制剂和低剂量水合物抑制剂两大类，目前广泛采用的化学抑制剂仍以热力学抑制剂为主。

热力学抑制剂俗称防冻剂，是目前广泛采用的一种防止水合物形成的化学添加剂。它是通过改变水溶液或水合物相的化学位，从而使水合物的形成条件移向较低的温度或较高的压力范围，避免水合物的形成；或直接与水合物接触，移动相平衡曲线，使水合物不稳定，从而使水合物分解而得到清除。

热力学抑制剂主要包括醇类和无机盐两大类。常用醇类抑制剂有甲醇、乙二醇（EG）、二甘醇（DEG）等，其物理化学性质见表5-6。常用无机盐抑制剂有氯化钠、氯化钙、氯化镁、氯化锂等。甲醇和乙二醇是应用最广泛的热力学抑制剂，据报道，苏联每年用作抑制剂的甲醇的消耗量达到6万t左右。热力学抑制剂必须应用在高浓度下，低浓度（1%～5%）的热力学抑制剂非但不能发挥抑制作用，还会促进水合物的形成和生长。甲醇和乙二醇药剂用量一般要占到水相的10%～60%（质）。甲醇具有中等毒性，可用于任何温度的操作场合，但由于其沸点低，更适合温度低的场合，其挥发进入气相的部分不再回收，进入液相的部分可蒸馏后循环使用。乙二醇无毒，沸点比甲醇高得多，蒸发损失量小，适合于天然气处理量大的场站，由于乙二醇使用量较大，通常需回收循环使用。除了甲醇、乙二醇外，有时也用二甘醇或三甘醇。除上述有机抑制剂外，在勘探试井时也使用无机盐类抑制剂，应用最多的是30%的氯化钙水溶液。此外，利用地层矿化水代替甲醇作为水合物抑制剂也可以取得较好的效果，当地层水中氯离子浓度为65000mg/L时，水合物形成的温度降大约是5℃。但由于电解质水溶液的腐蚀性，在很多条件下加注无机盐抑制剂并非好的选择。

表5-6 常用醇类抑制剂的物理化学性质

项　目	甲　醇	乙二醇	二甘醇	三甘醇	四甘醇
分子式	CH_3OH	$C_2H_6O_2$	$C_4H_{10}O_3$	$C_6H_{14}O_4$	$C_6H_{18}O_5$
相对分子质量	32.04	62.07	106.1	150.2	194.2
凝固点/℃	-97.8	-11.5	-8.3	-7.2	-5.6

续表

项 目	甲 醇	乙二醇	二甘醇	三甘醇	四甘醇
1atm条件下的沸点/℃	64.7	197.3	245.0	287.4	327.3
25℃条件下的蒸气压/mmHg	120	0.12	<0.01	<0.01	<0.01
25℃条件下的密度/(g/cm^3)	0.790	1.110	1.113	1.119	1.120
25℃条件下的黏度/(mPa·s)	0.52	16.5	28.2	37.3	44.6
闪点/℃	12	116	124	177	204
着火点/℃	—	118	143	166	191
比热/[J/(g·K)]	2.5	2.3	2.3	2.2	—
热分解温度/℃	—	165	164.4	206.7	237.8
性状	无色易挥发性易燃液体	甜味无色黏稠液体	无色无臭黏稠液体	中等臭味的黏稠液体	中等臭味的黏稠液体

由于传统热力学抑制剂药剂用量大、运输、储存、使用和回收不方便，且甲醇有毒，不能满足经济、安全及环保方面的要求。与热力学抑制剂相比，该新型抑制剂具有用量少、环境友好、不需要回收、可减少大量设备投资等优点。根据作用机理的不同，目前研究和应用的低剂量水合物抑制剂(LDHI)主要分为动力学抑制剂(KHI)和防聚剂(AA)两大类。

动力学水合物抑制剂主要是一些带有环状结构的聚合物，与热力学抑制剂的作用机理不同，动力学抑制剂主要是通过聚合物高分子的吸附作用，高分子侧链基团进入水合物笼形空腔，并于水合物表面形成氢键，从而吸附在水合物晶体表面，从空间上阻止客体分子(气体分子)进入水合物空腔，使水合物以很小的曲率半径绕着或在高分子链之间生成，从而降低水合物的成核速率、延缓乃至阻止临界晶核的生成、干扰水合物晶体的优先生长方向、影响水合物晶体定向稳定性，从而延缓或抑制水合物晶核的生长速率，使水合物在一定流体滞留时间内不至于生长过快而发生堵塞。水合物形成抑制时间取决于动力学抑制剂的效能、药剂加量及水合物形成的推动力(过冷度)。系统所处的过冷度越高，需要的动力学抑制剂用量就越大，控制水合物形成的时间就越短。动力学水合物抑制剂的优点是不要求有液态烃(油)相存在，因此，KHI产品可适用于气田、凝析气田和油田系统的水合物控制。

防聚剂也称水合物聚集抑制剂，主要是一些中低相对分子质量的表面活性剂和低分子聚合物。它并不能抑制水合物晶体的形成，而是通过化学和物理的协同作用防止水合物晶体的聚集，使水合物悬浮于流体中呈浆状输送，不至于造成堵塞。防聚剂的作用效果几乎不受过冷度影响，但与油相组成、含水量和水相含盐量有关。该类产品的使用要求有足够的液态烃(油)相存在以便能携带水合物微粒，因而只适合于油田或凝析气田系统的水合物控制。

(四) 井下节流工艺法

井下节流工艺是依靠井下节流嘴，实现井筒节流降压，充分利用地温加热，使节流后气流温度能恢复到节流前温度，不会在井筒内形成天然气水合物。井下节流工具的投放、坐封和打捞都是通过试井钢丝操作完成的。生产过程中依据配产要求设计节流嘴直径，确定临界流程。井下节流工艺与集气站内节流工艺相比，具有以下优点：有效地降低了井口、集气管线的压力，提高了安全性；改善了水合物形成条件，减轻了地面加热量。目前该种方法在长庆气田天然气水合物形成防治过程中大量采用。

（五）生产条件控制法

在实际生产过程中，通常还采用控制气井产量、天然气节流压差、输送压力和温度等生产工艺条件，优选管道直径和走向、控制气体流速、防止管线积液等办法防止水合物形成。提高气井产量，一方面可降低井筒和井口压力；另一方面，可利用井下气体的热量提高井筒上部及井口气流温度，从而改变井筒内天然气的水合物形成条件。该措施在新井投产和气井解堵中经常采用；在条件许可的情况下，降低天然气输送压力，使系统压力低于一定气体温度条件下的水合物形成平衡压力，是防止水合物形成的常用措施之一；天然气流经节流阀节流降压后，会因气体膨胀而温度降低，当节流压差值较大时，就有可能在节流处生成水合物堵塞阀门或管道。因此，控制节流前后压差是防止井口针形阀及地面节流设备和管线形成水合物堵塞的关键。

三、雅克拉气田集输处理系统水合物堵塞现状

（一）单井集输管线水合物堵塞问题

雅克拉气田在生产中存在单井集输管线水合物冻堵问题，特别是试采区的 YK8、YK12、YK13 井具有井口压力低、温度低、含水偏高、集输管线长，易发生水合物冻堵等问题。其中，YK13 井单井集输管道 2006 年建成投运 1 个月左右就发生了井口回压大幅上升、管线堵塞现象，随后不久单井集输管道全部堵死，被迫关井解堵。类似现象在 YK8 井和 YK12 井也时有发生。

（二）天然气处理装置水合物堵塞问题

雅克拉站采用膨胀机制冷回收轻烃，最低制冷温度-80℃左右，采用分子筛进行深度脱水。正常情况下，分子筛脱水后的天然气完全能满足处理工艺的制冷需求，不至于发生水合物冻堵。但若因某些特殊原因造成脱水后的天然气水露点不合格时，最容易在重接触塔顶、冷油换热器、主冷箱等部位发生冻堵（图 5-21），影响装置的正常运行。

图 5-21　雅克拉站低温泵进口排污阀排出的天然气水合物

2006 年 5 月，雅克拉站切换粉尘过滤器时，由于粉尘过滤器第一次使用，未得到充分干燥，造成重接触塔顶、冷油换热器冻堵。2009 年为解决主冷箱汞腐蚀问题，在干燥单元后新上脱汞流程。由于脱汞塔中填料中含水，在投用之初造成主冷箱冻堵，气体处理装置被迫停运。

四、雅克拉采气厂水合物防治实践

雅克拉地面处理系统依据生产实际，主要采用加热保温法、甲醇加注、高矿化度水防治水合物、井口二级节流等。

（一）加热保温法

天然气加热保温方法是目前天然气开采和湿气输送过程中防止井下和地面集输管线和设备发生水合物堵塞最主要的方法之一。

1. 电伴热

雅克拉地面处理系统广泛采用电伴热技术，主要为液位计以及联通阀、压力引压管伴热，防止冬季生产低温环境中水合物形成，影响数据检测。

2. 导热油跟踪伴热

大涝坝地面系统为解决冬季生产中各容器排污管线含水、节流降温易冻堵的问题，普遍在排污管线旁敷设辅助管线进行导热油伴热，效果良好。

3. 井口管线水套炉加热

由于单井集输系统管线长、热量损失严重，雅克拉气田部分生产井、大涝坝气田全部生产井采用井口水套炉加温，防止水合物冻堵和凝蜡，以实现单井油气顺利进入集气处理站。

4. 井口管线回流伴热

气田部分单井由于井口温度低、节流效应明显，水套炉前管线存在水合物冻堵问题，采用从水套炉后引回流管线，为单井生产翼至水套炉前管线进行伴热(图 5-22)。

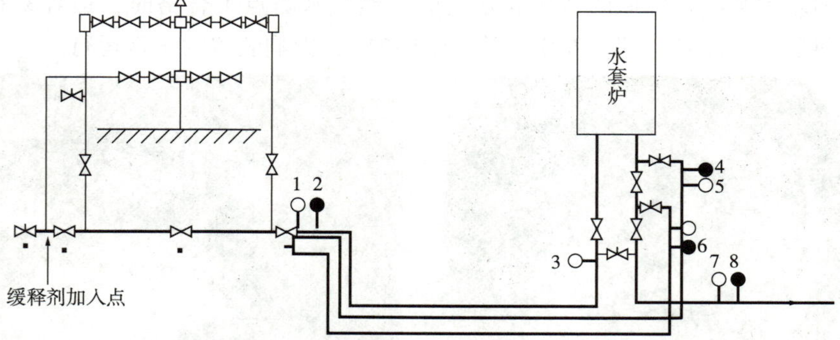

图 5-22　单井回流伴热流程图

1—回压表；2—回压温度；3—进炉压力；4—进回流伴热温度；5—进回流伴热压力；6—出回流伴热温度；7—出水套炉压力；8—出水套炉温度

（二）甲醇加注

地面系统采取的是甲醇加注系统，主要为集气处理站膨胀机入口、冷箱 A 物流、低温分离器液位调节阀前、露点换热器节流阀前等易水合物冻堵点进行甲醇加注。正常生产情况下，不会形成水合物，不进行甲醇加注。当生产条件改变时有可能形成水合物并影响正常生产，这时才进行甲醇加注防止水合物形成或解冻。当气体处理装置长时间停运、原料气走越站模式生产时，为防止节流阀或外输管线出现冻堵，按照一定比例进行甲醇加注。

（三）高矿化度水防治水合物

相关资料表明，地层水中盐量的存在对于水合物的形成有强烈的抑制作用，使水合物的生产压力升高、形成温度降低。

（四）井口二级节流

YK2 井效果较好，其他井效果有限。存在的主要问题为：

（1）针对节流效应要客观对待，提高节流后压力可以减轻节流效应影响，但同时也提高水合物的形成温度，哪个是主导因素，尚需实践验证。

（2）根据目前我们的预测，即使使用二级节流，管线内仍存在生成水合物的可能，形成的水合物将可能堵塞二级节流针阀。

站内处理部分主要用到分子筛脱水、甲醇加注、电伴热、导热油伴热。

雅克拉站刚投运时，在油气预分离系统（含凝析水）出现了较多冻堵情况。比如再生气分水器至二闪排液管线，越站分离器至二闪排液管线，闭式排放罐至二闪排液管线，原料气分离器至一闪排液管线，稳定气分离器至一闪排液管线，稳定气压缩机一级洗涤罐排液管线，稳定气压缩机二级洗涤罐排液管线，计量分离器、生产分离器的液位计、压力变送器的引压管线，原料气汇管压力变送器引压管线，闭式排放罐液位计，稳定气压缩机三级出口分离器压力变送器，等等。冻堵原因主要为投产恰在冬季，工艺管线伴热系统不完善。

工艺流程和仪器仪表的冻堵会严重影响装置的安全平稳运行，严重时将发生装置停车或危险事故等。通过新增或更换电伴热带，对重点易冻堵部位采取保温、定期排液检查、加密监控等措施，流程冻堵问题得到较彻底的解决。

自雅克拉站投运以来，在后续的深冷单位也出现过几次较严重的冻堵，分别为：

2007 年雅克拉站初次检修完成后的制冷单元冻堵，主要原因为检修期间气体干燥处理曾走旁通运行，致使停运的管线低点积液，而在投运时又未充分预见到。

2007 年雅克拉站在切换干燥塔粉尘过滤器时制冷单元再次冻堵，主要原因为备用的粉尘过滤器阀前进出口管线存在积液，而切换前未预见到，致使这些凝液（主要为水）进入深冷单元。

2009 年 8 月，雅克拉站停产大检修完成后投运时，制冷系统再次冻堵。通过一边采取优化装置运行和加注甲醇等措施确保装置和西气东输平稳运行，一边一遍遍逐一对干燥制冷系统积液排查、刚投运的脱汞塔含水原因排查、干燥塔再生效果排查和优化，经过连续十个昼夜艰苦排查，最终找到了干燥旁通阀内漏这一根本原因。9 月 14 日晚，仅用 2h 就完成了加装分子筛干燥塔内漏的旁通阀抢装盲板作业，从根本上解决了装置检修投运以来频繁冻堵的问题。

深冷单元的轻微冻堵可通过加注甲醇等措施缓解或解除，但冻堵较严重时，只能停运制冷单元，采取整体升温热扫、彻底排液的措施才能彻底化解装置的冻堵问题。

方案一：

① 停运膨胀机组，缓慢关掉 J-T 阀，将原料气倒入越站分离器；

② 用低温泵将重接触塔内液体压入下游脱乙烷塔；

③ 利用脱乙烷塔塔底重沸器给脱乙烷塔加热，并控制其塔顶压力不超过安全阀起跳压力，用脱乙烷塔内热气给冷油换热器管线热扫；

④ 利用压差将低温分离器内的液相源源不断地压入脱乙烷塔，给脱乙烷塔供料，提高热气来源；

⑤ 重接触塔憋压，底部排污反复进行；

⑥ 低温泵排液，清洗进口过滤器；

⑦ 低温分离器内液体排净后，对其进行排污；

⑧ 脱乙烷塔内液体排入下游后，对其进行排污；

⑨ 冻堵解除后，恢复其投产流程，投运停运装置，恢复正常生产。

方案二：

① 停运膨胀机组，J-T 阀全开，其余原料气走越站分离器；

② 用低温泵将重接触塔内液体压入下游脱乙烷塔；

③ 打开脱乙烷塔塔顶安全阀旁通阀，对脱乙烷塔进行卸压并控制其压力不要太低，建立重接触塔到脱乙烷塔的压差；

④ 大量原料气经过不制冷 J-T 阀进入重接触塔底部，经过层层塔盘到塔顶，再经过冷油换热器冷相流程进入外输管网；

⑤ 由于压差，重接触塔塔顶原料气经冷油换热器热相流程进入脱乙烷塔，经脱乙烷塔安全阀旁通阀进入放空管线；

⑥ 对低温泵进行排液，清洗进口过滤器，对重接触塔进行排污，反复进行；

⑦ 对低温分离器进行排污；

⑧ 对脱乙烷塔进行排污；

⑨ 冻堵解除后，恢复其投产流程，投运停运装置，恢复正常生产。

针对容易出现的冻堵情况，应注意以下几点：

①加强对日常易冻堵部位的监控排查，提前制定确实有效的防冻措施。

②重视分子筛干燥塔的日常运行管理，确保干燥后原料气水露点合格，并设法防止或减缓分子筛破碎、老化和中毒。

③ 尽量避免干燥塔走旁通运行；在装置和干燥塔重新投运时，应做好干燥塔自身的再生效果与制冷速度匹配，防止制冷温度过快造成冻堵；做好干燥塔后各个工艺管段、工艺低点和容器低点的排液和干燥情况排查。

④ 轻微冻堵时可采取优化工艺参数或适当加注甲醇进行解冻，但严重冻堵时只能及时

停运制冷系统，进行彻底的热扫和排液解堵，并设法查清冻堵的根本原因，避免再次冻堵，发生危险。同时，应严格控制热扫的速度，防止发生应力事故。

⑤ 经验表明，浅冷时甲醇的解冻防冻效果显著。而在深冷条件下（如-70℃以下时），由于甲醇纯度难以保证等，加注甲醇反而可能会加剧深冷部位冻堵。

第六节　信息与自动化集成技术

雅克拉凝析气田地处大漠戈壁，自然环境恶劣，气田流体性质具有“两高一强”（高温、高压、强腐蚀）的特点，对气井和集气处理站的安全可靠性要求非常高。为了减少人工值守，提高安全风险管控水平，采气厂在地面设施设计上采用超前的设计理念，实现了井口资料自动采集，站内工艺流程高度自动化控制以及紧急状态下的井站安全联锁控制，在气田初始开发阶段就实现了全过程的自动化控制。随着生产过程的不断深入，采气厂不断完善井站自动化系统，通过信息化提升手段，生产参数得到了有效监控，大大降低了运行成本，为智能气田建设打下了坚实的基础。

一、井站自动化技术

面对安全风险高、工艺流程复杂的现状，树立自控仪表系统“为安全服务”的理念，在地面工程配套技术上选择了先进的自动化控制系统和安全可靠的仪器仪表，有效削减了安全风险、提高了本质安全水平、保障了安全生产。

（一）生产监控与数据采集技术

雅克拉气田地面集输工程的自动控制系统采用以计算机为核心的监控和数据采集与监视控制（SCADA）系统（图5-23），全系统是基于霍尼韦尔公司的PKS系统。从整个SCADA系统架构上来说，共分为三大部分：过程控制系统（DCS）、紧急关断系统（ESD）以及中控室的中心数据处理系统。SCADA系统中DCS主要负责正常的工艺流程控制和监视，ESD则负责对超出DCS控制范围的工艺控制对象进行相应的联锁保护。中心数据处理系统主要负责工艺流程的动态显示，数据的采集归档、管理以及趋势图显示，生产统计报表的生成和打印等。雅克拉集气处理站中控室是整个系统的数据中心，同时其OPC服务器也是气田SCADA系统对外部系统的唯一数据接口。

DCS选用霍尼韦尔公司的C200控制器1套，包括冗余的控制器，冗余的通信卡件，冗余的电源模块，I/O卡件。雅克拉集气处理站中控室配置一对冗余的DELL AS-PE2800 server计算机作为服务器。服务器配置软件包括：数据库基本软件包（EP-DBASE1）、冗余数据库软件（EP-RBASE1）、用户操作站软件许可证（EP-STAT05）、用户开放数据库访问软件（EP-UODA1U）。配置的冗余数据库软件保证冗余服务器中的任何一个失败以后，另一个一直“热备”的服务器立即取代它的所有功能。

ESD选用霍尼韦尔公司的FSC控制器1套，包括冗余的控制器、冗余的通信卡件、冗余的电源模块、冗余的I/O卡件。霍尼韦尔的FSC系统是一个高度可靠和高度集成的安全

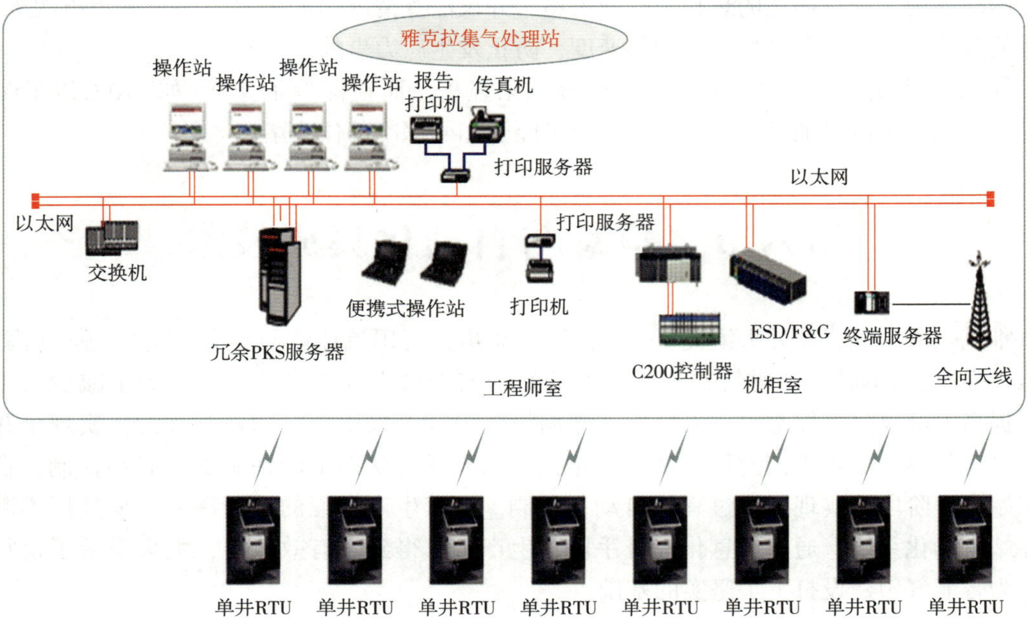

图 5-23　雅克拉气田 SCADA 系统总貌

系统，“故障安全”和“安全容错”(单个故障不会影响系统的安全功能)。系统内部的诊断功能和表决功能决定系统最后的动作。

ESD 分为三级：

一级关断(ESD-1)为全站关断。该级关断由处理厂的火灾或爆炸引起，该关断级别最高。终端设备除应急支持系统(延时关断)外全部关断并紧急放空。此级别关断手动启动。二级关断(ESD-2)为工艺关断。该关断是由气体严重泄漏或关键工艺参数异常引起的全站停产的关断。它可由操作人员手动启动，也可自动启动。除能执行本级关断功能外，ESD-2 级关断将能触发三级关断(ESD-3)。ESD-3 级关断为工艺段关断。该级关断由工艺段故障或生产系统的重要装置故障引起，可手动或自动启动。

(二) 井口安全控保技术

雅克拉气田井口安全控保系统包括井口 RTU 和井口控制柜两部分。

1. 井口 RTU

RTU(Remote Terminal Unit)是一种远端测控单元装置，又称外围站点，经常采用微处理器或微型计算机构成独立运行智能测控模块，负责对现场信号、工业设备的监测和控制。雅克拉气田井口采用的 RTU 多为北京安控 E16 系列，该系列产品由硬件模块、配套件、机箱、内置软件、开发软件组成，它具有多种结构形式、多种配置和多种功能的选择，用户可根据实际需要进行定制、集成、开发和应用。RTU 主要负责压力、温度等生产参数的数据采集，并实现远程关井的开关量信号控制。

2. 井口控制柜

井口控制柜，即液控柜，是一种井口保护装置，回压气源通过气液转换器将气压信号转换为液压信号，当发现回压不在正常范围内时，经过高、低压传感阀和卸荷阀实现高低压保护，关闭地面安全阀，确保油气井生产安全。雅-大气田的特点是井口温度高、压力高、高含凝析油，井口腐蚀问题比较严重。这些特点决定了在单井生产中，井口控制柜将扮演重要的角色(图 5-24)。设在处理站的 MTU 与设在各个单井的 RTU 通过通信介质(通信电台)将各单井的井口生产参数检测、处理、传输至中控室上位机并显示，并且能够通过井口控制柜执行必要的开关量动作，实现远程关井。

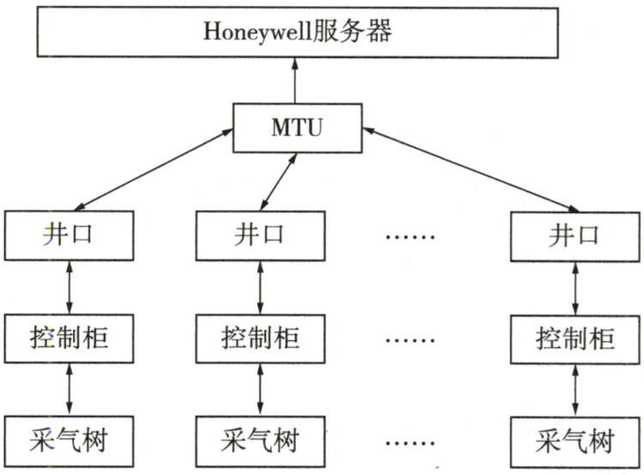

图 5-24　雅克拉气田单井控保系统示意图

二、信息化建设

随着气田开发的不断深入和信息技术的飞速发展，原有自动化系统功能单一、监控覆盖率低、设施设备老化严重等问题逐渐凸显，造成单井用工总量高、简单重复性劳动多、职工劳动强度大、生产效率低等问题。由于雅克拉采气厂管辖的各个油气区块均具有自然环境差、管理战线长、安全风险高、治安环境杂等显著特点，为了提高工作效率、改善工作环境、减轻劳动强度、提升安全管理和生产经营管理水平，在采气厂开展信息化建设迫在眉睫。

(一) 建设理念与方法

雅克拉采气厂通过分析梳理油气生产业务和管理流程，与云计算、物联网、大数据等新技术结合，总结国内外油气田信息化建设经验，提出“井站一体、分级管控”的建设方法。

以站点为中心辐射到井，构成基本生产单元。以基本生产单元过程控制为核心，站控中心实现对单井的远程管理，把没有围墙的油气田变成“有围墙”的工厂。以采气厂为生产管理单元，集成各个基本生产单元信息，实现集中管控。

井场和站点组成的基本生产单元是信息化建设过程中的中心和基础，建设坚持“两高、一低、三优化、两提升”的建设思路，实施过程中注重“六统一”、推进“两个转变”。

两高：高标准、高效率。

一低：低成本。

三优化：优化工艺流程、优化地面设施、优化管理模式。

两提升：提升工艺过程的监控水平、提升生产管理过程的智能化水平。

六统一：统一规划、统一标准、统一设计、统一投资、统一建设、统一管理。

两个转变：思维方式的转变、工作方式的转变。

（二）建设情况

雅克拉采气厂自 2011 年开始逐步开展信息化建设工作，经过两年时间的建设，取得了良好的效果，实现了“生产现场可视化、采集控制自动化、动态分析及时化、调度指挥精准化、辅助决策智能化”。

信息化建设按照层次化结构进行设计，分三层结构。

井场应用层：实现井场各类信息的采集，并能够接收站场指令完成对井口控制柜的关井操作。

站场应用层：对站场工艺流程及其所辖单井的实时监控。

厂级应用层：负责全厂井、站生产运行的实时监控、统一调度运维人员；自动生成报表；为领导提供全天候、全方位的现场运行情况，辅助决策。

1. 建设内容

（1）井站硬件设施建设。

安装智能检测仪表和 RTU。检测仪表检测的参数包括：油压、油温、套压、回压、回温、水套炉进口压力、水套炉出口温度、地面安全阀压力、井下安全阀压力。各检测仪表通过仪表电缆将信号接入 RTU 柜（图 5-25），RTU 接收信号并处理之后通过光缆或无线网桥传送至队级监控室。

图 5-25　井口数据采集系统

安装视频摄像头和扬声器。在井场立杆上安装摄像机、云台、扬声器，另外安装辅助照明灯，增加夜间视频监控照明效果。实现实时视频监控、远程喊话、闯入报警和图像抓拍功能（图 5-26）。

加装液压控制柜，实现井口自动控制。在井口安装由采气厂自主研发设计的“雅安特”（YAT）液压控制柜，实现井口自动控制（图 5-27）。

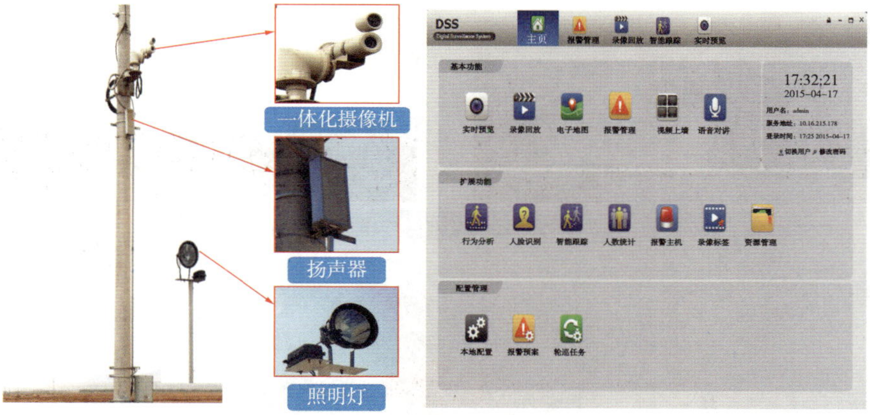

图 5-26　井口视频、音频系统

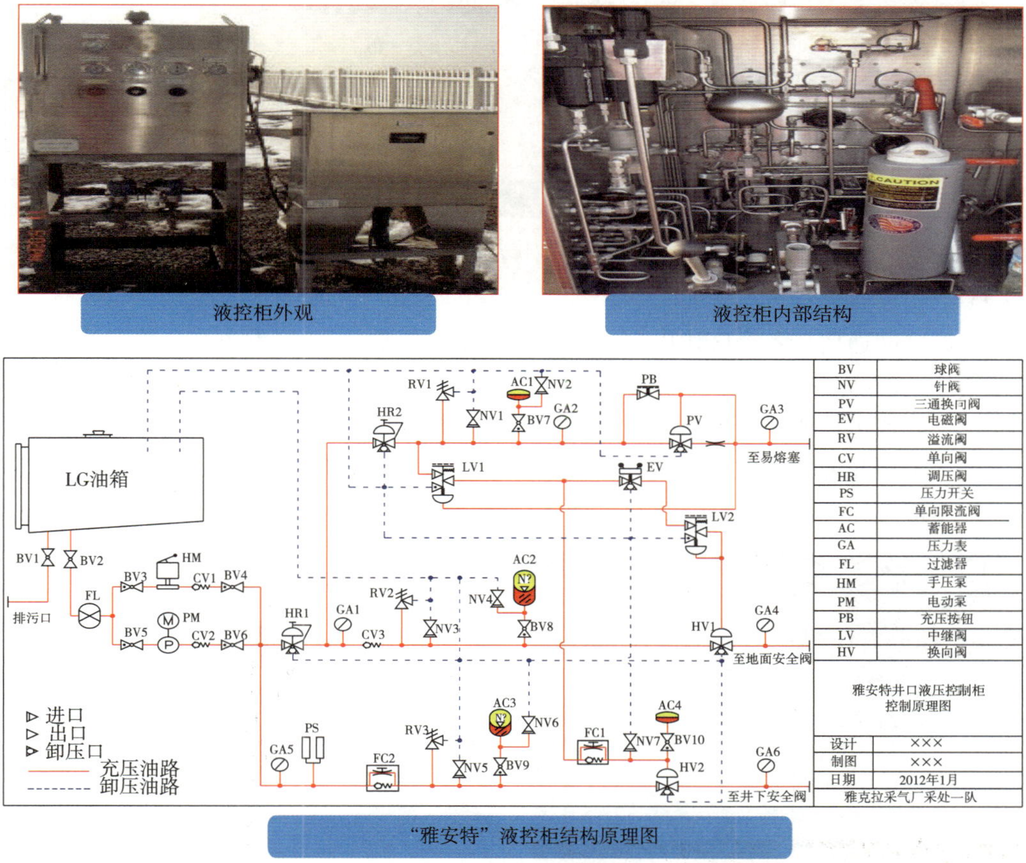

图 5-27　井口液压控制系统

井口辅助平房建设。增加仪表间，房间内配备空调和电暖气，同时对井场进行了标准化平面布局，将井口自动化设施设备(RTU、液压控制柜、信号转接箱等)全部放在辅助平房内，设备的使用环境得到了很好的改善，有效提高了恶劣气候条件下仪器仪表的稳定性，故障率大大降低(图 5-28)。

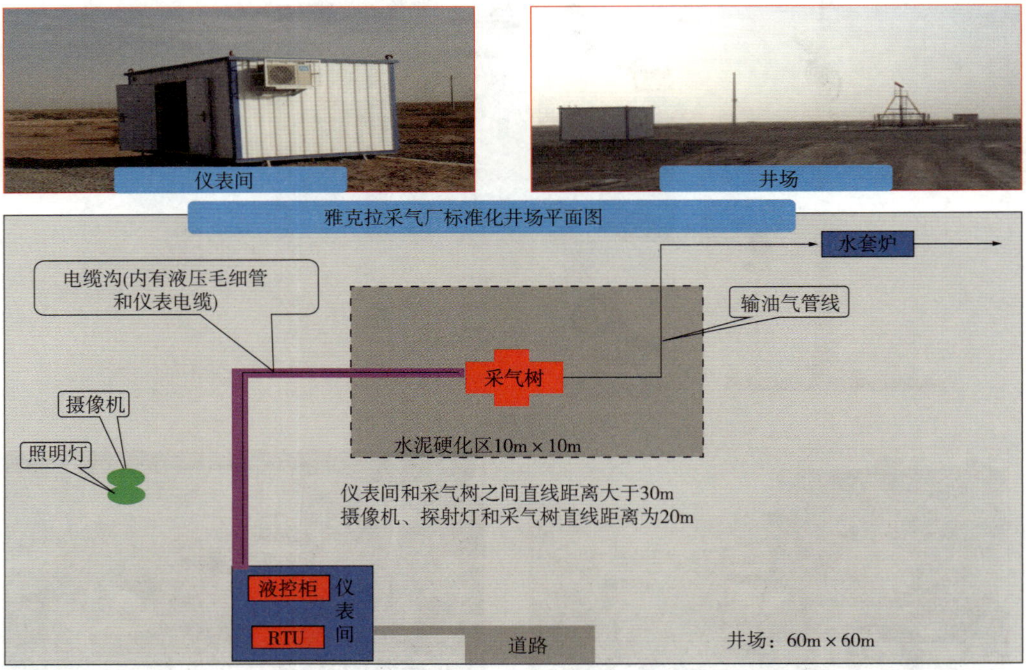

图 5-28　标准化井场平面布局图

（2）通信链路建设。

井—站之间通信。各个区块以各自集气处理站(队部)站控室为中心，采用光缆和无线网桥搭建通信网络(图 5-29)，实现各区块井、站之间的通信连接。井场 RTU 和站控室之间优先选用光缆进行通信，敷设光缆时与集气处理站至单井架空电力线同杆架设，没有电力线的单井采用光缆埋地敷设。井场距离站库较远且敷设光缆有困难时，采用点对点无线网桥方式通信，达到网络互补、投资合理的目的。

架空光缆　　无线网桥

图 5-29　架空光缆和无线网桥

站—厂之间通信。雅克拉、大涝坝、轮台沙三区块与厂部之间采用分公司已建光纤链路进行通信，远离厂部的巴什托、玉北、桥古区块与厂部之间采用租借公用链路的方式进行通信，建立了全厂范围内的数据通信链路。

（3）监控中心建设。

站控中心建设。在站控中心安装与井场 RTU 同类型数字光端机组，接收各井场 RTU 传送来的信号，并将各路信号解析出来。视频信号进入硬盘录像机，直接与工业电视相连，实现视频画面监控（图 5-30）。生产数据信号进入串口服务器，经过转换处理后存入数据服务器，数据监控计算机采用 C/S 架构，在操作站上通过组态软件实现数据的实时监控。生产数据和视频信息通过网络交换机可以上传至厂级调度指挥中心，实现厂级监控。在网络交换机与数据服务器之间设置安全网关，确保了站控系统与外界之间的物理隔离，实现数据单向访问（只读），从而保障了系统信息安全。

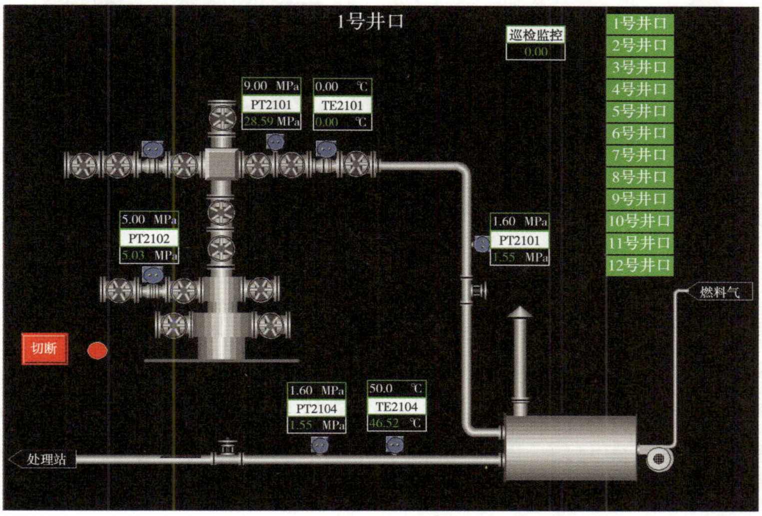

单井监控

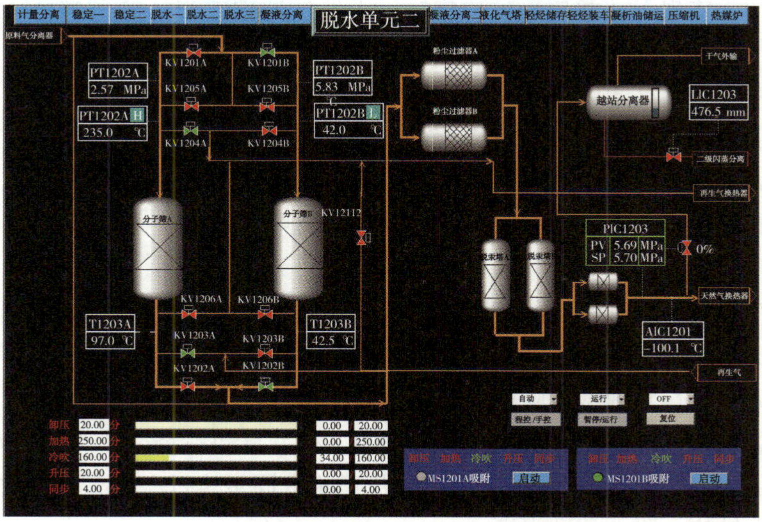

集气处理站监控

图 5-30 站控中心监控画面

厂级监控中心建设。新建厂级监控中心，根据生产信息化建设需求开发一套生产运行管控平台(图 5-31)，实现了全厂生产参数和视频信息的集中监控与统一调度。油气井远程监控系统软件分为数据层、控制层和应用层。数据层软件实现系统所需的视频数据、自动化数据的采集及存储。控制层软件通过对组态软件进行开发，实现对油气井控制、故障诊断、异常分析、报警等服务。

图 5-31　厂级监控中心画面

2. 实现的功能

单井应用层实现了四个方面的功能。一是参数的自动采集。自动采集各项温度、压力参数并实时显示，同时实现了参数高、低限自动报警和历史趋势查询，有效掌握生产动态。二是井口自动控制。实现了火灾自动关井、高低压自动关井和中控室远程关井三项功能，在异常情况下能够迅速关闭井口。三是实现了井场的视频监控、实时监控，及时发现异常。四是实现了井场的远程喊话，有效防止闲杂人员出入井场。

站场应用层完善了两大功能，一是在队级监控中心对其辖区范围内的井、站数据和视频进行集中监控。实现了从井口采出、集输、天然气处理、产品储运各个环节的生产参数自动采集和生产过程自动控制。二是应用电子门禁系统，职工全部刷卡进出站区，闲杂人员禁止入内，实现了站区封闭化管理。

厂级应用层建立了厂级生产调度指挥中心，架构了覆盖油气生产各个环节的信息化远程管控平台，做到了全厂信息共享、集中监控和调度指挥，统一调度运维人员，自动生成报表，为领导提供全天候、全方位的现场运行情况信息。

3. 取得的成效

通过信息化建设，雅克拉采气厂不断深化管理，在经营管理、安全保卫、环境保护、生产运行和人力资源等方面取得了“三升三降”的良好成效。

(1) 提升了生产运行效率，降低了劳动强度。

通过建立信息化远程管控平台，推行以远程监控、自动预警、机动巡护为主的“井站一体化”管理新模式，做到组织指令统一下达，生产指令同步执行，提高生产效率，减少管理环节，优化用工结构，降低劳动强度。

提升了生产运行组织效率。以中控室为核心，实现“内操+外操”管理模式，内操在中控室及时发现、外操在现场解决问题。大大提升了现场管理水平和生产效率，打破了专业界限，实现了以“普通巡检工向故障维护技师转变”的模式。

降低了劳动强度。由原来的定时定点巡检(每天4趟，每趟巡检2h)变成了故障巡检，大大减少了简单重复劳动。

(2) 提升了现场管控水平，降低了安全风险。

通过远程生产数据采集、远程实时视频监控、运行参数异常报警等功能，提高重点部位、重要生产环节的安全隐患及时发现，有效提升安全生产防控能力，降低安全风险，提高了油气井生产安全水平。井口具备超高压自动关井和生产异常预报警，当下游集气站场发生意外和失控时，能通过自动关井或远程关井快速截断井口气源，降低生产事故发生率、减少生产安全风险。

由于井底出砂，YK18井左翼固定式节流阀于2013年12月18日13：59：06发生刺漏(图5-32)，视频监控软件发出画面移动侦测报警，中控室值班人员迅速汇报险情并果断采取远程关井措施，13：59：14启动远程关井程序，地面安全阀关闭，切断井筒油气流。14：20：05值班人员赶到井场关闭回压管线阀门，更换固定式节流阀，重新开井生产。通过“视频监控+声光预警+远程关井+应急处置”一套“组合拳”，险情得到了有效控制，整个过程安全高效，险情处置过程中信息化系统起到了极为关键的作用。

图5-32 YK18井刺漏处理过程

降低油气井设备被破坏风险。通过参数监测、视频监控、音频预警、远程关井等功能，对生产现场实现全方位、全天候视频监控，第一时间发现井口异常，全年拦截闲杂人员进入井场82次(多发生在巴楚、玉北等偏远区块)；自动关井成功率100%；油田物资设备被盗事件、爆管等恶性安全事故为零。

(3) 提升了经营管理水平，降低了生产成本。

通过信息化系统应用平台，采气厂及时把握和分析现场生产动态，提高精细化管理水平，降低生产成本，年累计创造效益达 1047 万元。

降低人工成本。通过信息化建设，巡检模式由常规巡检转变为故障巡检和重点区域巡检，偏远单井实现无人值守，大大减少了人员用工及车辆使用情况，原巡检班的常规巡检工作由中控岗通过视频监控完成，在生产单元不断增加的情况下实现了用工量的负增长，累计减少用工量 80 人次，占总人数的 23.8%。

降低车辆运行费用。通过巡检制度优化，2014 年外租车辆行驶公里数预计 96.1 万 km，比 2013 年的 150.3 万 km 减少了 54.2 万 km，实现了降本增效。

减少产量损失。通过对现场运行参数的实时监控，能够及时发现生产中出现的问题(刺漏、爆管、井喷)，可以对突发事故进行预警，通过井口实时监控系统，进行远程关断，现场处理时间由 6h 缩短到 3h，环保污染治理费用大幅下降，比 2013 年减少凝析油损失 20 余吨。

(三) 成果与认识

通过总结提升，雅克拉采气厂进一步完善管理制度，在技术和管理层面均取得了信息化建设过程具有推广价值的经验。

(1)形成了适合分公司气井信息化建设的标准。雅克拉采气厂建立了井口参数的采集标准；采用的气井工况监测、远程控制和光缆传输被证明非常适合气井智能化建设需要；视频监控、远程喊话系统在民族敏感地区发挥了重要作用；分队“又监又控”和厂部“只监不控”的系统架构合理；建立独立的工业控制网确保信息安全等技术手段均得到了充分的验证。

(2)形成了配套的管理制度。雅克拉采气厂编写和制定了《雅克拉采气厂信息化管理制度》，对方案设计、施工监管、物资采购、使用、巡检、运维等情况做出了具体要求，保障了建设和运行过程中的优质和高效。

(3)形成了自主的技术特色。雅克拉采气厂技术人员自主研发的“雅安特”控制柜，综合了喀麦隆、FMC、金湖等多类控制柜的优点，高度自动控制，采用全液压方式，集远程关井、高/低压自动关井、火灾自动关井、人工就地关井多功能于一体，关井成功率 100%，具有安全、稳定、可靠性强的突出特点，在高压油气田领域有极强的推广价值。

雅克拉采气厂通过信息化建设，为集团公司持续优化发展结构、加快转变生产发展方式、实现科学发展、着力推进综合性国际能源公司建设发挥了作用，具有良好的推广应用价值和应用前景。

参 考 文 献

[1] 刘晓敏，宿彦京，黄一中，等. 铝合金液体金属脆断过程的 TEM 原位观察[J]. 金属学报，1998(10)：1021-1027.

[2] 李建伟，黄成. 深层高压凝析气井水合物防治技术——以雅克拉、大涝坝凝析气井为例[J]. 石油实验地质，2012，34(S1)：64-67.

[3] 王守峰. 凝析气井水合物冻堵防治技术研究[D]. 大庆：东北石油大学，2014.

[4] 关海青，徐明，王永忠. 雅克拉凝析气井特有水合物冻堵规律发现及防治对策[J]. 数码设计. CG WORLD，2021(5)：197-198.

[5] 侯泽，陈忠. 试气过程中水合物冻堵预测及防治技术探讨[J]. 采油工程，2015(3)：47-53.

第六章　气田生产经营管理

雅克拉凝析气田高效开发过程中，采气厂积极探索适应企业不同发展阶段的有效管理方法和手段，通过不断摸索总结出一套“效益开发为核心、安全生产为底线、人才培养为保障”的气田生产经营管理办法，油气开发技术和生产运行机制趋于成熟，各项工作的管理水平和员工素质得到了快速提升，各项管理工作随之向精益求精转变。既实现了气田的高效开发，又确保了采气厂建厂十六年来未发生一起重大安全事故，同时，源源不断地培养并对外输送了大量青年人才。

第一节　精细开发管理

精细开发管理是实现雅克拉凝析气田高效开发的重要保障。十六年来，以“精细管理、精细开发”为核心，持续推进“油气田高质量开发”，油气当量连续十三年达到百万吨级，吨油气利润等多项指标名列中国石化集团公司前列，“均衡水侵控制与能量利用”等核心技术被评定为国际领先，牢固树立了凝析气藏高效开发的标杆。

一、精细管理，做效益开发的引领者

精细管理，是指在油气田开发过程中，对每一口井、每一生产阶段、每一异常情况，都分别采取不同的管理对策，把管理针对到每一个细节中[1~5]。

（一）坚持“四个均衡”气藏开发理念

四个均衡是指平面均衡、层内均衡、层间均衡及时间均衡。具体做法是：

（1）根据下游用气量受季节差异影响，进行合理优化调峰，在夏季提高原油产量，冬季提高天然气产量，达到时间均衡；

（2）根据各单元的开发现状，对平面上不同气井进行差异化配产，使各气井压力下降速度基本保持一致，达到平面均衡；

（3）对于同层内各气井，根据不同构造位置、不同水侵状况，实施不同的配产对策，以达到控水稳气、层内均衡的目的；

（4）精细地层划分，对各气井采用错层开发的方式，通过差异化配产，使各气层均保证在合理采气速度范围内开发，达到层间均衡。

（二）持续推行"一时一策、一井一策"开发管理对策

1."一时一策"开发管理对策

"一时一策"是指针对气藏不同开发阶段，推行不同的开发管理对策。

针对雅克拉气藏：①在开发早期，气藏未发生水侵或水侵较小，推行以"均衡水侵"为目标的开发理念，通过差异化配产，尽量使边水均衡推进；②在开发中期，气藏已发生水侵，部分气井已见水，推行以"控水"为目标的开发理念，通过缩嘴控水、化学堵水、注气解水锁等手段，延缓气井含水上升速度；③在开发后期，气藏水侵严重，甚至已基本水淹，推行以"延长气井生命周期"为目标的开发理念，通过降回压生产、排液采气等手段，尽量延长气井生命周期，提高气藏采收率。

2."一井一策"开发管理理念

"一井一策"是指针对不同生产状况的气井，采用不同的管理对策。

雅克拉气藏的气井主要可分为中高产井、中高含水井、井筒积液井、低压井、低产低效井及停躺井六小类。针对这六类气井，分别采用不同的管理对策：

（1）中高产井：结合数值模拟结果，持续开展氯根监测，建立水侵预警机制，提前预判调整；

（2）中高含水井：结合气井井型、构造位置、临界携液气量等，对气井合理配产，实现控水稳气；

（3）井筒积液井：针对不同积液程度的气井，采取不同的对策，积液初期温和排液，积液中期涡流排液或降回压排液，积液晚期气举排液或放嘴强排；

（4）低压井：主要通过降回压生产或气举排液采气，延长气井自喷期；

（5）低产低效井：深化气藏研究，结合新工艺调研，开展挖潜治理；

（6）停躺井：通过潜力排查，实施措施复产。

（三）坚持执行"12345"气井动态管理模式

为规范气井动态管理、提高气井生产效率、延长气井生命周期，始终坚持执行"12345"气井动态管理模式。

（1）"1"个原则：少动、慢控、时察、及解。凝析气井动态管理中首先需要遵循"少动、慢控"的原则。对于砂岩凝析气井来说，当地下及井筒的流动平衡建立以后，过多或过快地激动地层、破坏流动平衡，都会影响气井的平稳生产，严重时可能导致气井提前见水、提前停喷。"时察、及解"是指在气井生产过程中，要随时关注气井关键生产参数，若有异常情况，及时解决排除。

（2）"2"项制度：凝析气藏开发管理规定、凝析气藏开发动态分析管理办法。在凝析气藏的开发过程中，遵循两项管理规定，一是对现场气井管理规范提出了明确要求，二是对气井或气藏开发调整提出了明确要求。

（3）"3"个分析：日分析、旬小结、月总结。日分析是指对每天的气井生产参数进行对比分析，对异常情况进行落实解决；旬小结是指对一旬内各气藏、各气井的生产情况进行对比，分析气藏及气井的生产变化趋势等；月总结是指每月召开月度动态分析会，对本月

生产指标、开发指标、气藏压力、水侵、调整措施效果等情况进行总结分析，对后期开发调整提出对策等。

(4)“4”个及时：及时发现、及时反馈、及时分析、及时处理。是指从班组到开发研究所，加强联系沟通，共同加强对气井生产的管理，及时发现和解决生产中的异常情况。

(5)“5”个结合：无阻流量、储层物性、动态储量、构造位置、生产特征。是指在对气井进行配产或开发调整时，要结合无阻流量、储层五项等五个因素，做到合理配产，尽量实现均衡采气。

(四) 严格落实“四级响应”动态分析机制

“四级响应”动态分析机制是“以产量任务和油气藏高效开发为中心”建立的囊括厂领导、开发所、管理区监督及班组人员的异常情况处理及开发决策机制。其主要内容为：

第四级为班组人员。班组人员负责巡检及生产参数录取。若发现异常，首先排查地面流程原因，并将异常情况及地面流程排查情况反馈至管理区。

第三级为管理区监督。管理区负责将信息反馈给开发研究所，并对生产异常进行初步的分析判断，提出初步的解决办法。

第二级为开发研究所。开发研究所负责生产异常的深度分析、调整措施的制定及区块开发方案的编写。

第一级为厂领导。厂领导负责对开发研究所上报的解决办法或调整对策进行决策，确保生产安全。

“四级响应”动态分析机制，要求气井异常分析处理按照先地面、再井筒、最后地层的原则，而生产开发调整按照先气藏、再单井的原则，既保证了气藏的高效开发，又保证了气井的安全高效生产。

二、精细开发， 做稳产纪录的创造者

精细开发是指在气藏开发过程中，通过不断深化气藏认识，持续开展精细调整及精细挖潜，保障气藏高效稳产。

(一) 精细调整控递减，不断夯实气藏稳产基础

气藏开发早期，针对水侵和反凝析两大关键问题，摸索形成了“均衡水侵控制”和“雾状反凝析控制”两大核心技术，被中国石化鉴定为国际先进，保证了气藏开发过程中，未发生过早水淹及严重反凝析的情况。

气藏开发中期，不断探索气井治水控水对策，开展了注气解水锁、注气压水锥、涡流排液采气等一系列工艺实验，夯实了气藏稳产基础。

气藏开发晚期，通过开展降回压生产、气举排液停躺井复产等一系列控递减措施，大幅降低了气藏递减率。

(二) 精细挖潜增可采，有效弥补自然产量递减

开发过程中，不断深化气藏地质研究和认识，在传统小层对比基础上，摸索出“旋回结构法”小层对比技术，小层由开发初期的 6 个精细到 16 个，通过数值模拟识别了四种剩余

油气模式，落实精细挖潜、增加可采油气资源。

（三）持续推进滚动扩边，拓展资源接替新阵地

成功实现了雅克拉北扩、东扩、外围突破，其中2017—2018年新增油地质储量125.5万t，气34.3亿m^3，先后获得中国石化规模新增经济可采储量二等奖和油气高效滚动与评价二等奖。通过精细管理和精细开发，雅克拉气田已实现稳产13年，超方案设计3年，预测凝析油采收率70%，高于国际最高采收率6.6个百分点，成为凝析气藏衰竭式开发的标杆。

第二节　安全质量管理

雅克拉采气厂按照各项法律法规要求，以西北油田分公司HSSE管理体系为基本准则，以先进行业安全管理模型和方法为指引，积极开展安全管理诊断评估工作，查找安全管理薄弱环节，以问题为导向探索适应不同发展阶段的安全管理方法和手段，来填补安全管理漏洞。针对诊断评估发现采气厂存在的业务部门安全监管主体责任不落实、站场本质安全性较低、人员安全意识薄弱和人员现场作业不规范等问题，采取了“一构建、两整合”改革、“异常”管理机制、“正向激励”活动和岗位“一册三卡”等四项做法，不断固化、创新和推行安全管理方式方法，业务部门主体责任进一步得到落实，“本质化”安全水平显著提高，人员安全意识及技能得到增强，现场人员操作更加规范，“自主管理”的安全文化正逐渐形成。

一、“一构建，两整合”改革

（一）基本概要

近年来，我国石油化工企业生产安全事故频发，造成重大的人员伤亡和财产损失，通过对多起事故原因统计发现，事故发生均存在各级管理人员安全责任不落实的问题。对历次石油化工企业调研发现，企业各级领导干部和管理人员过分依赖安全主管部门的监管，主体责任发挥不足，传统认识误区依然存在，认为“安全就是安全部门的事”，同时企业对安全管理部门的定位存在偏差，安全部门全年忙于事务性工作，缺少对企业安全发展的谋划。2013年7月18日习近平总书记在中央政治局第28次常委会上强调说：“落实安全生产责任制，要落实行业主管部门直接监管、安全监管部门综合监管、地方政府属地监管，坚持管行业必须管安全，管业务必须管安全，管生产必须管安全，而且要‘党政同责、一岗双责、齐抓共管’。”

在此形势下，西北油田分公司提出各单位HSSE管理部门要以“谁的业务谁负责，谁的属地谁负责，谁的岗位谁负责”为原则，建立HSSE责任矩阵，将HSSE责任落实到部门、单位，不断完善HSSE责任制，发挥好HSSE管理部门综合协调管理、考核、支持和服务的作用。雅克拉采气厂通过诊断评估发现采气厂各业务部门安全管理职责不具体，开展业务工作同时不清楚做哪些安全工作，历次安全检查均由安全管理部门开展，由于对其他部门

业务不理解，导致检查结果五花八门，存在“外行管内行”的现象，同时安全管理部门业务工作存在“错位”，承担大量其他业务部门工作，未发挥安全管理部门综合监管的作用。针对油田企业安全管理现状和存在的普遍性问题，结合雅克拉采气厂实际，提出了“一构建、两整合”的安全管理模式改革措施，即构建一套“业务责任链条”清单，推行部门职责优化和机构整合。

（二）主要做法

1. 梳理业务流程

以业务为主线，按照管理流程梳理每个业务管理节点的HSSE职责，业务梳理涵盖全部岗位，总计建立22项大类、101项小类的业务主体责任链条，明细了各业务部门和岗位HSSE职责，强化了监督管理责任，确保了业务主体HSSE责任有效落实。

2. 建立HSSE责任矩阵

进一步明确各项业务活动的主体责任，确定归口管理部门，将HSSE责任层层细化分解，明确业务活动的支持与配合部门，真正做到了“岗位责任清、工作流程清、问责标准清”，有效促进岗位履职尽责。

3. 优化安全部门职责

剥离安全主管部门的具体业务，将原隶属于安全主管部门的特种设备管理、消气防管理、仪器仪表检验校验、污油泥处理等划归其他业务部室负责。将安全部门定位于安全监管和安全技术支撑，负责采气厂安全管理体系设计与发展规划，同时为各业务部门、基层单位和岗位员工提供安全履职、安全法律法规、规章制度和HSSE培训的技术支撑，对责任落实情况进行严格考核，同时采气厂绩效考核向安全主管部门倾斜。

（三）取得成效

一是各层级、各部门和各岗位HSSE管理责任更加明晰，各项工作标准及考核激励制度更加完善，有效促进和指导全员履行HSSE责任，形成了全员履职的大局面；二是全员“履职意识”逐渐增强，从过往“被动管理”向“主动履职”转变，各业务部门更加深刻认识到落实安全主体责任重要性，“管业务、管安全”的理念进一步得到加深和理解，HSSE管理效能得到提升；三是进一步明确各项业务活动的主体责任，层层责任细化分解，真正做到了“岗位责任清、工作流程清、问责标准清”，有效促进岗位履职尽责；四是从根本上杜绝了安全部门既是“运动员”也是“裁判员”的不合理现象，明晰了安全部门工作方向、思路和功能定位，从而让专业的人干专业的事；五是将安全管理人员从日常事务性工作中解放出来，以便投入更多精力于采气厂安全管理顶层设计与监督考核等管理方面，为采气厂安全管理工作持续提升和优化打下基础；六是解决安全主管部门“不敢管”的后顾之忧，加大监管和激励力度，安全管理人员工作积极性有所提高，各业务部门参与安全管理工作显著提高。

二、“异常”管理机制

（一）基本概要

《国务院安委会办公室关于实施遏制重特大事故工作指南构建双重预防机制的意

见》(安委办〔2016〕11 号)提出,“准确把握安全生产的特点和规律,坚持风险预控、关口前移,全面推行安全风险分级管控,进一步强化隐患排查治理,推进事故预防工作科学化、信息化、标准化,实现把风险控制在隐患形成之前、把隐患消灭在事故前面”。

雅克拉采气厂在收集国内外有关风险管理文献基础上,又走访了多家石油化工企业进行学习交流,发现业界尚未提出风险形成隐患前“异常”管理的理念。因此,采气厂组织业务相关人员对事故演变过程进行了认真的分析和研究,发现任何隐患形成前都会先有小偏差、小异常,如果对这些偏差和异常能及时发现并处置,就能避免隐患的形成,从而实现把事故消灭在萌芽状态。

“异常”管理本质就是把管理关口前移,以重点开展隐患排查治理的“事后管理”向监测和处置异常的“事前管理”转变。

(二)主要做法

1. 建立“异常”管理机制

制定“异常”管理业务指导书及处置指导书。在“业务责任链条”清单建立基础上,添加“异常”管理的职责和内容,对“异常”进行分级管理,明确各个层级、岗位管理“异常”的防控对象和级别,督促各层级和岗位开展“异常”监督,监督结果同 HSSE 考核挂钩,同时,针对不同“异常”编制处置指导书,提供处置标准和方式方法,保证员工可以第一时间进行“异常”处置,将事故隐患消除在萌芽中。

2. 搭建场站运行异常全息管控(SAIM)平台

构建实时立体监测网络实现关键点位实时监测,重要点位循环监测,将监测大数据与智能化有机结合,构建完整的智能分析诊断模块,装置各类异常均可实现超前预警,为人员管理和处置“异常”提供智能辅助决策。建设内容如下:

(1)构建实时立体监测网络,提高物的本质安全性。通过系统识别评估风险,辨识风险点位 3129 个,结合实际分类、分级。在有效集成现有 DCS、SIS、大型机组安控、单井力控系统基础上,完善火气监测、泄漏监测、腐蚀监测、机组运行状态监测、位移监测和电监测设备 94 台/套,全面构建了实时立体监测网络,实现了关键点位实时监测,重要点位循环监测,一般点位选择性监测,提高了物的本质安全性。

(2)异常超前预警,提升生产运行效率。将大数据与智能化有机结合,构建完整的智能分析诊断模块,通过实时数据采集、历史数据积累和智能比对分析,将数据转化为案例智能学习,随着数据的积累,分析能力和效率不断提升,装置各类异常均可实现超前预警,预警发生后,后台自动按异常等级对应推送至各管理层级,并提供可供参考的处置方法,从而提高处置决策的及时性和准确性,有效缩短响应时间,大幅提升生产运行效率。

(3)参数实时监测分析,提高装置运行效率。平台汇集单井、站场及天然气管网信息,包含了日、周、月生产信息及单井的产量和装置实时运行参数,生产工艺控制方面可以实现二维、三维的联动,系统通过对装置工艺参数实时监测、后台智能比对分析,可以为装置运行优化提供最优的调整策略,辅助生产运行管理人员及时、全面掌握装置整体运行情况,适时优化运行参数,进一步提高装置运行效率和运行风险防控能力,助力站场安全运行。

(4)人员智能识别管理,为现场管理提供基础保障。强化人员管理,包含入站人员管理、区域人员统计、人员违章识别以及人员基础信息等。通过具备人脸识别、行为识别功能前端设备，结合平台系统的智能识别报警功能，实现对所有进入生产区域人员动态管控，及时发现、制止违章行为，进一步消减人的不安全行为给安全生产带来的巨大隐患，为现场管理提供基础保障。

（5）立体可视化，提升培训效率，同时为应急提供便利。应用数字孪生技术，1∶1真实还原雅克拉站全景，完美呈现各单元设备设施、建筑物等，实现了站场资产及数据三维可视化管理。内置测量功能，实现立体空间尺寸测量，辅助管理人员进行空间分析；图层剖切功能，在空间层面对设备设施进行剖面分析和立体呈现，使消防设施、工艺管网、逃生路线、高风险区域、职业危害分布、设备构造及相关信息可视化呈现。为员工培训和管理人员提供更直观、更完整的信息，提升培训效率，同时为应急决策、装置技改、现场施工测量提供便利。

（三）取得成效

一是转变了员工对于风险和隐患的意识，将日常“事后”隐患排查治理工作重心向“事前”管理转移，通过“异常”管理机制建立，风险管控责任更加明确，日常检查和处置标准更加准确，员工风险辨识与控制业务能力和应急处置能力有所提升；二是通过管控平台搭建，实现互联网、物联网和人工智能技术在“异常管理”中的融合应用，增强了感知、监测、预警、处置和评估能力，加速采气厂安全管理从静态分析向动态感知、事后应急向事前预防、单点防控向全局联防的转变，提升本质安全水平，实现规模、速度、质量、效益和安全相统一；三是通过增加软、硬件措施，完善对站场静设备、动设备、工艺管网及气体泄漏的监测，构建了立体监控体系，实现了关键点位的实时监测，提高了生产现场装置的本质安全；四是通过系统对生产现场数据、设备状态运行趋势的研判分析，能够及时发现异常并推送预警信息，并根据风险等级进行分级推送，使得各层级在第一时间获取相关信息，大大缩短了响应处置时间，提升了生产运行效率；五是数据中心库对监测的实时数据进行智能诊断和分析，对装置运行参数的变化实时预警，并将其趋势转换为案例智能学习，为装置运行优化调整提供辅助决策，提高装置运行效率；六是通过加装具备人脸识别、行为识别功能的管理系统，人员信息自动上传至三维平台，监控中心和管理层可以在三维场景中清楚知道进入作业区域的人员和时间，方便生产现场管理；七是基于对场区所有装置及附属设施进行全方位的三维建模，构建立体可视化的三维场景，以更直观的方式呈现站容站貌，提升员工培训效率，同时三维可视化也为应急决策提供了便利。

三、“正向激励”活动

（一）基本概要

日常工作中，一直采用传统的安全管理模式，安全意识不强，安全理念落后，表现为从领导到员工对安全管理工作不够重视，存在侥幸心理，领导干部不能做出表率、不能践行其承诺，广大员工也没有参与安全管理的积极性。在这种情况下，按照自愿、自律原则构建的HSSE管理体系，自然就无法得以运行，至少不能有效运行，从而影响管理体系发挥作用。在调研同行业安全管理基础上，发现绝大多数安全管理均是惩罚性管理，造成管理者与被管理者之间的矛盾对立，甚至造成被管理者对于安全工作的抵触心理，拒绝参与安全管理工作。要改变这种意识，需要解决的是人们内心深处的思想认识问题，不可能通过高压、惩罚等一些传统安全管理中的极端、粗暴方式在短期内得以解决，而是要通过激励式的工作来解决人们在思想认识方面的问题，才能真正使人将安全管理工作内化于心，这需要通过良好的安全文化熏陶，逐渐提升全员安全意识，促使 HSSE 管理体系得以有效运行。

雅克拉采气厂为引导员工从内心萌生“我要安全”“我的属地我负责”的主人翁意识，激发全员参与 HSSE 管理，激励安全行为，分享经验教训，最大限度地减少不安全行为和不安全状态。2012—2020 年，通过“正激励”活动，共计上报合理化建议 162 项，发现解决不安全行为、不安全状态问题共计 8051 项。全厂范围内 6835 人次获得积分，累计积分激励 334043 元。评选安全明星 35 人次，其中被评为分公司安全明星 8 人次。

（二）主要做法

通过设置“安全积分”、累计“安全里程”、建立“安全超市”，评选“安全明星”等方式，以正向激励为导向，鼓励员工主动分享经验教训，主动上报未遂事件、不安全状态、不安全行为，主动暴露现场问题，主动解决问题，调动员工参与安全生产积极性。

（1）安全积分。是指采气厂对员工主动查找、处理事故隐患苗头，制止、举报不安全行为，上报未遂事件，分享安全事故经验教训，提出合理化建议，技术革新等，核实后依据积分激励计分标准进行积分奖励，通过“1 积分兑换 1 元钱”的激励政策，充分调动员工参与安全工作的积极性和创造性。随着活动开展不断深入，正激励活动覆盖项目全面拓展，在原有基础上，进一步扩大了积分激励范围，由原来的 12 类 40 项细化到 24 类 199 项。

（2）安全里程。2015 年随着活动的开展，为进一步调动员工积极性，加大了基层单位安全里程激励，由原来的季度安全里程达标每位员工奖励 50 积分改为季度达标基层单位奖励 6000 分，并且将生产部门纳入安全里程激励范围，部门季度安全里程达标，奖励 3000 分。

（3）安全超市。安全超市是员工 HSSE 激励积分兑换为实物奖励的兑换平台。员工可按照自己的 HSSE 激励积分在网络“安全超市”进行淘宝式奖品兑换。

（4）安全明星。采气厂每季度组织一次“安全明星”评选活动，HSSE 积分最高者直接评为季度“安全明星”，年度 HSSE 积分最高者直接评为年度安全明星。同时，以明信片形式慰问、感谢“安全明星”家属，奖励“安全明星”南疆至乌鲁木齐市机票，并优先推荐年终评优、评先。

（三）取得成效

一是全员参与安全管理工作局面逐渐形成，扭转了将问题“藏着、掖着”的被动安全管理局面，员工参与安全管理积极性显著提升，形成了“人人都是安全员”的良好氛围，大量“低老坏”问题得到彻底整治，2016—2018 年间，检查发现“低老坏”数量分别为 864 项、618 项和 426 项，现场“低老坏”问题逐年递减，生产现场面貌焕然一新；二是创新完善安全检查机制，实现了由单一运动式检查向跨岗位、跨专业一体式的全天候检查模式的转变，多角度发现和查找问题，隐患排查无死角；三是岗位员工深度参与现场安全管理，自觉排查、处理风险隐患，由活动开展之初大量上报“低老坏”问题，逐渐向工艺参数优化方案、安全生产合理化建议等更深层次转移，实现了由“量变”转为“质变”；四是塑造了良好的安全文化氛围，“比学赶帮超”竞赛氛围日益增强，各单位、部门集体荣誉感强烈，极具凝聚力、向心力，力争里程每天累加；五是安全管理效益逐渐显现，借助正激励平台对历年数据科学统计分析，查找管理薄弱环节，对症下药陆续开展“三模三板”标准化建设，“对标达标”专项行动，进一步规范现场标准化，量化岗位行为，2015—2016 年数据分析显示管道刺漏事件呈显著攀升，针对此现象，采气厂完善管道腐蚀监测预警机制，加大管道监测力度，提前对高风险管段进行更换，2016—2020 年间，站内管线刺漏事件从 4 起降至 0 起，站外管线刺漏事件从 5 起降至 2 起，管道刺漏事件得到有效遏制，现场安全管理再上新台阶。

四、岗位“一册三卡”

（一）基本概要

众所周知，许多事故的发生往往是因为一些看似细小的违章问题没有足够重视，没有养成良好安全习惯。通过对石油化工行业历次事故调查原因分析统计，90%以上的安全事故直接原因是违章违规操作，因此企业要想根除安全隐患，确保安全生产，就必须杜绝各种违章违规行为。

为彻底改善生产中培训系统性不强、工作完成标准没有完全量化、缺少异常现象判断处置标准、缺少岗位级应急处置标准的现状，2008 年雅克拉采气厂集中工艺、安全、设备、电气、仪表、油藏、开发、井控、操作人员等共同编制了《岗位手册》，集“岗位说明、职责、工作项目、工作标准”等为一体的岗位工作指南。2016 年《岗位手册》已在雅克拉采气厂运行了八年，先后经过三次修订完善，手册内容不断丰富的同时也暴露出一些问题，如学习掌握不易、内容复杂等，为了真正使《岗位手册》有效落实落地，采气厂以问题为导向，按照“生产操作精细、异常处置精准、应急响应精炼”的原则，以“精炼、精准、实用”为目标，着手编制了《岗位操作卡》《异常处置卡》《应急处置卡》。岗位“一册三卡”的发布和有效运行，进一步提升了生产现场安全管理水平，规范了岗位行为，同时为岗位培训、考核、检查提供了标准依据，打破了固有的思维和传统的安全管理方式，真正地坐实了岗位，实现了“上标准岗、干标准活”，大幅提升了岗位“三种能力”，具有较好的实用性、可操作性。

（二）主要做法

（1）流程优化：针对每个工作项目程序的合规性，对工作流程和其表达方法进行了优化，提高了可操作性。

（2）制度完善：在建立“一册三卡”过程中，对现有采气厂各项管理制度进行了梳理，对不能满足发展需要的制度进行修改完善，完善了内部规章制度。

（3）技术规范：“一册三卡”内容细化到了操作参数，充实了凝析气藏开发和天然气处理技术规范，为技术上的精细化管理提供了依据。

（4）全面覆盖：覆盖了三个基层分队的 24 个操作岗位，并按照“一岗一册”的原则，逐步延伸覆盖到机关部门、采油工艺研究所和分队的50个管理岗位、24个技术岗位，使“一册三卡”成为每个员工做具体工作的行动准则。

（三）取得成效

“一册三卡”的运用，巩固了现场标准化操作水平和岗位人员安全技能，人员HSSE能力得到了巩固，生产装置安全运行，极大控制了现场安全事件的发生，事件数量逐渐减少，实现了生产现场零事故的目标指标。

一是实现岗位标准化培训。“一册三卡”是优秀的岗位培训教材，内容、标准统一，系统性强，易于学习掌握，有效实现岗位标准化培训，有效杜绝“无标准培训”现象的发生，成为岗位培训唯一标准，避免“胡子眉毛一把抓”的现象，一个岗位对应一套“一册三卡”，易学习、好掌握，缩短岗位培训时间，涵盖岗位需要学习掌握的全部内容，重点清晰、内容精练，有效减轻岗位负担，实现快速跨岗位学习和跨岗位相互替代。二是实现岗位标准化考核。“一册三卡”是唯一的岗位能力评估、考核标准，实现了岗位标准化能力评估、考核。杜绝“凭经验考核”现象发生，成为岗位能力评估、考核唯一标准。将岗位“一册三卡”中操作、异常判定处置、应急处置固化为标准的考核依据，通过明确且统一的判定标准，实现“谁都能考核”，内容简单、重点明确，使考核效率显著提高。三是实现岗位标准化操作。杜绝“凭经验干活和误操作”的发生，成为岗位操作、异常和应急处置唯一标准。“上标准岗，干标准活”扎根岗位员工意识，并成为一种良好的习惯传承。固化并提高岗位人员的标准化操作、异常判定处置能力和应急处置能力。按标准进行日常操作，生产异常判定与处置和应急处置精准高效。“小卡”对应小异常、小应急处置，简单实用。“大卡”对应大异常、大应急处置，结合目视化标识，提示作用明显，避免紧急情况下由于人员紧张等不良状态出现“误操作”，导致更大的事故发生。四是练考促学，提高岗位员工操作技能。基层班组组织岗位练兵，以岗位“一册三卡”为标准教材，不间断、全覆盖地开展培训教育，班组、管理区、厂级定期进行各岗位能力考核，检验培训和练兵成效，有效规范了岗位标准化操作，杜绝了违章操作。五是严管促学，提升代运行人员综合素质。强化业务外包队伍管理，以岗位“一册三卡”为标准，练考结合促进业务外包队伍人员学习并掌握岗位“一册三卡”实现标准化操作，同时建立业务外包员工考核不达标和岗位安全责任落实不到位的黑名单机制，对季度内未改进的人员予以清退，有效解决业务外包队伍人员技能不高、队伍管理不严等问题。

第三节　经营管理

全面贯彻落实油田公司关于油藏经营管理主体责任的要求，围绕“高质量发展”这一条主线，以价值引领和效益导向为原则，结合采气厂“十四五”规划，做实油藏经营管理主体责任，以效益最大化为目标，优化管理体系，实现产量结构最优、投入产出比最高，提升价值创造能力，实现经营预算更加精益、生产管控更加高效、人力资源更加优化、市场运营更加规范、党的建设更加有力、约束激励更加到位。

一、效益导向

（一）总体情况

坚持效益导向，不断推进业财融合，探索构建了采气厂经营运行管理模型。模型通过运用商务智能技术，围绕如何解决“数据孤岛化、数据收集整理成本高、分析层次低、规划性战略性分析乏力、对决策支撑力度不够”等问题，通过以利润影响因素敏感性分析为基础，探索构建的全要素分析模型，链接历史数据、预测未来经营，打破传统的分析停留在描述性分析或者经营性分析上，而对预测性分析和预见性分析进行更深层次的探索。通过发挥商业智能工具的优势，在对历史数据分析的基础上，通过对驱动因素的参数化，实现对预测期的描绘和把握，加大对决策的支撑力度。通过有效数据清理、整合，链接数据孤岛，提高了数据的使用效率，强化了潜在信息挖掘和洞察分析能力，提高了管理效率。

（二）模型的构建背景

长久以来，在信息化过程中建立了基于不同业务、不同管理维度的管理信息系统，一方面大幅提高了管理效率，另一方面也暴露了一些实际问题。而该模型的构建就是以解决实际管理过程中最大限度地提高数据使用效率，挖掘数据潜在价值为出发点。重点解决以下问题：

（1）数据孤岛化。采气厂包括分公司经过多年的信息化建设，提高效率的同时，造成数据口径的多样，系统的孤立，数据的碎片化、孤岛化。

（2）数据收集、整理成本过高。目前的经营分析，对阶段性的数据收集、整理占用太多精力，数据不够连贯、系统。

（3）分析层次低，对决策的支持力度不够。分析主要停留在描述性分析上(以往发生了什么)，或者经营性分析(为什么发生)，而距高层次的预测性分析(也就是将要发生什么)，或者预见性分析(就是怎样让想要的结果发生)还有很大差距。

（4）描述性分析阶段性进行，如季度、半年度时，才对本期、同期情况进行分析，时效性差，这项工作应该是日常化、实时掌握的动态情况。

（5）规划性、战略性分析乏力，对采气厂未来的经营预期缺乏量化的把握和描绘。

（三）模型的构建思路及主要做法

1. 构建原则

从决策者视角出发，重新思考管理与核算的关系，即管理是事前的核算模拟，核算是事后的管理验证；管理为核算提出要求，核算为管理提供信息。而该模型就是将管理和核算更好地融合在一起。

2. 构建总体思路

通过利润指标层层分解，确定利润指标影响因素；通过历史数据的敏感性分析，确定因素间的联动关系；通过联动关系实现预测未来。

根据构建思路，将模型分三个层次。

第一个层次：清楚描述历史，就是对历史数据进行整合，连接不同系统、不同部门的碎片数据，挖掘有用的信息，这个过程是决策的前提，也是核算与管理相结合的具体应用。

第二个层次：建立影响因素间的联动关系，就是根据敏感性大小，对不同因素做出相适应的决策，比如，利润对折耗最敏感，我们就在折耗上做工作；利润对操作成本最敏感，我们就在操作成本上下功夫。

第三个层次：基于各个因素，完成对未来的预测，这也是将分析层次提高的关键一环，实现事前管理。

3. 主要做法

模型的构建分三个步骤，数据准备、数据建模和 DAX 可视化呈现。

（1）数据准备。

数据准备就是通过 Power Query 导入、转换、清理、合并多数据源的企业内部、外部数据。以分公司 FMIS 单井核算系统和区块效益评价系统为基础，通过整合平台数据资源，完成系统历史数据准备和整合；对产量、商品量、价格、收入等要素基于 FMIS《单井利润报表》取数，对操作成本基于《区块入账成本》取数，对期间费用、完全成本、利润等指标基于《区块利润表》取数。

（2）数据建模。

通过建立历史数据的取数路径，完成数据提取、转换、加载，并结合可视化元素，实现对历史数据的自动动态刷新及呈现。结合业务实际，对关键业务指标进行自定义，建立相应的指标以对比分析。

（3）DAX 可视化呈现。

通过 Power View 可视化呈现构建交互式数据报告。通过 DAX 语言进行指标的定义，结合可视化图形进行呈现(图 6-1)。

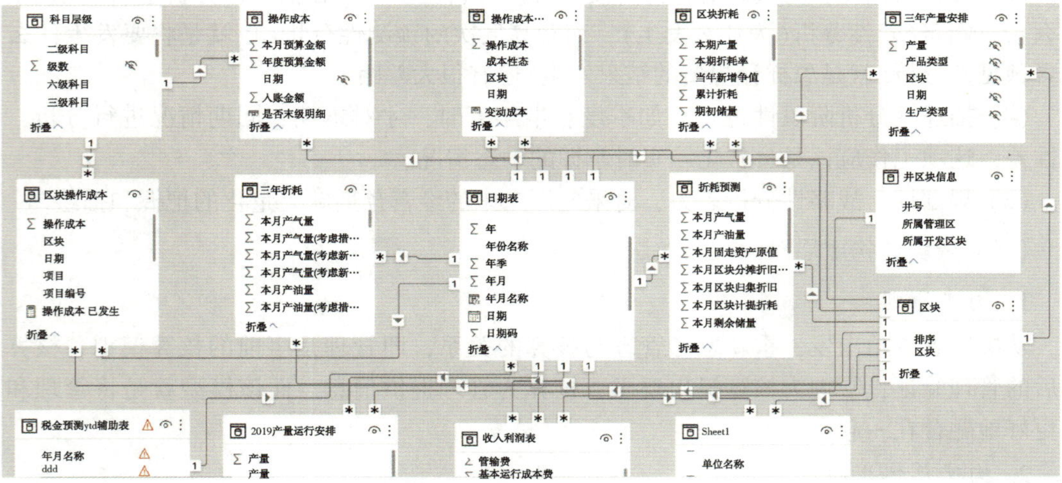

图 6-1　表间联动关系示例图

具体做法：

① 数据来源方面。

对产量、商品量、价格、收入等要素基于 FMIS《单井利润报表》取数，对操作成本基于《区块入账成本》取数，对期间费用、完全成本、利润等指标基于《区块利润表》取数。

② 历史模型搭建方面。

通过建立历史数据的取数路径，完成数据提取、转换、加载，并结合可视化元素，实现对历史数据的自动、动态刷新及呈现。结合业务实际，对关键业务指标进行自定义，建立同期、累计、预算等指标的实时对比分析和预警机制。同时，通过建立表间关系，实现基于单井、区块以及操作成本不同费用层级的穿透查询和差异分析。

③ 报告呈现方面。

通过对历史模型的构建，建立以利润指标为基础的各因素间的联动关系，以生产经营“驾驶仪表盘”的形式，实现对关键经营指标（KPI）以及系统完整的生产经营情况的掌控和预警研判。

④ 层次提升方面。

在历史模型确立的联动关系基础上，结合逆向价值链工具的应用，赋予不同影响因素相应的预测逻辑，实现对未来经营情况的预测、预见。将分析层次由较低层次的描述性分析（发生了什么）、经营性分析（为什么发生）上升到预测性分析（会发生什么）、预见性分析（怎样让预期结果发生）上来。

⑤ 预测逻辑方面。

产量因素以开发部门预测配产数据为基础，并能结合不同配产方案和生产经营实际实现动态调整，以评价不同配产方案对关键指标的影响。价格因素方面通过引入移动平均预测机制，剔除产品历史价格波动较大的情况下传统算术平均价格的局限性，结合不同时期价格因素的波动幅度，自定义移动平均的区间，实现对价格因素的有效预测。折耗方面通过以预测期间的产量情况、新增资产情况、SEC 增储情况等不同因素作为条件，实现不同条件下的折耗预测。操作成本预测分两个方面：月度预测方面，通过对历史成本的形成规律做线性回归，结合年度操作成本总额，完成对不同月度成本的基础预测，并结合生产实际中非常规项目完成进度，对基础预测进项修正；年度预测方面，通过对历年操作成本趋势进行对比，结合预测期间配产计划，通过以单位操作成本指标作为变量，实现对操作成本的年度预测。

（四）模型的建立及效果

采气厂经营运行管理模型总体分为产量收入、操作成本、折耗、利润的分析与预测，利润影响因素的敏感性分析，采气厂未来三年运行情况预测模拟三大模块。

1. 完成基本经营指标的实时掌握

（1）产量收入中，对当年各月的各产品产量完成情况，价格的走势情况，销量、收入的对比情况进行逐项展示，并且可以通过时间和区块两个维度的切换，呈现决策者想要了解的具体内容，包括累计完成情况、累计完成率、各产品每个月的价格、各产品产销量对比情况、收入的对比情况等。如图 6-2 所示。

（2）操作成本方面是按照分析会的常规要求，主要描述内容是本期与预算、与同期的对比分析，除了可以实现区块、时间维度的切换外，成本的实时预警机制，也在这个模块中得以实现，设定好标准，当操作成本出现偏差后，会有不同的颜色标记告诉决策者哪项费用出了问题，通过穿透功能还可以实现对各费用二级科目形成情况的掌控。如图 6-3 所示。

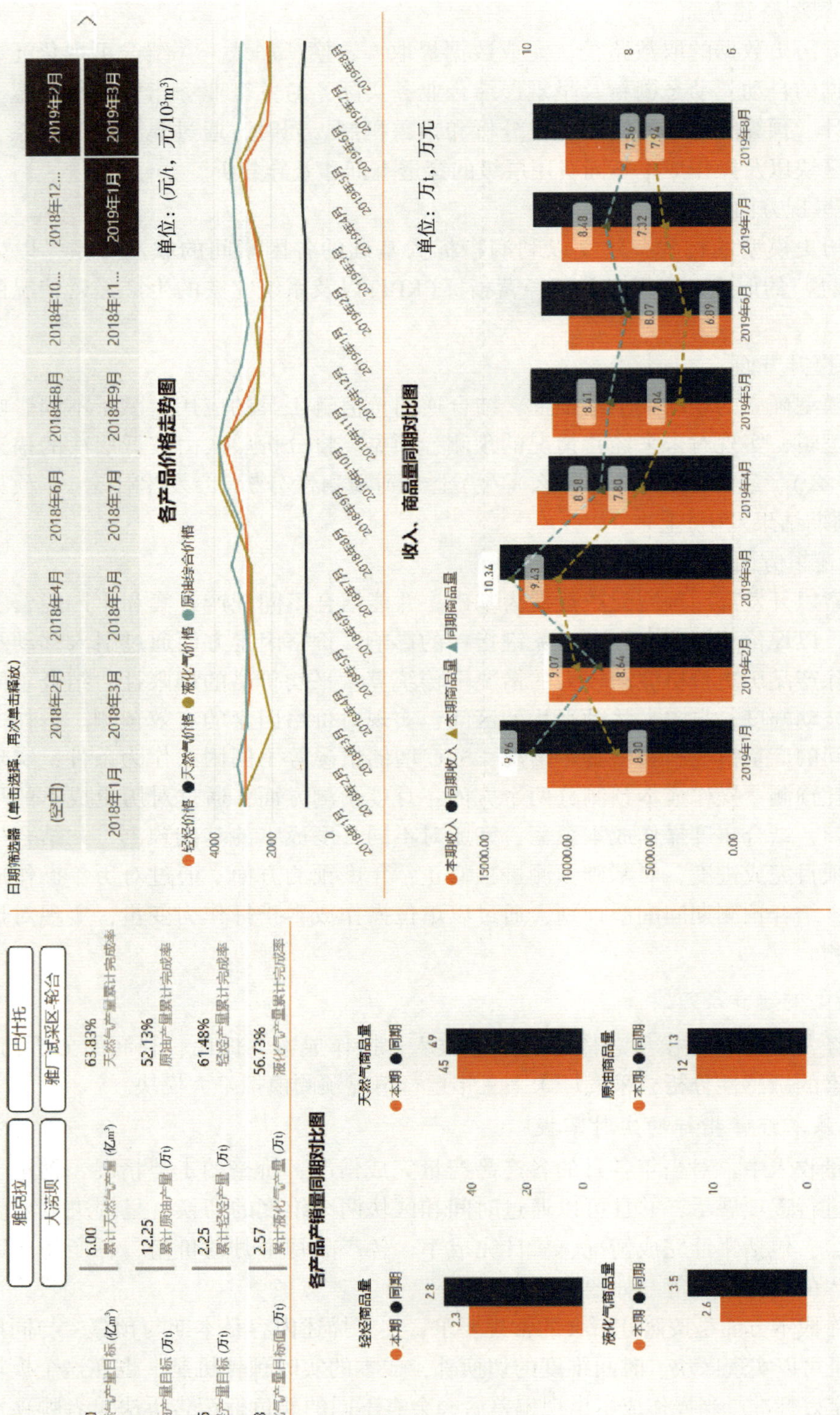

雅克拉
巴什托
大涝坝
雅广试采区-轮台
9.40 天然气产量目标(亿m³)
6.00 累计天然气产量(亿m³)
63.83% 天然气产量累计完成率
24 原油产量目标(万t)
12.25 累计原油产量(万t)
52.13% 原油产量累计完成率
3.66 轻烃产量目标(万t)
2.25 累计轻烃产量(万t)
61.48% 轻烃产量累计完成率
4.53 液化气产量目标值(万t)
2.57 累计液化气产量(万t)
56.73% 液化气产量累计完成率
各产品产销量同期对比图
轻烃商品量 本期 同期
2.3
2.8
天然气商品量 本期 同期
45
49
液化气商品量 本期 同期
2.6
3.5
原油商品量 本期 同期
12
13
日期筛选器（单击选择，再次单击释放）
(空白)
2018年1月
2018年2月
2018年3月
2018年4月
2018年5月
2018年6月
2018年7月
2018年8月
2018年9月
2018年10...
2018年11...
2018年12...
2019年1月
2019年2月
2019年3月
各产品价格走势图
单位：（元/t，元/10³m³）
轻烃价格 天然气价格 液化气价格 原油综合价格
收入、商品量同期对比图
单位：万t，万元
本期收入 同期收入 本期商品量 同期商品量
2019年1月
2019年2月
2019年3月
2019年4月
2019年5月
2019年6月
2019年7月
2019年8月

图6-2 产量收入分析图

一级科目	本期实际	本期预算	本期完成率	本期差异率
职工薪酬	3514.41	3209.34	109.51%	9.51%
修理费	1072.85	1133.07	94.69%	-5.31%
油田专业服务费	1070.74	1151.21	93.01%	-6.99%
井下作业费	1060.02	1068.52	99.20%	-0.80%
材料费	768.77	774.30	99.29%	-0.71%
动力	702.29	719.08	97.67%	-2.33%
物业管理费	632.94	632.94	100.00%	0.00%
差旅费	466.43	485.61	96.05%	-3.95%
技术服务费	371.33	382.16	97.17%	-2.83%
运输费	360.63	363.00	99.35%	-0.65%
财产保险费	228.10	240.00	95.04%	-4.96%
测井试井费	192.63	203.36	94.72%	-5.28%
井场维护	175.91	197.87	88.90%	-11.10%
燃料	162.17	169.93	95.43%	-4.57%
租赁费	154.00	161.50	95.36%	-4.64%
安全技措支出	138.24	140.69	98.26%	-1.74%
特车作业	130.05	171.65	75.76%	-24.24%
环保支出	124.37	130.12	95.58%	-4.42%
外部施工劳务	120.05	115.52	103.92%	3.92%
油区道路维护	107.76	107.76	100.00%	0.00%
总计	**11884.05**	**11894.19**	**99.91%**	**-0.09%**

图6-3 操作成本本期预算对比分析图

(3) 操作成本的同期对比分析也可以实现上述成本预算对比的功能，分别包括本期实际值、去年同期值、差异率，以及单位操作成本的同期差异。

以上是基于历史数据的描述性分析。模型搭建完成后，只需刷新数据源，就可获取最新数据，有效解决前面提到的数据不系统、不连贯、时效性差等问题，也将分析从数据收集的工作中解放出来。

(4) 为了提高分析的层次，引入预测逻辑，实现操作成本的预测，以及分区块的预测。从图 6-4 中可以看到，按照最新的操作成本摸底情况，年度可形成操作成本 2.28 亿元，其中，黄色面积图代表发生累计数，灰色面积图代表预测期累计值，随着实际值的确定，将自动对预测值进行修正。这些预测都可以结合具体区块进行展示。

(5) 收入运行情况完成了年内预测，预测逻辑：预测产量是基于开发的预测配产，而价格预测方面，引入了一个移动平均的参数，为什么采用这种方式，以往预测某个月的价格，比如预测 9 月份的价格，会采用 1—8 月的算术平均值，但它会存在一个问题，就是当某一个产品 1 月价格高、8 月价格较低时(也就是在价格波动比较大的时候)，这样直接取 1—8 月的算术平均值就会让预测价格偏高，而导致收入偏大，影响利润的最终预测结果。为了规避这种情况，把参与平均的月份参数化，如果认为最近 3 个月的平均价格作为预测价格比较合理，那就把参数调整为 3，而如果认为最近 6 个月的平均价格比较合理，就可以把参数调整为 6，当然价格的变动，会直接影响预测收入的变动以及后面利润的变动。按照这个逻辑完成了收入的预测，从图 6-5 可以看出 1—8 月实现收入 8.76 亿元，全年预计收入是 13.8 亿元。

(6) 折耗预测方面，与开发结合，通过产量、期初储量、资产净值完成了折耗的预测，图 6-6 中黑色线反映的是 1—8 月各指标的实际情况，红色部分为 9—12 月的预测情况，待 9 月份实际数据更新后，预测线会自动完成预测结果的修正。当然，所有指标都是可以结合区块进行呈现的。

2. 完成利润指标的实时预测及敏感性分析

(1) 完成了各影响因素的预测之后，最终要实现对利润的预测，也就是将分析层次从描述性分析提升到预测性分析上来，也印证了“管理是事前的核算模拟”这一管理会计思想。从图 6-6 中可以看到，1—8 月实现利润 2.14 亿元，全年预计实现利润 4.07 亿元。同时通过图 6-7 可以看到各影响因素的实际值和预测值，左边是实际值、右边是预测值，而随着预测期实际值确定后，将对预测值自动修正，使得全年的预测结果更为准确。

(2) 不同的影响因素对利润都有影响，但不同的影响因素对利润影响的大小肯定不同，为了摸清其中的规律，更好地服务于目标管理，模型同样引入了利润敏感性分析。如前所述，它是利润变动的百分比与某个影响因素变动百分比的比值，也就是说敏感系数的绝对值越大，利润对其越敏感。引起越敏感的因素也应该是指导开发生产下步工作的重点，采气厂层面，利润还是对产量最为敏感，其次是折耗，但不同区块结果不一样(图 6-8)，比如试采区，折耗的影响最大，那么下一步就应该以增储、降低资产包袱等作为该区块的工作重点。通过敏感性可以完成对每个区块的有针对性分析，建立与开发呼应的“一区一策”，真正服务于区块目标管理工作，深化业财融合。

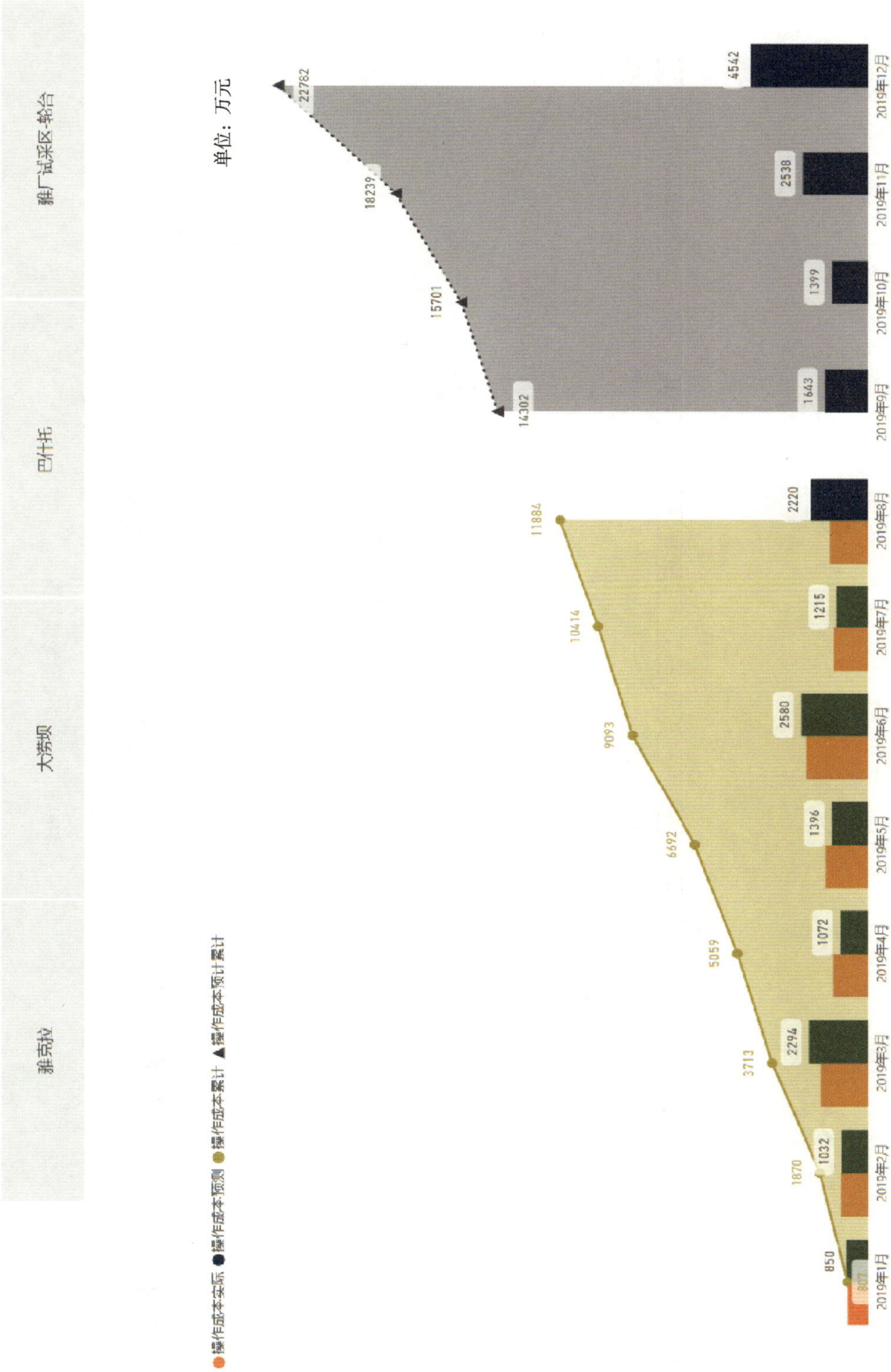

图6-4 操作成本运行情况模拟预测图

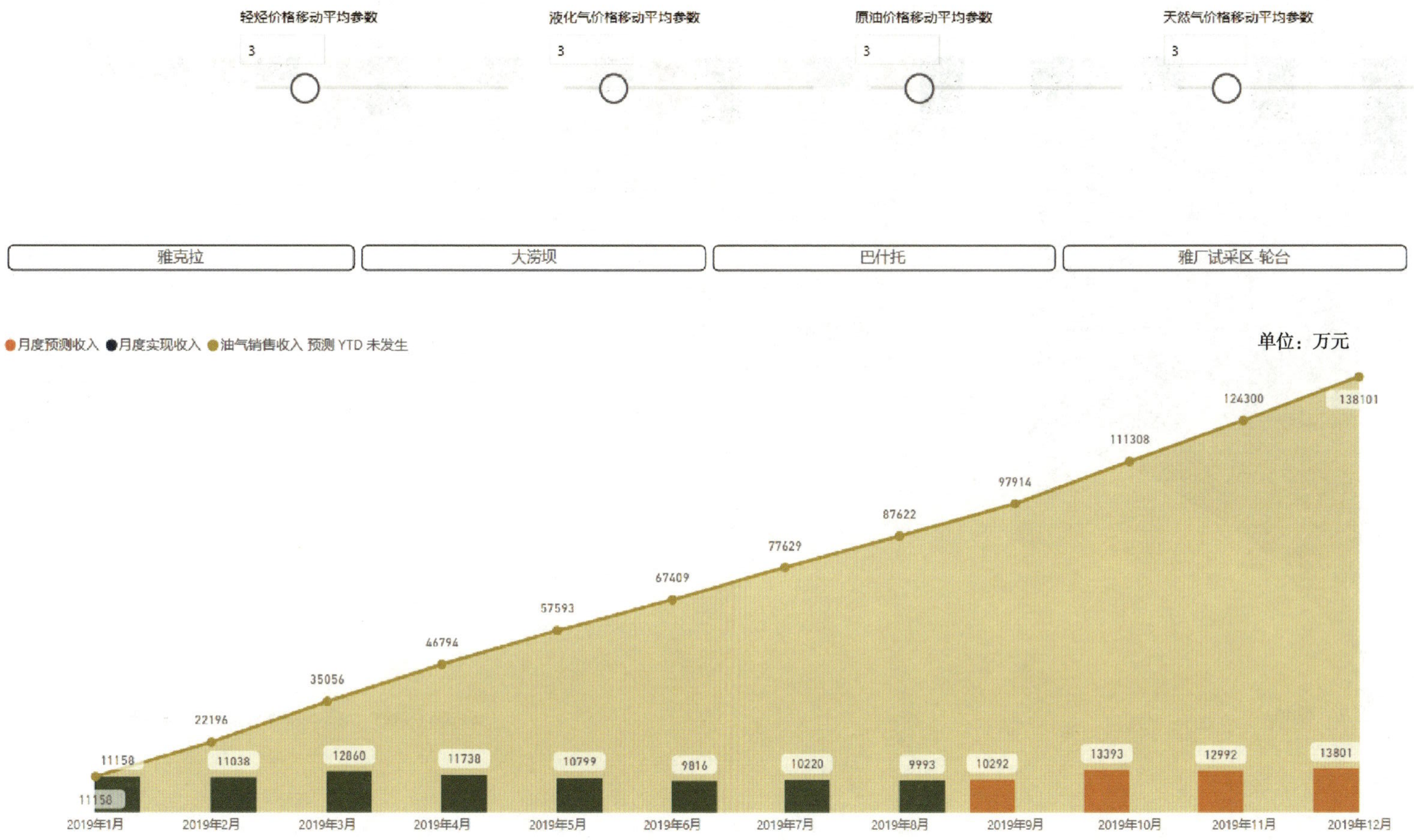

图6-5　收入情况预测模拟图

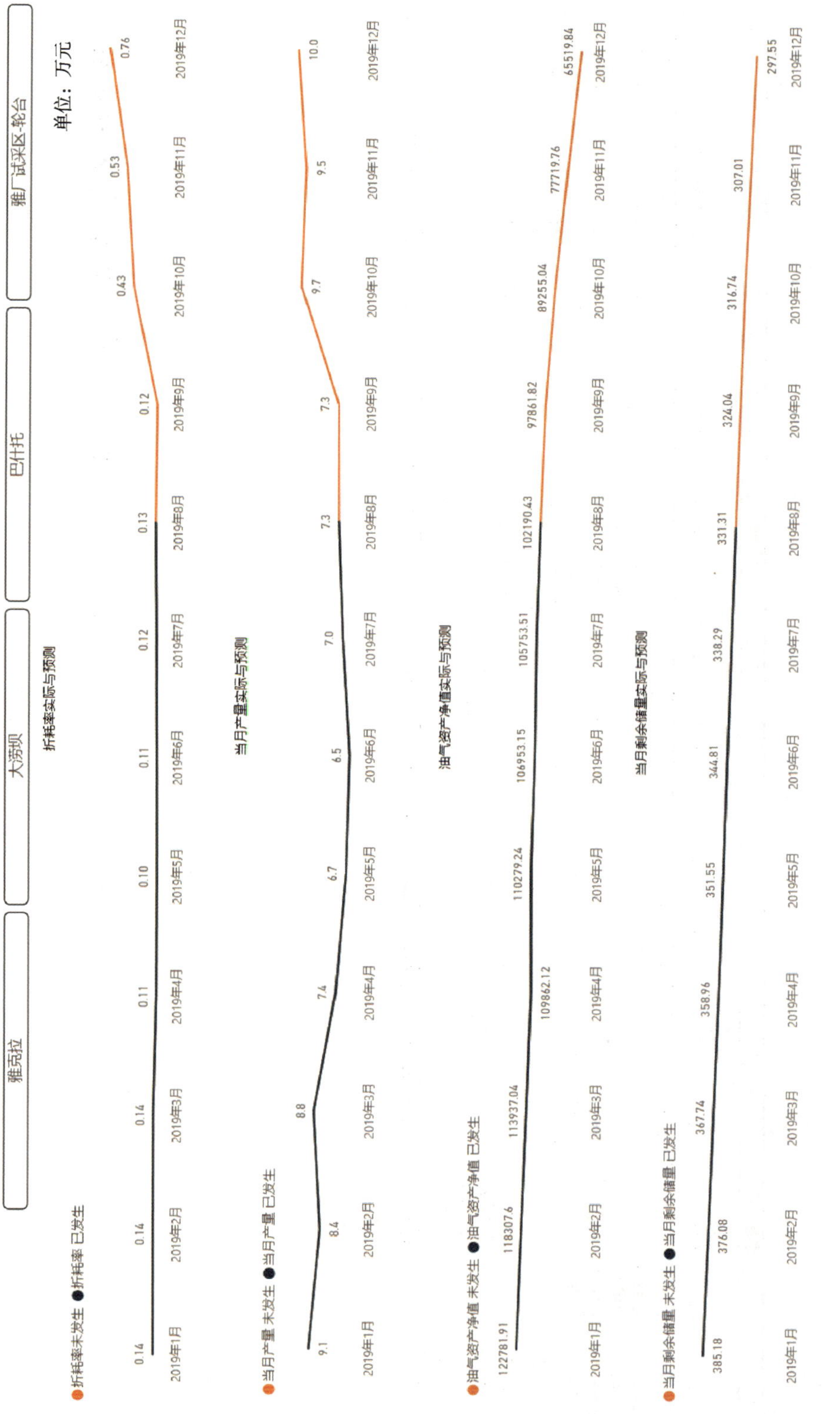

雅克拉
大涝坝
巴什托
雅厂试采区-轮台
单位：万元
折耗率实际与预测
折耗率未发生 折耗率 已发生
0.14 0.14 0.14 0.11 0.10 0.11 0.12 0.13 0.12 0.43 0.53 0.76
当月产量实际与预测
当月产量 未发生 当月产量 已发生
9.1 8.4 8.8 7.4 6.7 6.5 7.0 7.3 7.3 9.7 9.5 10.0
油气资产净值实际与预测
油气资产净值 未发生 油气资产净值 已发生
122781.91 118307.6 113937.04 109862.12 110279.24 106953.15 105753.51 102190.43 97861.82 89255.04 77719.76 65519.84
当月剩余储量实际与预测
当月剩余储量 未发生 当月剩余储量 已发生
385.18 376.08 367.74 358.96 351.55 344.81 338.29 331.31 324.04 316.74 307.01 297.55
2019年1月
2019年2月
2019年3月
2019年4月
2019年5月
2019年6月
2019年7月
2019年8月
2019年9月
2019年10月
2019年11月
2019年12月

图6-6 折耗预测分析图

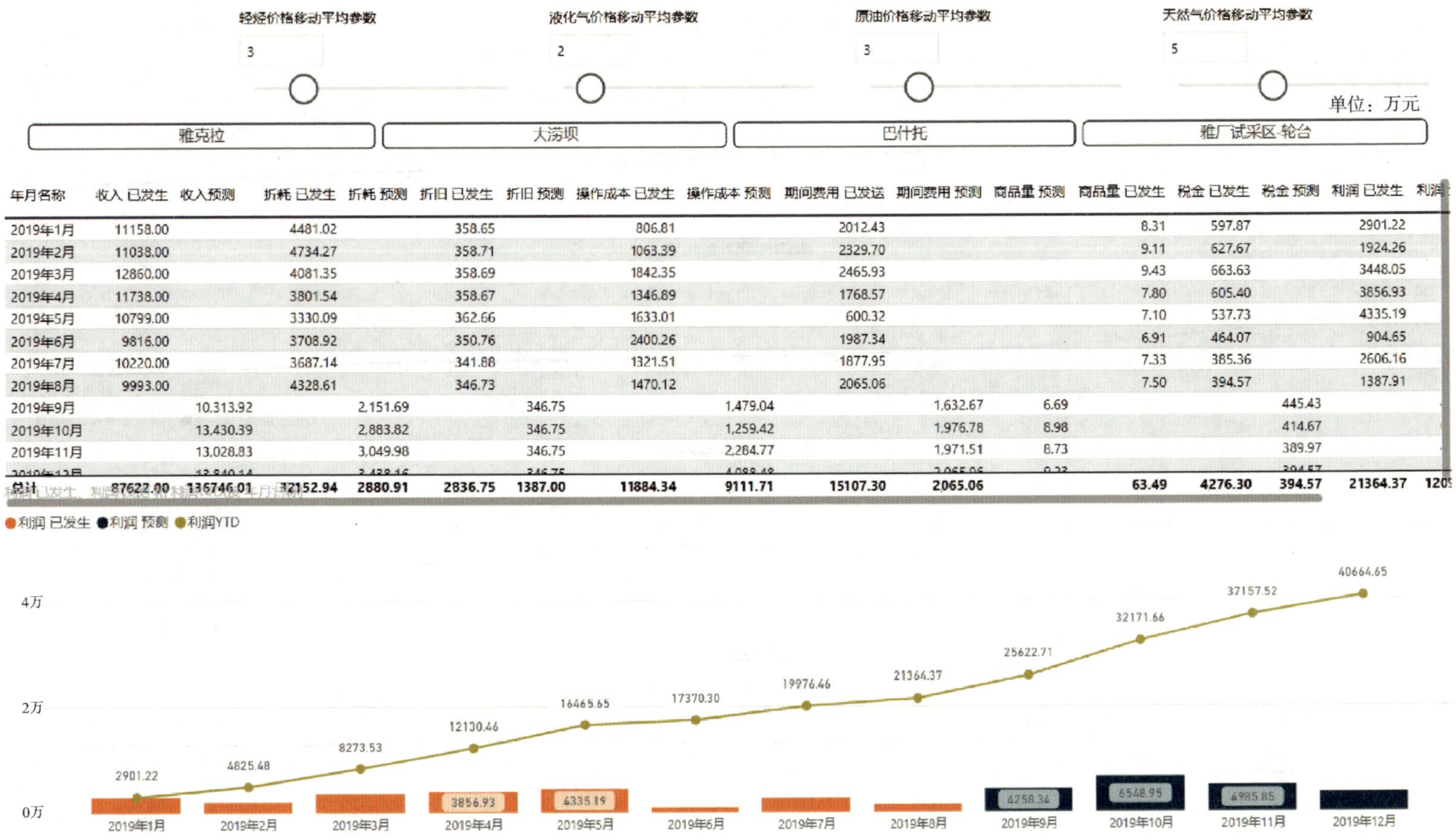

年月名称	收入 已发生	收入预测	折耗 已发生	折耗 预测	折旧 已发生	折旧 预测	操作成本 已发生	操作成本 预测	期间费用 已发送	期间费用 预测	商品量 预测	商品量 已发生	税金 已发生	税金 预测	利润 已发生	利润
2019年1月	11158.00		4481.02		358.65		806.81		2012.43			8.31	597.87		2901.22	
2019年2月	11038.00		4734.27		358.71		1063.39		2329.70			9.11	627.67		1924.26	
2019年3月	12860.00		4081.35		358.69		1842.35		2465.93			9.43	663.63		3448.05	
2019年4月	11738.00		3801.54		358.67		1346.89		1768.57			7.80	605.40		3856.93	
2019年5月	10799.00		3330.09		362.66		1633.01		600.32			7.10	537.73		4335.19	
2019年6月	9816.00		3708.92		350.76		2400.26		1987.34			6.91	464.07		904.65	
2019年7月	10220.00		3687.14		341.88		1321.51		1877.95			7.33	385.36		2606.16	
2019年8月	9993.00		4328.61		346.73		1470.12		2065.06			7.50	394.57		1387.91	
2019年9月		10,313.92		2,151.69		346.75		1,479.04		1,632.67	6.69			445.43		
2019年10月		13,430.39		2,883.82		346.75		1,259.42		1,976.78	8.98			414.67		
2019年11月		13,028.83		3,049.98		346.75		2,284.77		1,971.51	8.73			389.97		
2019年12月		13,840.14		3,438.16		346.75		4,088.48		2,065.06	9.23			394.57		
总计	87622.00	136746.01	32152.94	2880.91	2836.75	1387.00	11884.34	9111.71	15107.30	2065.06		63.49	4276.30	394.57	21364.37	120

图6–7　利润模拟预测图

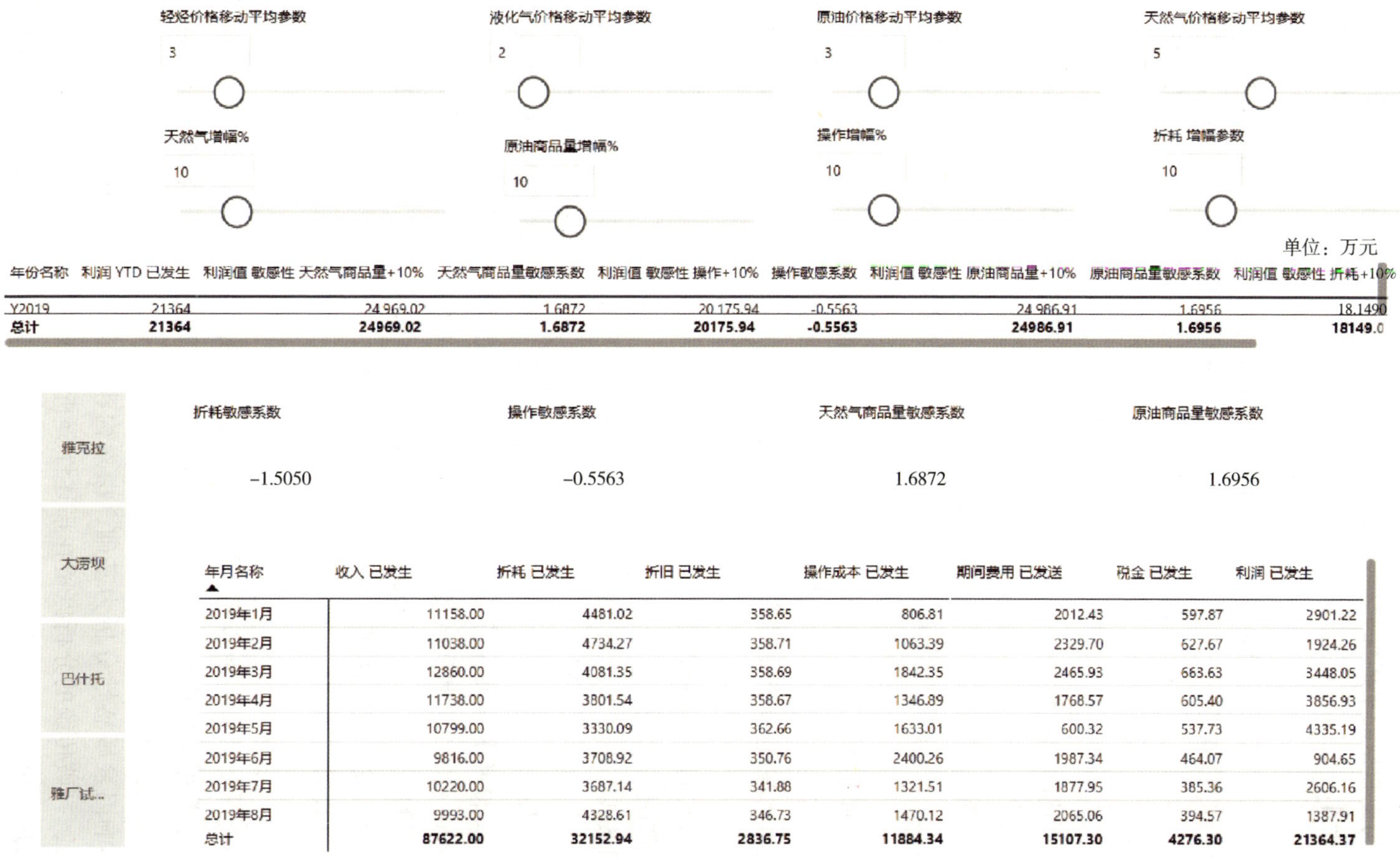

年份名称	利润 YTD 已发生	利润值 敏感性 天然气商品量+10%	天然气商品量敏感系数	利润值 敏感性 操作+10%	操作敏感系数	利润值 敏感性 原油商品量+10%	原油商品量敏感系数	利润值 敏感性 折耗+10%
Y2019	21364	24 969.02	1.6872	20 175.94	-0.5563	24 986.91	1.6956	18.1490
总计	**21364**	**24969.02**	**1.6872**	**20175.94**	**-0.5563**	**24986.91**	**1.6956**	**18149.0**

年月名称	收入 已发生	折耗 已发生	折旧 已发生	操作成本 已发生	期间费用 已发送	税金 已发生	利润 已发生
2019年1月	11158.00	4481.02	358.65	806.81	2012.43	597.87	2901.22
2019年2月	11038.00	4734.27	358.71	1063.39	2329.70	627.67	1924.26
2019年3月	12860.00	4081.35	358.69	1842.35	2465.93	663.63	3448.05
2019年4月	11738.00	3801.54	358.67	1346.89	1768.57	605.40	3856.93
2019年5月	10799.00	3330.09	362.66	1633.01	600.32	537.73	4335.19
2019年6月	9816.00	3708.92	350.76	2400.26	1987.34	464.07	904.65
2019年7月	10220.00	3687.14	341.88	1321.51	1877.95	385.36	2606.16
2019年8月	9993.00	4328.61	346.73	1470.12	2065.06	394.57	1387.91
总计	**87622.00**	**32152.94**	**2836.75**	**11884.34**	**15107.30**	**4276.30**	**21364.37**

图6-8 利润敏感性分析图

3. 完成未来运行情况的量化把握

完成了对历史数据的描述性分析，建立了因素间的联动关系，确定了不同区块、不同因素的敏感性大小，就可以利用这样的联动关系，对未来三年运行情况进行战略性的把握和量化。

（1）结合开发对2020—2022年产量的部署，通过模型展示，可以清楚地看到，2020—2022年产量运行的总体趋势，当不考虑新井及措施产量时，总产量大幅下降，考虑措施和新井的情况下，基本保持稳产。从采气厂总体的产量结构趋势图可以看出，虽然三年总量上基本保持了稳产，但产量结构发生了很大变化，自然产量大幅下降，对新井产量的依赖程度逐年加强，措施产量基本稳定，如图6-9所示。

（2）结合上述的产量数据和价格的预测，对2020—2022年的收入情况做了模型预测，形成了下面四条线：分别是不考虑措施和新井的情况、考虑措施的情况、考虑新井的情况、同时考虑措施和新井的情况。不考虑新井和措施的情况下收入由2020年的12亿元下降至2022年的5亿元。而同时考虑措施和新井的情况下收入能保持在14亿元的水平。如图6-10所示。

（3）采用同样的逻辑，在分别考虑措施及新井对于储量、当期产量、油气资产净值的影响下，完成对折耗的预测，不考虑措施和新井的情况下，2020—2022年的折耗会保持在高位运行，而考虑措施和新井对增储的贡献后，年平均折耗能保持在3亿元的水平。如图6-11所示。

（4）通过对利润各个影响因素的预测，最终形成采气厂2020—2022年利润水平的一个量化和描绘，如图6-12所示。

同样是四条线：不考虑措施和新井、只考虑措施、只考虑新井、同时考虑措施和新井四种情况。从我们模拟的预测结果来看，2020—2022年，在不考虑措施和新井的情况下，由于折耗的负担加重，采气厂会很快进入一个亏损阶段，而在考虑了新井和措施增储的作用后，采气厂2020年利润能保持在3.05亿元左右，并能保持至2022年的持续增长。

通过对2020—2022年利润的复算，某种程度上解决了规划性、战略性分析乏力的问题。这样的结果验证了采气厂经营运行管理模型的可行性，我们可以结合不断修正的开发方案，实现滚动的战略目标管理，通过不断修正、完善，提高此项工作的精度与准度，为采气厂决策提供数据支撑。

（五）小结

作为管理会计工具的一种应用和探索，有效地完成了数据的清理、整合，链接了数据孤岛，提高了数据的使用效率，强化了潜在信息的挖掘和洞察分析能力，提高了管理效率。

以利润影响因素敏感性分析为基础，探索构建的全要素分析模型，链接历史数据、预测未来经营，打破传统的分析停留在描述性分析上或者经营性分析上，对预测性分析和预见性分析进行更深层次的探索。发挥商业智能工具的优势，在对历史数据分析的基础上，可以通过对驱动因素的参数化，实现对预测期的描绘和把握，加大对决策的支撑力度。

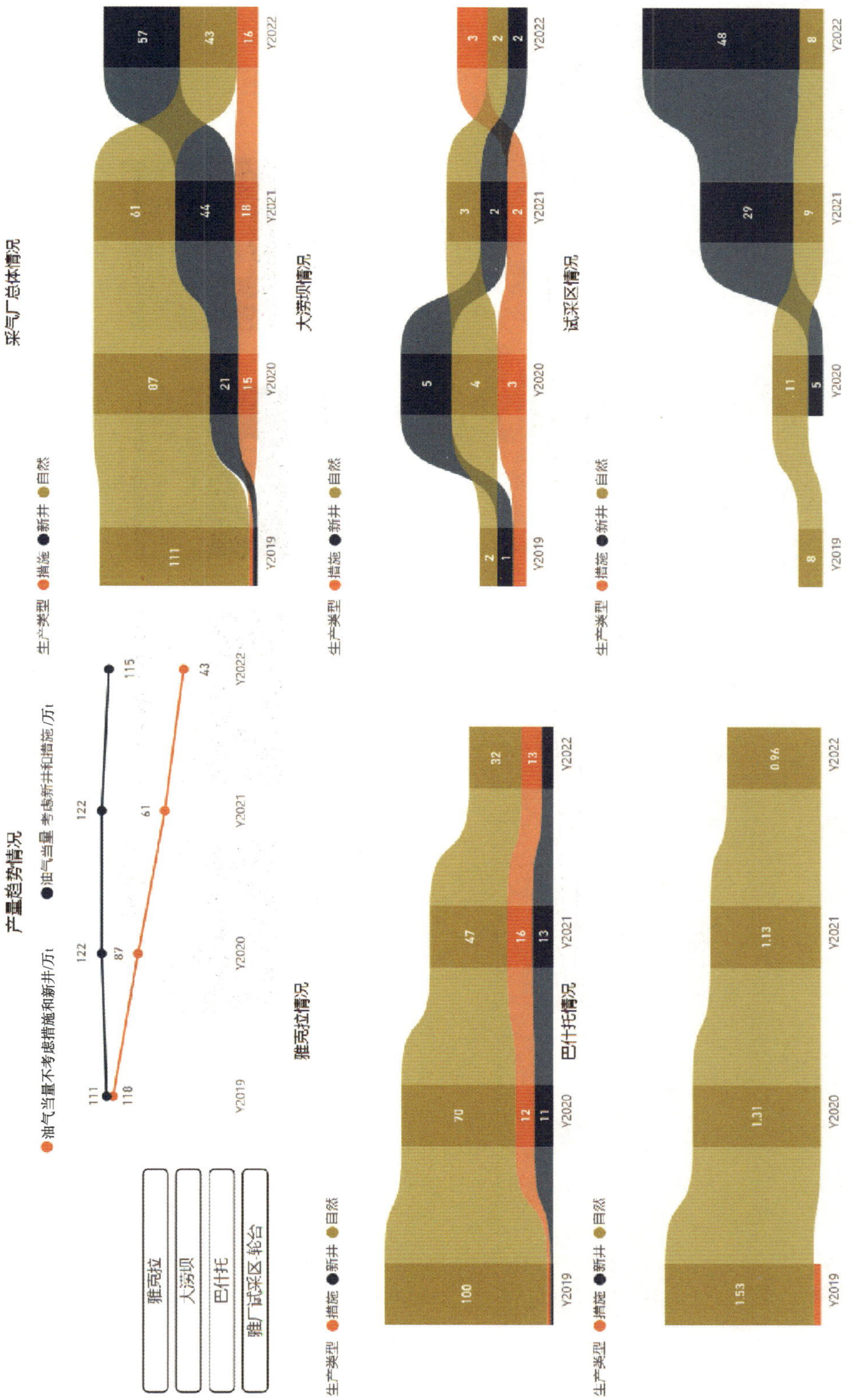

图6-9 2020—2022年产量模拟运行图

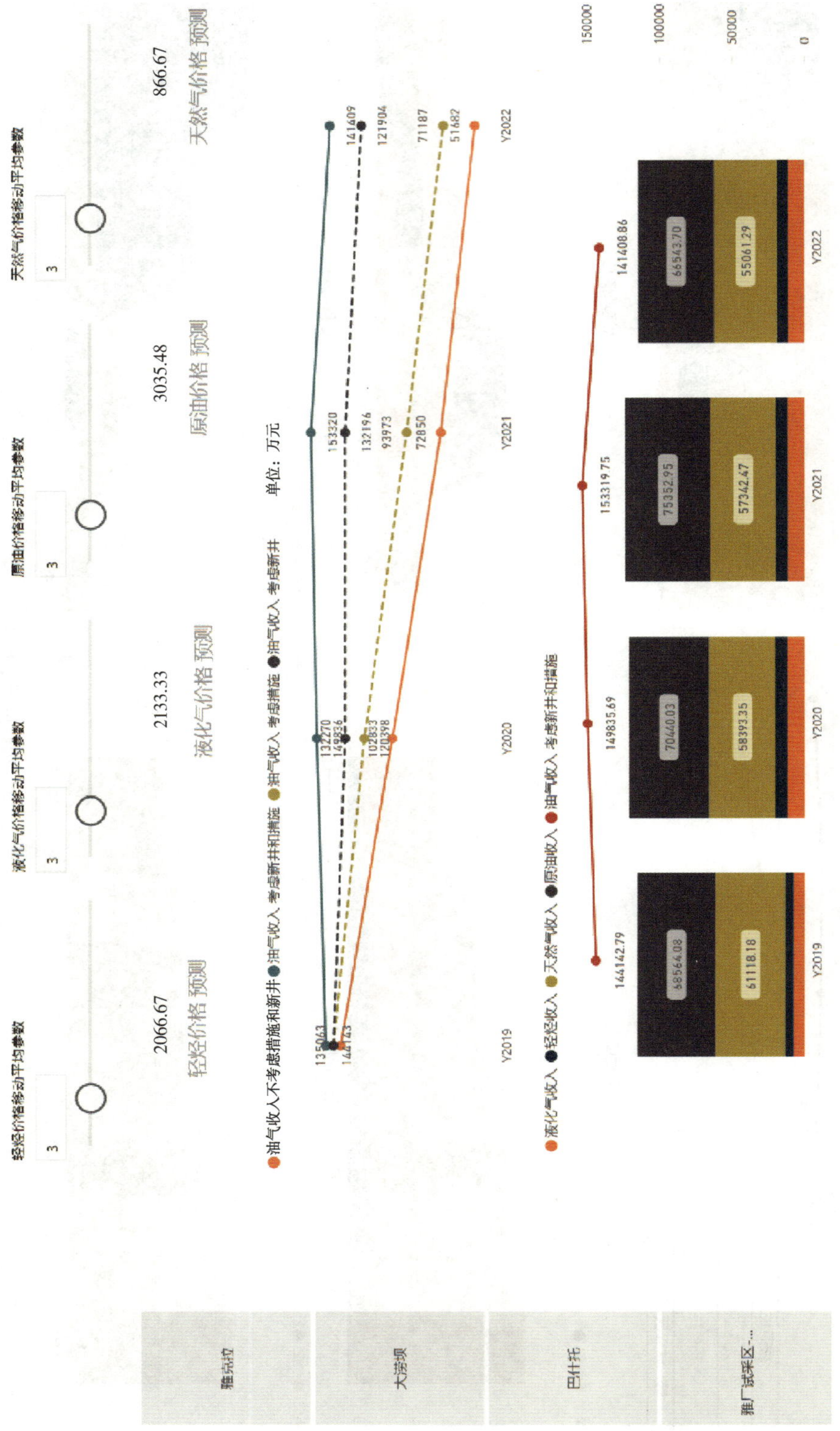

图6-10　2020—2022年收入模拟运行图

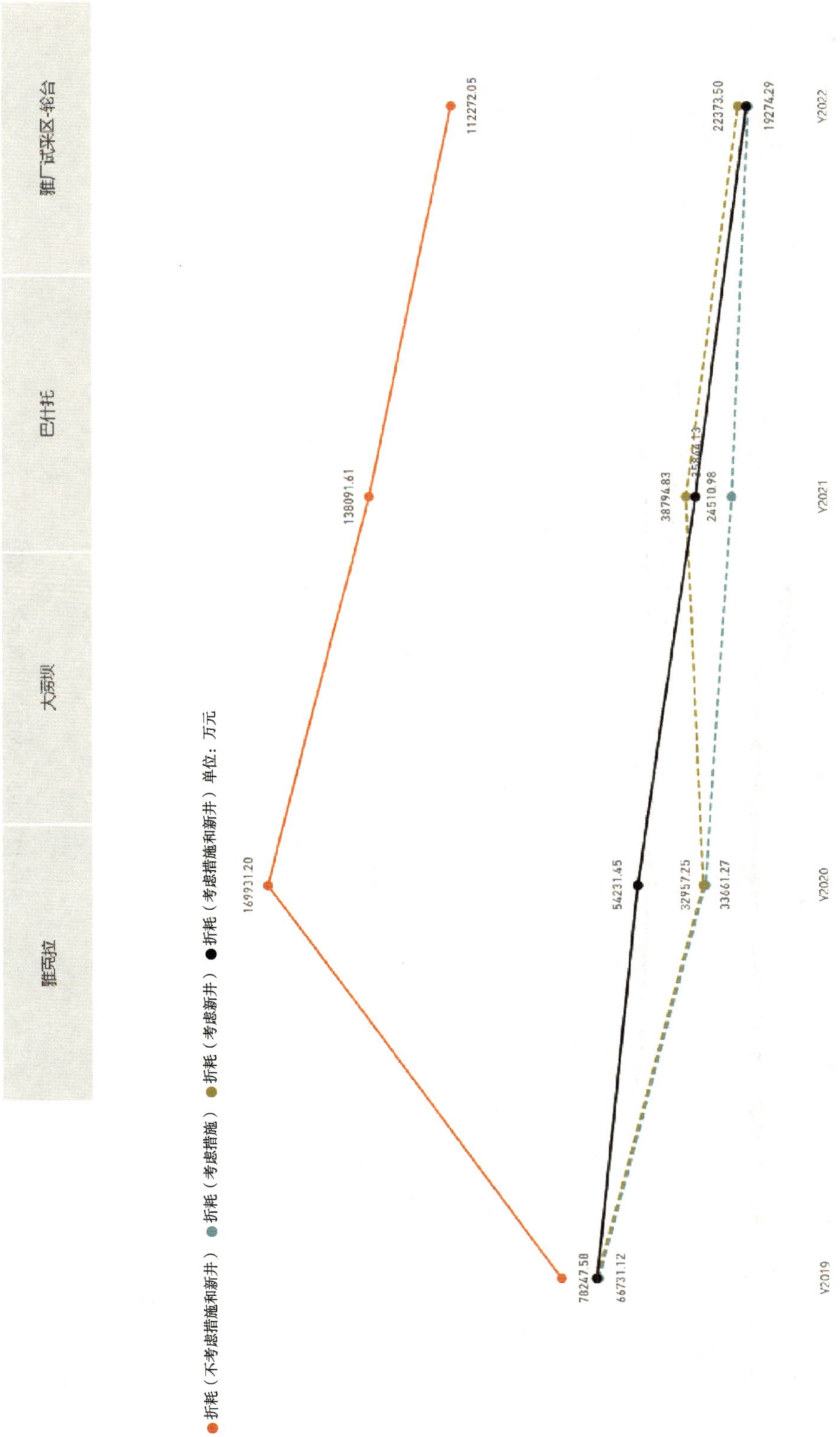

图6-11 2020—2022年折耗水平预测图

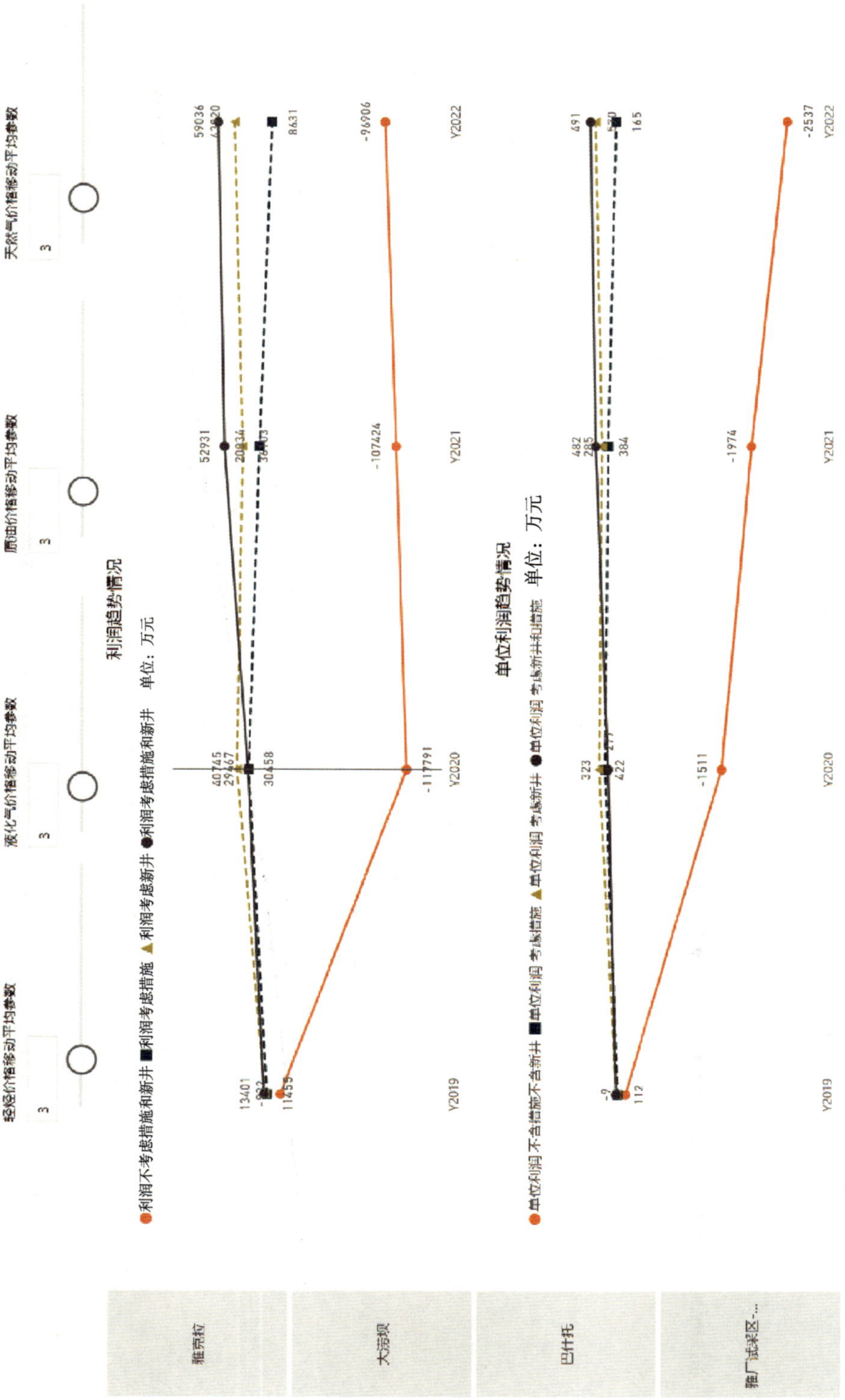

图6-12 2020—2022年利润水平预测图

1. 促进财务转型

在“大智移云”的背景下，商业智能工具在助力企业数字化转型、挖掘数据潜力、提高数据洞察等方面发挥着举足轻重的作用。面对企业数据孤岛众多、数据口径不一等现状，Power BI 具有强大的多数据库、多格式的数据整合能力，在企业交互式报告、决策仪表盘、OLAP 多维度分析、预测分析、KPI 通知警报等方面具有很大的应用空间。

2. 促进业务驱动型分析

通过商务智能工具，可以根据不同的业务需求，自定义分析维度、分析指标，将传统 IT 技术人员导向的报表型转换为业务导向的自助分析型，取代以往业务人员提需求，IT 技术人员将需求转换为代码，再将结果反馈给业务人员的低效分析情况，提高分析的效率与质量。

3. 促进提高决策支撑

决策的前提是对已有数据的洞察和对有用信息的掌握。传统的分析停留在描述性分析上（发生了什么），或者经营性分析上（为什么发生），而对预测性分析（将要发生什么）和预见性分析（怎样让想要的结果发生）缺乏更深层次的探索，导致传统的分析对决策的支撑力度乏力。而通过发挥商业智能工具的优势，在对历史数据分析的基础上，可以通过对驱动因素的参数化，实现对预测期的描绘和把握，加大对决策的支撑力度。

二、组织架构优化

油公司管理是以市场竞争为特点、以效益最大化为原则，建立“组织结构清晰、责权对等、决策科学、管理高效、执行力强”的管理组织模式。雅克拉采气厂以提高油田发展质量和效益为中心、以业务为主导，建立责、权、利高度统一的“采气厂–采油气管理区”管理新构架，逐步建立扁平化、专业化的组织机构，有效提升管理效能、运行质量和经济效益。

（一）改革的基本原则

1. 统筹规划、积极稳妥的原则

组织机构的规划设置符合采气厂实际情况，整体部署、分步实施、稳步推进，确保生产运行安全平稳、员工队伍和谐稳定。

2. 流程最短、人员最优的原则

精简管理流程，抓住关键节点，以优化人力资源配置为核心，完善采气厂机关及采油气管理区人员定编，管理层级扁平化，最大限度地提高运行效率。

3. 地面服从地下、固定与机动相结合的原则

采油气管理区设置与油气藏区块划分相统一，合理设置管理区域，推行井下、地面一体化管理，管理区直接管辖到班组；坚持固定与机动相结合，管理区建设规模依据油气藏开发规划确定，动态优化。

（二）主要做法

1. 组织机构职能定位

决策管理系统：机关职能部室，负责为采气厂的生产经营、成本管控提供辅助决策

支持。

技术支持系统：开发研究所，负责采气厂的油气田开发规划和管理，是完成油气生产任务的责任主体。

生产执行系统：采油气管理区，负责执行采气厂下达的各项生产经营指令，是生产运行的责任主体。

2. 组织机构改革历程

2001 年 3 月，采气厂成立之初，设生产运行科、物资设备科、质量安全环保科、综合办公室、人力资源科、计划财务科 6 个职能科室，2 个基层分队(采处一队和采处二队)和 1 个油气开发研究所；

2007 年 7 月，轮台沙三区块投入开发，成立采处三队；

2008 年 10 月，巴什托区块投入开发，成立巴楚项目组；

2009 年 7 月，综合办公室拆分为厂长办公室和党群办公室，巴楚项目组更名为采处四队；

2010 年 8 月，玉北区块投入开发划归采处四队管理；

2011 年 3 月，撤销采处三队编制，沙三区块保留班组级建制并入采处二队管理；

2013 年 12 月，质量安全环保科更名为 QHSE 管理科；

2015 年 6 月，调整机构设置、基层管理区改革；

2020 年 4 月，转换采气厂机构名称、职务名称，推进“去行政化”；

2020 年 5 月，撤销采油气管理三区，成立巴什托生产运行班并入采油气管理二区管理。

3. 优化后目前的组织机构

机关部室 7 个：生产运行室、QHSE 管理室、物资设备室、综合管理室、党群工作部、人力资源室、计划财务室。

科研队伍 1 支：开发研究所。

采油气管理区 2 个：采油气管理一区、采油气管理二区，具体如图 6-13 所示。

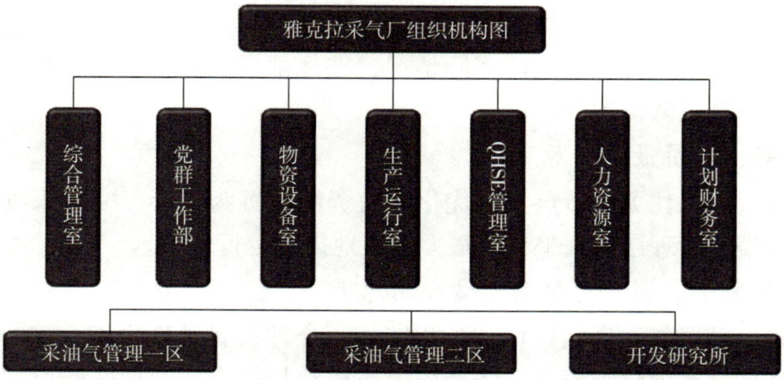

图 6-13　雅克拉采气厂现运行的组织机构图

4. 业务梳理厘清管理界限

为构建采气厂科学管理体系，强化精细管理，深挖内部潜力，采气厂对所有业务进行梳理并赋予标准工时，明确责任人。机关职能部室共梳理出 242 类 1746 项业务，开发所共梳理出 15 类 686 项业务，基层管理区共梳理出 10 类 1367 项业务。

5. 改革过程中主要职责调整

（1）减少一级管理机构，撤销原分队技术组、运行组，采油气管理区直接管辖到班组，根据所辖区块范围分别设置运行班和采气班，负责集气处理站和生产单井的运行管理。

（2）采气厂网络信息化建设、仪表自控系统运行管理、井控管理职责划归生产运行室，原油气开发研究所信息室归生产运行室统一调配管理。

（3）原分队采气技术员划归开发研究所，油气藏动态分析、检测业务由开发研究所统一管理。

（4）强化采油气管理区党建工团和队伍管理工作，管理区领导实行一岗双责，统管行政和党务工作，确保党建工作全面落实到基层。

（三）取得的成效

1. 管理界限更加清晰，权责统一

优化管理流程。以决策、执行角色为业务分割点，全面梳理采气厂所有业务工作流程，明确机关部门、管理区的管理界限，消除职责的交叉重叠、模糊不清等问题；明确管理节点，推进资源整合，提升运行效率。

业务梳理明确职责。一是明确各单位部室的职责范围和工作量，厘清管理界限；二是明确用工需求，进一步优化管理流程和人员配置，为采气厂三定工作提供可靠依据；三是明确业务责任人，为每条业务指定固定的负责人，确保事事有人管、人人有事做、件件有回音。

动态优化组织机构。根据油气藏开发规划，动态精简组织机构、优化人员配置，规范业务管理，提升组织效能。

整合技术力量。油气藏技术员收编开发研究所，实现了信息、技术资源共享，在强化开发研究所技术力量的同时，更有利于专业技术人才的集中培养。以全面完成“产量、开发指标和增可采指标”为核心，开发研究所成立雅克拉项目组、大涝坝及外围项目组和工程技术室，同时根据年度研究任务，成立开发地质研究、气藏工程研究和采油气工艺研究等攻关小组，层层分解任务、落实时间节点、责任到人，支撑油气藏系统开发，提升技术人员的专业水平。

2. 强化班组管理，提高基层执行力

班组是采气厂组织生产经营活动的基本单位，是最基层的生产管理组织。企业的发展战略、管理思想、管理目标最终要落实到班组。

通过原安全、设备管理岗整合为安全监督岗，原仪表、工艺岗整合为工艺仪表岗纳入班组，实现了“两个融合”“两个改变”。管理层与操作层融合，技术岗位之间相互融合，打破管理界限更利于优化用工和人才培养；监督由原本的指标制定者变为执行者，变被动管理为主动管理；班长负责制（传统管理模式）变为监督专业负责制管理模式，班组管理精细化更有利于增强执行力。

三、人才队伍建设

以盘活人力资源为目的，雅克拉采气厂通过构建人力资源优化管理的体系架构，突出建立保障制度体系、优化管理组织机构、人力资源优化配置、加强队伍素质建设和强化人才保障机制职能、明确管理界限、完善工作机制，实现机构精简高效、岗位科学合理、用工水平先进，提升人力资源价值创造力，坚定不移培育持续稳定的人才供应链，打造天然气开发人才的摇篮，为采气厂高质量发展提供人才保障和智力支撑。

（一）打造高素质专业化的干部队伍

1. 规范选拔任用程序

严把干部动议、组织考察、讨论决定、任前公示和任职的“五关”标准要求，真正把德才兼备、勇于担当、真抓实干、业绩突出的优秀干部选出来、用起来。严格执行民主集中制，对干部选拔任用的每一个节点形成记录清单，确保干部队伍的质量，杜绝违规选拔任用情况和选人用人不正之风，严把领导干部“上”的入口。

2. 锻造过硬专业本领

针对基层干部的经历空白、经验盲区和能力弱项，通过轮岗交流提升解决实际问题的能力。坚持开办内部讲堂，加强专业知识和生产现场培训，引导基层管理人员学习先进管理方法和分享工作经验，将理论知识运用于现场管理实践中。实施干部成长计划，制定《加强干部工作“五大体系”建设实施方案》，从五个方面细化主要措施 21 条、具体措施 63 条，积极推动落实；组织年轻干部参加“领导力塑造”和“管理能力提升”等培训课程，不断提升基层干部组织协调能力和综合管理能力。

3. 加大监督考核力度

强化干部、员工综合考核评价，考核以落实岗位职责为重点、以日常监督管理为基础，综合应用组织绩效考核、述职评价等方式，客观公正地反映干部员工的价值贡献。实行末位淘汰制，对年度考核位于后 5 名的科级干部进行提醒谈话，提高干部的紧迫意识。将选人用人列为采气厂专项督查内容，编制监督登记表，对选人用人各环节进行监督。建立干部廉洁档案，强化干部的日常监督。

（二）打造高端引领专业技术队伍

1. 构建组织人才素质模型

明确人才需求。从采气厂经营战略出发，明确采气厂对人才数量和质量的需求。绘制采气厂人才画像，明确采气厂所需人才和人才现状在数量和质量上存在的差距，为人力资源优化配置和人才培养提供依据。

厘清人才家底。通过人才素质测评模型，明确采气厂各专业技术人才现状，建立人力资源动态分析模型，实现人力资源数据的可视化、系统化、动态化呈现，为职位选聘、干部选拔、奖金分配、评先选优等工作提供实时的数据支撑。

助力人才发展。基于人才素质模型输出员工人才素质测评报告，帮助员工认识到自己的优势和劣势，结合分公司人才成长通道，明确发展目标，制订个人发展计划，并把此项任务纳入对部门领导和员工的考核中，督促部门领导在员工培养中主动作为、积极发挥作用，同时鼓励员工不断自我提升，为分公司、采气厂发展储备人才。

2. 扎实培训储备专业化人才

制定员工培训计划及实施方案，优化“内部讲堂”频次，强化培训质量，着力提高培训的系统性、针对性、有效性。“内部讲堂”培训涉及安全环保、油气藏研究、仪表自动化控制、地面工程建设等多个方面，通过“内部讲堂”平台，不断强化培训知识的内部转化，在“授”与“学”的过程中，实现员工综合素质的全面提升。

3. 以业务竞赛为平台促进岗位成才

持续开展职业技能比武、油气藏动态分析、仪器仪表专项业务竞赛，通过竞赛平台提高岗位人员技能，激发广大员工立足岗位学技术、钻业务、练硬功的热情。

（三）打造高素质的技能操作人才

以赛促练强化基本功。通过岗位练兵、月度考核、开展技能比武等形式，营造“比学赶帮超”的学习氛围，强化基本功训练成效，提高技能操作人员的技能水平。

创新工作室示范引领。通过建立徐明创新工作室，搭建成长平台，充分发挥高层次技能人才现场经验和技能优势，针对现场出现的问题，开展科研攻关、技术改造，带动岗位人员学技术、练本领，提升技能人才素质能力。

雅克拉采气厂逐步建立系统的人才培养体系，构建人才素质模型，促进三支队伍素质不断提升，发挥人才优势，为企业快速发展储备高素质的人才，推进油田高质量健康发展。

第四节　预知检维修

一、设备分级预知维修

（一）设备分级管理

针对天然气处理装置生产设施设备多、类型不一等难点，实行分级管理，根据设备故障对生产造成的影响程度，将设备划分为三个等级：关键设备（15 台）、重要设备（29 台）、一般设备（90 台）。关键设备是指该设备出现故障后将造成装置的全部或部分停产的设备；重要设备是指承担重要功能但有备用，单台出现故障可进行不停产修理的设备；一般设备是指出现故障对生产影响不大、除关键、重要设备以外的设备。对不同级别的设备采取不同的管理策略，管理的重点放在关键设备和重要设备。

（二）设备状态检测

通过实施大型关键机组的离线监测和在线诊断（设置在线检测点位 126 个），以设备运行的“三个清楚”即“历史状态清楚、运行现状清楚、维修措施清楚”掌握动态参数，做好相应的技术准备，实时监测设备运行状态，进一步预测数据劣化趋势、判断故障原因。同时，还可以对设备的历史故障数据、故障类型、故障原因、故障频率进行可靠性分析，预测下次发生故障的时间和可能性，既增强了设备运行管控能力，又缩短了设备的故障处理时间，最大限度地提高了设备运行时效。

（三）设备预知维修

通过开展大型关键机组“特护管理”，进一步规范大型关键机组“机、电、仪、管、操”特护管理内容和标准，按照“四个到位”（责任到位、点检到位、润滑到位、培训到位）的要求，提高设备操作人员的综合素质和专业技能，提前预判机组故障，确保机组平稳运行，形成了推行事后维修向预防维修转变、定期维修向预知维修转变的优化维修方式。

通过实施设备分级预知维修，实现了主要生产设备完好率超过99%、利用率超过97%、非计划停机次数为零的目标。

二、设施预防维修

采气厂以腐蚀检测体系为依据，以典型腐蚀治理为切入点，以降低地面生产系统腐蚀速率为目标，通过对雅克拉气田的管道材质进行分析及观察，制定了局部管段定期壁厚检测制度，对生产系统典型腐蚀问题的部位定期进行壁厚检测，根据检测结果更换壁厚较薄的管段、解剖分析失效的薄管段。经过总结，最终形成了“一个检测、一个分析、两种更换”过程控制工作法，实现事后维修向预防维修转变，达到了装置零刺漏目标，提高系统运行时效。主要做法如下：

“一个检测”：通过对压力容器管道腐蚀风险评估，对检测点进行分类定级，划分为高风险、风险、一般级别，制订月度、季度、年度检测计划，持续开展定点壁厚检测，并更新壁厚检测台账。

“一个分析”：通过最小理论壁厚计算剩余壁厚，根据检测历史数据计算腐蚀速率，动态预测剩余使用生命，形成评估报告。

“两种更换”：通过分析结果，对腐蚀速率大的风险点进行材质预防更换，对剩余使用生命短的风险点按预测临界更换。

三、站场预知检修

（一）预测检修时间

区别于站场采用的定期检修模式，在确保安全可控、依法合规的前提下，综合分析“年度安全评估结果、压力容器法检要求、分子筛剩余使用生命、下游用户检修安排”等关键因素，来确定检修时间。

年度安全评估结果。通过 HAZOP 分析、管道容器壁厚检测分析、设备运行状况综合评价分析等方法，找出装置或系统内及生产过程中存在的主要危险、危害因素，并针对变动与偏差的后果提出应采取的措施，来确定检维修的时间及内容。

压力容器法检验要求。按照现行《固定式压力容器安全技术监察规程》TSG 21—2016 部分条款：8.1.6.1 金属压力容器检验周期：安全状况等级为 1、2 级的，一般每 6 年检验一次；安全状况等级为 3 级的，一般每 3 年至 6 年检验一次；安全状况等级为 4 级的，监控使用，检验周期由检验机构确定，累计监控使用时间不得超过 3 年，在监控使用期间，使用单位应当采取有效的监控措施；安全状况等级为 5 级的，应当对缺陷进行处理，否则不得继续使用。依据容规要求及压力容器定检时间，对生产装置中的压力容器采用分单元切换、半停产等方式进行法检，保证压力容器使用依法合规。

分子筛剩余使用生命。分子筛是装置中天然气脱水工艺中的重要填料，分子筛填料更换周期一般为 3~5 年。分子筛的吸附效果直接影响装置的正常运行和时效，其与原料气气质有很大关系，原料气中含蜡和重烃，易造成分子筛结焦、粉化结块、比面积减小、吸附能力下降，使分子筛过早失效。因此，精准预测分子筛更换时间并按时更换，是装置运行时效的重要保障。在实际运行中，雅克拉集气处理站分子筛更换周期一般为 3 年，属于正常范围，将其作为装置检维修时间确定的重要指标，能够更有效地做好检修计划及检修项目的排查和确定。

下游用户检修安排。随着油田不断发展，雅克拉集气处理站业已成为一个枢纽站场，下游用气用户有华锦化肥有限责任公司、塔河炼化、西气东输、玉象胡杨化工有限公司等，这些下游用户还接收塔河油田来气。因此，雅克拉站的检修不仅影响下游用户的用气，还影响上游塔河油田采油一厂、二厂等天然气处理装置的正常运行。所以，如何确定检修时间还要统筹考虑上下游用户的检修时间及用户需求。

（二）预测检修工期

根据需停产治理的隐患和关键装置检修检测工作量，形成需停产实施检修的项目计划总表，来确定最短检修时长，通过制定《雅克拉集气处理站装置检修管理手册》，实施站场预知检修模式。

隐患排查确定检修项目。根据年度安全评估结果，提前一年开始筹划、排查需停产检修项目，根据确定项目编制专项检修方案。

制定工期进度表。对确定的检修项目，分类、分期逐条核准施工工期，形成甘特图表，最终确定检修时长。

编制停产检修手册。根据检修原则、目的、项目、安全风险评价、应急预案等相关内容和要求，编制检修指导文件《雅克拉集气处理站装置检修管理手册》。

（三）形成高效停产检修模式

雅克拉集气处理站自 2005 年投产以来，分别在 2007 年、2009 年、2011 年、2014 年、2017 年进行了半停产、单元停运维修和压力容器法检，年平均检修时间 3.6 天，只在 2020 年（历时 21 天）进行了一次全面停产检修，装置全生命周期运行时效控制优于工区同类站场，延长了运行时间，实现了效益最大。

参 考 文 献

[1] 张淑英，雍岐东，张斌. 凝析气藏开发的几个主要经济问题[J]. 西南石油学院学报，1998(2)：105-108.

[2] 徐士胜，丁民福，王栋. 水驱凝析气藏开发管理对策探讨[J]. 石油实验地质，2012，34(S1)：53-56.

[3] 赵习森，李立，黄志明，等. 凝析气藏反凝析规律与生产制度关系优化研究[J]. 石油钻探技术，2006(6)：71-73.

[4] 关文龙. 凝析气藏管理系统最优控制理论[D]. 北京：中国石油大学（北京），2003.

[5] 黄召庭，伍轶鸣，成荣红，等. 塔里木盆地复杂凝析气藏高效开发技术研究及应用[C]//西安石油大学，陕西省石油学会. 2019 油气田勘探与开发国际会议论文集，2019：9.

第七章　气田开发成果

雅克拉气田通过气藏精细描述认识，确立了开发技术政策及开发方式，采用衰竭式+水平井开发方式，有效控制了反凝析，实现了雅克拉凝析气田科学、高效开发。

一、明确凝析气藏开发难点是搞好凝析气藏开发的基础

凝析气田由于具有反凝析特征，其开发具有复杂性和特殊性。降压过程中发生反凝析而形成多相渗流特点，部分凝析油残留在储层中导致凝析油的损失。凝析气藏开发普遍面临反凝析污染、水侵水锁、井筒流态复杂三个主要难点：①反凝析污染：随着压力下降，凝析油析出、反凝析饱和度增加、气相相对渗透率下降，导致气井产能下降、气油比上升，凝析油损失在储层，降低凝析油最终采收率。②水侵水锁：随着压力下降，边底水逐渐水侵，气相相对渗透率急剧下降，导致气井产能下降，同时边底水容易堵塞气相渗流通道形成水封气，导致天然气无法采出，降低天然气采收率。③井筒流态复杂：受反凝析油及产水影响，随着压力降低井筒积液程度加重，井筒压降损失增大；反渗析液锁伤害，井筒流态逐渐由雾流向环膜流、段塞流、气泡流转变，油压、产量快速下降，废弃压力高，最终积液停喷。凝析气田开发难度大、工艺技术复杂，在如何提高凝析油的采收率、降低开发投资、提高气田开发效果和效益方面，相对常规气田开发具有更大的难度和挑战，如果开发方式选择不当、开发技术不适应气田实际、生产参数确定不尽合理，将会显著降低油气采收率和开发效果，增加开发投资，降低气田开发经济效益。

二、形成凝析气藏衰竭式开发关键技术是气田高效开发的核心

秉承“敢为人先，创新不止”的精神，不断探索、持续攻关关键采气技术，加快产能建设，精细开发管理，系统总结了雅克拉凝析气田衰竭式高效开发技术成果和开发经验，采用均衡采气理念，以多相流体相态特征和渗流机理为基础，形成了以初期均衡采气、中期反凝析控制及后期水侵控制、差异化配产技术及动态监测等为核心的衰竭式开发关键技术。

三、完善采气技术体系是高效开发的保障

基于产能模拟，优化了雅克拉凝析气田射孔完井设计参数：井下实际孔眼穿透深度应大于0.3m，孔眼密度为20~24孔/m，相位角取45°、60°、90°中的一种，采用孔眼直径为12~16mm的射孔弹。根据井下工具腐蚀机理和腐蚀规律，形成了针对完井管柱及井口装置的抗CO_2腐蚀防治技术，有效抑制和减缓了腐蚀速率，保障了高压凝析气井长期安全生产，为高压油气井安全、平稳生产保驾护航。

四、形成高压凝析气集输处理关键技术，实现效益最大化

形成“高压集输+深冷处理+水合物防治+信息与自动化集成技术”的高压凝析气集输处理关键技术系列，充分利用地层能量，降低了能耗；建立了以提高丙烷收率和降低能耗为目标的最佳工艺操作参数，最大限度地降低了生产成本，创造了更大的经济效益。